国家职业技能等级认定培训教程
国家基本职业培训包教材资源

中式烹调师

（基础知识）

U0170926

编审委员会

主　任	刘　康	张　斌				
副主任	荣庆华	冯　政				
委　员	葛恒双	赵　欢	王小兵	张灵芝	吕红文	张晓燕	贾成千
	高　文	瞿伟洁				

 中国人力资源和社会保障出版集团

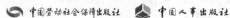 中国劳动社会保障出版社 中国人事出版社

图书在版编目（CIP）数据

中式烹调师．基础知识 / 中国就业培训技术指导中心组织编写．-- 北京：中国劳动社会保障出版社：中国人事出版社，2021

国家职业技能等级认定培训教程

ISBN 978-7-5167-4771-1

Ⅰ．①中… Ⅱ．①中… Ⅲ．①中式菜肴 - 烹饪 - 职业技能 - 鉴定 - 教材 Ⅳ．①TS972.117

中国版本图书馆 CIP 数据核字（2021）第 061477 号

中国劳动社会保障出版社 **出版发行**
中 国 人 事 出 版 社
（北京市惠新东街 1 号 邮政编码：100029）

*

三河市华骏印务包装有限公司印刷装订 新华书店经销

787 毫米 ×1092 毫米 16 开本 21.5 印张 350 千字
2021 年 7 月第 1 版 2023 年 7 月第 3 次印刷
定价：62.00 元

营销中心电话：400-606-6496
出版社网址：http://www.class.com.cn

前　言

为加快建立劳动者终身职业技能培训制度，大力实施职业技能提升行动，全面推行职业技能等级制度，推进技能人才评价制度改革，促进国家基本职业培训包制度与职业技能等级认定制度的有效衔接，进一步规范培训管理，提高培训质量，中国就业培训技术指导中心组织有关专家在《中式烹调师国家职业技能标准（2018年版）》（以下简称《标准》）制定工作基础上，编写了中式烹调师国家职业技能等级认定培训教程（以下简称等级教程）。

中式烹调师等级教程紧贴《标准》要求编写，内容上突出职业能力优先的编写原则，结构上按照职业功能模块分级别编写。该等级教程共包括《中式烹调师（基础知识）》《中式烹调师（初级）》《中式烹调师（中级）》《中式烹调师（高级）》《中式烹调师（技师　高级技师）》5本。《中式烹调师（基础知识）》是各级别中式烹调师均需掌握的基础知识，其他各级别教程内容分别包括各级别中式烹调师应掌握的理论知识和操作技能。

本书是中式烹调师等级教程中的一本，是职业技能等级认定推荐教程，也是职业技能等级认定题库开发的重要依据，已纳入国家基本职业培训包教材资源，适用于职业技能等级认定培训和中短期职业技能培训。

本书在编写过程中得到中国烹饪协会、顺德职业技术学院（中国烹饪学院）、新疆生产建设兵团兴新职业技术学院、哈尔滨商业大学等单位的大力支持与协助，在此一并表示衷心感谢。

中国就业培训技术指导中心

目　录 CONTENTS

职业模块

职业道德

培训项目 1

职业道德基本知识

一、职业与职业道德

1. 职业

（1）职业的含义

职业是指从业人员为获取主要生活来源所从事的社会工作类别。

（2）职业的特征

职业需具备下列特征：

1）目的性。即职业活动是以获得现金或实物等报酬为目的。

2）社会性。即职业是从业人员在特定社会生活环境中所从事的一种与其他社会成员相互关联、相互服务的社会活动。

3）稳定性。即职业是在一定的历史时期内形成的，并具有较长的生命周期。

4）规范性。即职业活动必须符合国家法律和社会道德规范。

5）群体性。即职业必须具有一定的从业人数。

（3）职业属性

1）职业的社会属性。职业是人类在生产劳动过程中的分工现象，体现的是劳动力与生产资料之间的结合关系、劳动者之间的关系以及不同职业之间的劳动交换关系。这种劳动过程中结成的人与人的关系无疑是社会性的，他们之间的劳动交换反映的是不同职业之间的等价关系，从而反映了职业活动的社会属性。

2）职业的规范性。职业的规范性包含两层含义：一是指职业内部的操作规范性，二是指职业道德的规范性。不同的职业在其劳动过程中都有一定的操作规范性，这是保证职业活动的专业性要求。当不同职业在对外展现其服务时，还存在一个伦理范畴的规范性，即职业道德。这两种规范性构成了职业规范的内涵与外延。

3）职业的功利性。职业的功利性也称职业的经济性，是指职业作为人们赖以谋生的劳动过程所具有的逐利性。职业活动既满足劳动者自己的需要，同时，也满足社会的需要。只有把职业的个人功利性与社会功利性结合起来，职业活动及其职业生涯才具有生命力和价值意义。

4）职业的技术性和时代性。职业的技术性是指每一种职业都表现出与其职业活动相对应的技术要求和技能要求。职业的时代性指由于社会进步和科学技术的发展，人们生活方式、习惯等因素的变化而导致职业打上符合时代要求的烙印。

（4）职业分类

1）职业分类的含义。职业分类是指以工作性质的同一性或相似性为基本原则，对社会职业进行的系统划分与归类。职业分类作为制定职业标准的依据，是促进人力资源科学化、规范化管理的重要基础性工作。

2）职业类型划分。目前，我国以工作性质相似性和技能水平相似性为主要依据，将职业划分为以下八大类：第一大类，党的机关、国家机关、群众团体和社会组织、企事业单位负责人；第二大类，专业技术人员；第三大类，办事人员和有关人员；第四大类，社会生产服务和生活服务人员；第五大类，农、林、牧、渔业生产及辅助人员；第六大类，生产制造及有关人员；第七大类，军人；第八大类，不便分类的其他从业人员。其中，以职业活动所涉及的经济领域、知识领域以及所提供的产品和服务种类为主要参照，将职业划分为75个中类、434个小类；以职业活动领域和所承担的职责，工作任务的专门性、专业性与技术性，服务类别与对象的相似性，工艺技术、使用工具设备或主要原材料、产品用途等的相似性，同时辅之以技能水平相似性为依据，共设置了1481个职业。中式烹调师属于国家职业分类中第四大类（社会生产服务和生活服务人员）中的第三中类（住宿和餐饮服务人员）中的一个职业，职业编码为4-03-02-01。

中式烹调师职业定义为：运用刀法与烹调技法，对原材料进行加工，制作中式菜肴的人员。

（5）职业资格

职业资格是对从事某一职业所必备的学识、技术和能力的基本要求。职业资格分别通过业绩评定、专家评审、职业技能鉴定等方式进行评价，对合格者授予职业资格证书。2017年起，我国实行职业资格目录清单管理，设置准入类职业资格和水平评价类职业资格。

（6）国家职业技能标准

1）国家职业技能标准的含义。国家职业技能标准（简称职业标准）是指通过工作分析方法描述胜任各种职业所需的能力，以客观反映劳动者知识水平和技能水平的评价规范。职业技能标准既反映了企业和用人单位的用人要求，也为职业技能等级认定工作提供依据。当前，我国已颁布1 000余个国家职业技能标准。

2）中式烹调师国家职业技能标准。该标准经中华人民共和国人力资源和社会保障部批准，于2018年12月26日颁布并施行。该标准以"职业活动为导向、职业技能为核心"为指导思想，对中式烹调师从业人员的职业活动内容进行规范细致描述，对各等级从业者的技能水平和理论知识水平进行了明确规定。该标准将中式烹调师分为五个等级，分别为：五级/初级工、四级/中级工、三级/高级工、二级/技师、一级/高级技师。该标准包括职业概况、基本要求、工作要求和权重表四个方面的内容，包含了原料初加工、原料分档与切配、原料预制加工、菜肴制作、原料鉴别与初加工、菜单设计、宴会主理、菜肴制作与装饰、厨房管理、培训指导等职业功能。

2. 职业道德

（1）职业道德的含义

职业道德是指从事一定职业的人们在职业活动中应该遵循的，依靠社会舆论、传统习惯和内心信念来维持的行为规范的总和。它调节从业人员与服务对象、从业人员之间、从业人员与职业之间的关系。它是职业或行业范围内的特殊要求，是社会道德在职业领域的具体体现。

（2）职业道德的基本要素

职业道德的基本要素有以下七个方面。

1）职业理想。职业理想就是人们对职业活动目标的追求和向往，是人们的世界观、人生观、价值观在职业活动中的集中体现。它是形成职业态度的基础，是实现职业目标的精神动力。

2）职业态度。职业态度就是人们在一定社会环境的影响下，通过职业活动和自身体验所形成的、对所从事职业的一种相对稳定的劳动态度和心理倾向。它是从业者精神境界、职业道德素质和劳动态度的重要体现。

3）职业义务。职业义务就是人们在职业活动中应自觉履行的对他人、对社会应尽的职业责任。我国的每一个从业者都有维护国家、集体利益，为人民服务的职业义务。

4）职业纪律。职业纪律就是从业者在岗位工作中必须遵守的规章、制度、条例等职业行为规范。它是从业者做好本职工作的必要条件。

5）职业良心。职业良心就是从业者在履行职业义务时所形成的对职业责任的自觉意识和自我评价活动。人们所从事的职业和岗位不同，其职业良心的表现形式也往往不同。例如，商业人员的职业良心是"诚实无欺"，医生的职业良心是"治病救人"……从业人员能做到这些，内心就会得到满足；反之，内心则会产生不安和愧疚感。

6）职业荣誉。职业荣誉就是社会从客观角度对从业者职业道德活动的价值所作出的褒奖和肯定评价，以及从业者在主观认识上对自己职业道德活动的一种自尊、自爱的道德情感。当职业行为的社会价值赢得社会公认时，从业者就会由此产生荣誉感；反之，就会产生耻辱感。

7）职业作风。职业作风就是从业者在职业活动中表现出来的相对稳定的工作态度和职业风范。从业者在职业岗位中表现出来的尽职尽责、诚实守信、奋力拼搏、艰苦奋斗的作风，都属于职业作风。职业作风是一种无形的精神力量，对从业者所从事事业的成功具有重要作用。

（3）职业道德的特征

职业道德作为职业行为的准则之一，与其他职业行为准则相比，体现出以下六个特征。

1）鲜明的行业性。行业之间存在差异，各行各业都有特殊的道德要求。

2）适用范围上的有限性。一方面，职业道德一般只适用于从业人员的岗位活动；另一方面，不同的职业道德之间也有共同的特征和要求，也存在共通的内容，如敬业、诚信、互助等。但在某一特定行业和具体的岗位上，必须有与该行业、该岗位相适应的具体的职业道德规范；这些特定的规范只在特定的职业范围内起作用，只能对从事该行业和该岗位的从业人员具有指导和规范作用，而不能对其他行业和岗位的从业人员起作用。

3）表现形式的多样性。职业领域的多样性决定了职业道德表现形式的多样性。随着社会经济的高速发展，社会分工将越来越细、越来越专，职业道德的内容也必然千差万别；各行各业为适应本行业的行业公约、规章制度、员工守则、岗位职责等要求，都会将职业道德的基本要求规范化、具体化，使职业道德的具体规范和要求呈现出多样性。

4）一定的强制性。职业道德除了通过社会舆论和从业人员的内心信念来对其职业行为进行调节外，它与职业责任和职业纪律也紧密相连。一些职业道德规范属于职业纪律的范畴，当从业人员违反了职业纪律，如违反具有一定法律效力的职业章程、职业合同、职业责任、操作规程，给企业和社会带来损失和危害时，轻则受到经济和纪律处罚，重则移交司法机关，由法律来进行制裁，这就是职业道德强制性的表现所在。但这里需要注意的是，职业道德本身并不存在强制性，而是其总体要求与职业纪律、行业法规具有重叠内容，一旦从业人员违背了这些纪律和法规，除了受到职业道德的谴责外，还要受到纪律和法律的处罚。

5）相对稳定性。职业一般处于相对稳定的状态，决定了反映职业要求的职业道德也必然处于相对稳定的状态。如商业行业"诚信为本、童叟无欺"的职业道德、医务行业"救死扶伤、治病救人"的职业道德等，千百年来都为从事相关行业的人们所传承和遵守。

6）利益相关性。职业道德与物质利益具有一定的关联性。利益是道德的基础，从业人员遵循职业道德规范的情况关系到其自身的利益。对于爱岗敬业的员工，单位不仅应给予精神方面的鼓励，也应给予物质方面的褒奖；相反，违背职业道德、漠视工作的员工则会受到批评，严重者还会受到处罚。一般情况下，企业将职业道德规范，如爱岗敬业、诚实守信、团结互助、勤劳节俭等纳入企业管理；并将它与自身的行业特点、要求紧密结合在一起，构建出更加具体、明确、严格的岗位责任或岗位要求，并制定出相应的奖励和处罚措施。这些措施与从业人员的物质利益挂钩，强调责、权、利的有机统一，便于监督、检查、评估，以促进从业人员更好地履行自己的职业责任和义务。

（4）职业道德的基本规范

"爱岗敬业、诚实守信、办事公道、服务群众、奉献社会"，这是我国每名从业人员都应遵循的职业道德基本规范。

1）爱岗敬业。爱岗敬业作为社会主义职业道德的最基本要求，是对人们工作态度的一种普遍要求，也是中华民族的传统美德。爱岗就是热爱自己的工作岗位，热爱本职工作；敬业就是要用一种恭敬严肃的态度对待自己的工作。

2）诚实守信。诚实守信是做人的基本准则，也是社会道德和职业道德的一项基本规范。诚，就是真实无欺，言行和内心思想一致，不弄虚作假。信，就是真心实意地遵守、履行诺言。诚实守信就是真实无欺、遵守承诺和契约的品德及行为。诚实守信体现着道德操守和人格力量，也是具体行业、企业立足的基础，具有很强的现实针对性。

3）办事公道。办事公道是对人和事的一种态度，也是千百年来人们所称道的职业道德。公道就是处理事情坚持原则，不偏袒任何一方。办事公道强调在职业活动中应遵循公平与公正的原则，要做到公平公正、不计较个人得失、光明磊落。

4）服务群众。服务群众就是为人民群众服务。在社会生活中，人人都是服务对象，人人又都为他人服务。服务群众作为职业道德的基本规范，是对所有从业者的要求。在社会主义市场经济条件下要真正做到服务群众，首先，心中就要时时有群众，始终把人民的根本利益放在心上；其次，要充分尊重群众，尊重群众的人格和尊严；再次，要千方百计方便群众。

5）奉献社会。奉献社会就是积极自觉地为社会做贡献。奉献，就是不论从事何种职业，从业人员的目的都不是为了个人、家庭，也不是为了名和利，而是为了有益于他人，为了有益于国家和社会。正因为如此，奉献社会是社会主义职业道德的本质特征。社会主义建立在以公有制为主体的经济基础之上，广大劳动人民当家做主，因此，社会主义职业道德必须把奉献社会作为从业者重要的道德规范，作为从业者根本的职业目的。需要注意的是，奉献社会并不意味着不要个人的正当利益和个人的幸福。恰恰相反，一个自觉奉献社会的人，才会真正找到个人幸福的支撑点。个人幸福是在奉献社会的职业活动中体现出来的，奉献和个人利益是辩证统一的，奉献越大收获就越多。

二、餐饮从业人员职业道德对企业发展的影响

职工具有良好的职业道德，不仅有利于协调职工之间、职工与领导之间、职工与企业之间的关系，增强企业的凝聚力，而且有利于企业的科技创新，降低成本，提高产品和服务质量，从而树立良好的企业形象，提高市场竞争能力。

1. 职业道德是企业文化的重要组成部分

企业文化作为企业管理的一个要素，伴随着现代企业的产生而产生。企业文化是企业经营之道、企业精神、企业价值观、企业目标、企业作风、企业礼仪、员工科学文化素质、职业道德、企业环境、企业规章制度以及企业形象等的总和，是在一定环境中，企业中全体职工在长期的劳动和生活过程中创造出来的物质成果和精神成果的表现。

作为企业文化内容之一的企业职业道德是适应各种职业的要求而必然产生的道德规范，是人们在履行本职工作中所应遵守的行为规范和准则的总和。它包括职业观念、职业情感、职业理想、职业态度、职业技能、职业纪律、职业良心、

职业作风等方面的内容。它和其他文化内容共同具有自律、导向、整合、激励等功能。

2. 职业道德是增强企业凝聚力的手段

企业是具有社会性的组织，其内部存在着各种错综复杂的关系，这些关系既有相互协调的一面，又有相互矛盾的一面。只有增加理解、化解冲突，企业的凝聚力才能加强。企业职业道德是协调其内部各种关系的法宝，要保持和谐和默契，企业中的职工必须要有较高的职业道德，凡事要从企业大局出发，认真履行自己的工作职责，严于律己、宽以待人。

在企业中，职工与领导应是互偿、互助、互利的关系，职工对领导的工作要支持，领导对职工的工作和生活要关心。双方若相处和谐、融洽、默契，则都会感到心情愉快，从而提高对各自工作的满意度。

企业中职工与企业的关系是企业各种关系中最重要的一种，它是其他关系的基础，不仅制约着其他关系，而且决定着企业的生存和发展，关系着职工的前途和命运。在企业与职工的关系中，企业居主导地位，处理好这种关系，责任在企业，即企业在经营管理上要以职工为本；但仅此一方是不够的，要协调好职工与企业的关系，还要求职工必须具有较高的职业道德水平，即高度的企业主人翁责任感，正确处理好个人与企业整体利益的关系，维护企业形象，关心企业的前途和命运。

3. 职业道德可提高企业的竞争力

所谓竞争是指在市场经济条件下，各经济行为主体为了某种经济利益以获得生存和发展的需要而进行的相互追赶、争夺有利条件的优胜劣汰的运动过程。

产品和服务质量是企业的命脉，任何企业若不能保证产品和服务质量，便可能走向破产或倒闭。企业要提高产品质量并向其顾客提供优质服务，就必须加强职业道德教育，以获取产品和服务质量的提高，为赢得竞争打下基础。

企业如果能有效地降低成本，就可以提高企业的利润率，从而提高产品在市场上的竞争力，保证企业的发展和繁荣。企业职工的职业道德修养水平是实现此项目标的保证。

在市场竞争愈加激烈的情景下，新技术、新产品的开发同样关系着企业的生死存亡。谁能领先同行、在创新竞争中获胜，谁就能获得高额利润。企业能否开发新技术、新产品，关键看企业职工是否具有创新意识、创新能力和创新动力，企业是否具有创新氛围和是否建立起一支稳定的、富有创新素质的职工队伍。所以，职工若具有良好的职业道德，也有利于企业的技术进步。

企业职工良好的职业道德有利于企业摆脱困境，实现企业阶段性发展目标。任何一家企业在发展过程中都不可能是一帆风顺的，遇到困难和挫折时，若企业职工具有崇高的职业道德，就能以企业的前途和命运为重，从大局出发，牺牲个人利益，与企业同心同德、同舟共济，企业就有可能摆脱困难，起死回生。

随着新技术革命和知识经济的到来，社会生产力突飞猛进，物质财富急剧增加，买方市场占据主导地位，人们的物质和文化生活要求基本得到满足，在这种情况下人们的消费更加注重品牌，具有良好社会信誉的企业的商品已成为人们的首要选择。职业道德的教育有利于企业树立良好的社会形象，创造企业著名品牌。

培训项目　2

职业守则

职业守则是从业人员在生产经营活动中恪守的行为规范。餐饮行业职业守则的内容是：忠于职守，爱岗敬业；讲究质量，注重信誉；遵纪守法，讲究公德；尊师爱徒，团结协作；精益求精，追求极致；积极进取，开拓创新。

一、忠于职守，爱岗敬业

1. 含义

忠于职守，就是要求尽职尽责地把自己职责范围内的事做好，合乎质量标准和规范要求，能够完成应承担的任务。尽职尽责的关键是"尽"，就是要求用最大的努力，克服困难去完成职责。尽职尽责和忠于职守的反面就是玩忽职守，就是不把工作当回事，不把责任放在心上，工作马马虎虎、凑合应付；或者干脆消极怠工，偷懒耍滑，不遵守纪律。显然这样的人不热爱自己的工作岗位，缺乏对人民、国家、集体、他人的负责精神，必然造成工作损失和对他人的损害。

爱岗就是热爱自己的工作岗位，热爱本职工作；敬业就是用一种恭敬严肃的态度对待自己的工作。社会主义职业道德提倡的敬业有着相当丰富的内容，投身于社会主义事业，把有限的生命投入到无限的为人民服务当中去，是爱岗敬业的最高要求。

忠于职守，爱岗敬业绝不是口号，而是有着实在内容的行为规范，如发扬艰苦奋斗和勤俭办事的精神就体现了主人翁的劳动态度。有人认为自己不过是"打工仔"，企业财产也不属于自己所有，就大手大脚浪费原材料，随便扔掉边角余料。这不仅直接损害了国家、集体的利益，而且由于浪费而提高了成本，也给消费者带来了损害。

2. 具体要求

任何一种道德都要求从业人员从一定的社会责任出发，在履行自己社会责任的过程中，培养相应的社会责任感，同时培养好的职业习惯和道德良心、道德情操，通过长期的实践使自己逐步达到高尚的道德境界。因此，遵循职业守则要从忠于职守，爱岗敬业开始，把自己的心血全部投入到自己从事的职业中去，把自己的职业当作生命的一部分。在社会主义制度下，厨师职业享受着与其他职业平等的待遇，社会地位越来越高，不少有成就的烹饪工作者获得了"国宝"级专家的荣誉。

忠于职守，爱岗敬业的具体要求就是：树立职业理想、强化职业责任、提高职业技能。

（1）树立职业理想

职业理想就是指人们对未来工作部门、工作种类的向往和对现行职业发展将达到什么水平、什么程度的憧憬。理想层次越高，越能发挥自己的主观能动性。作为餐饮行业从业人员，要自觉树立职业思想，不断激发自身的积极性和创造性，实现自我。

（2）强化职业责任

职业责任是指人们在一定职业活动中所承受的特定责任，它包括人们应该做的工作以及应该承担的义务。职业责任是企业职工安身立命的根本，因此企业及从业人员本人都应该强化职业责任，树立职业责任意识。

（3）提高职业技能

职业技能也称职业能力，是人们进行职业活动、履行职业责任的能力和手段，包括从业人员的实际操作能力、业务处理能力、技术技能以及与职业有关的理论知识等。努力提高自己的职业技能是爱岗敬业应有之义，即没有相应的职业技能，就不可能履行自己的职业责任，实现自己的职业理想。

在人民生活水平日益提高的今天，餐饮是社会职业中不可缺少的行业，在改善生活质量方面发挥着不可替代的作用。餐饮行业从业人员应发扬忠于职守、爱岗敬业的崇高精神，为社会提供高质量服务。

二、讲究质量，注重信誉

1. 含义

质量即产品标准，讲究质量就是要求企业职工在生产、加工企业产品的过程中必须做到一丝不苟，精雕细琢，精益求精，避免一切可以避免的问题。

信誉即消费者对产品的信任程度和品牌的社会影响程度（声誉）。一种商品的品牌不仅标志着这种商品质量的高低，标志着人们对这种商品的信任程度的高低，而且蕴涵着一种文化品位。注重信誉可以理解为以品牌创声誉，以质量求信誉，竭尽全力打造品牌，赢得信誉。

2. 具体要求

职业不仅是一个人安身立业的基础，也是为国家、集体、他人谋利益、做贡献的基本途径。一个人能否精通本职业的业务是做好本职工作的关键，也是衡量一个人为国家、集体和他人做多大贡献的一个重要尺度，因此理所当然地成为餐饮行业从业人员职业道德的一项重要内容。

餐饮行业从业人员烹制的菜品质量的好坏，决定着企业的效益和信誉。

餐饮行业烹制菜点的目的是为了卖给顾客，因此菜点就具有商品的特点，和其他一切商品一样，具有使用价值和价值的二重性。作为商品的生产企业，生产者和经营者有着自己的独立利益，这种利益得到尊重才能调动商品生产者的积极性。然而要求人们尊重商品生产和经营者的利益，并非是指商品生产和经营者想怎么干就怎么干，而是必须接受国家宏观指导，依法经营。越是有独立的利益，就越是要正确处理国家、企业职工和他人（一般是消费者）的利益关系。这种利益关系是通过买与卖的交易形式实现的。也就是说，具有商品属性的菜点，只有能够卖得出去，才能是商品，才能实现价值。因此，货真价实就成为职业道德重要的组成部分。而以次充好、粗制滥造、定价不合理等，实际上就是无偿占有别人的劳动成果，是不道德的。

一分质量一分价钱，这是自古以来商业工作者的职业道德。然而在这方面有些餐馆做得不是很好，如菜点不符合质量要求、偷工减料、以次充好等，都是严重的欺诈行为，也是不遵守行业职业道德的表现。

讲究质量并不是在任何情况下都要求绝对的高质量。在商品经济条件下，衡量质量标准的尺度是价格，比如顾客花很少的钱，却要求餐馆提供奢侈菜品，这就是不合理的，因为这不符合等价交换原则。但是有一点是肯定的，就是顾客按照餐馆菜点价目表上规定的价格付款，就必须得到相应质量的菜点。违背这一原则，就是违反了职业道德，而违反了职业道德，企业的信誉就肯定会受到影响。因此，讲究质量，注重信誉的意义，就在于只有确实做到这点，才能确保从业人员自己的利益；反之，也就丧失了自己的利益。

三、遵纪守法，讲究公德

1. 含义

遵纪守法是指每个从业人员都要遵守纪律和法律，尤其要遵守职业纪律和与职业活动相关的法律、法规。公德即公共道德，广义上讲就是做人的行为准则和行为规范。

2. 具体要求

遵纪守法包括学法、知法、守法、用法，以及遵守企业纪律和规范。为了规范竞争行为，加强法制的力度并维护消费者利益，国家出台了一系列法律、法规。法律、法规、政策是调节人们利益关系的重要手段，有力地促进了市场经济的健康发展。任何社会组织都需要规矩和有约束力的规章制度，规定所属人员共同遵守和执行，这就是纪律。纪律和法律、法规、政策一样，是按照事物发展规律制定出来的一种约束人们行为的规范。能自觉遵守纪律就能把事情办好，而违反纪律就使工作不能正常进行，因此必须遵纪守法。凡是违法、违规和不守纪律的行为，都是不道德的行为。凡违法行为，都要依法受到处罚。

纪律一般用规章制度的形式公布于众，例如劳动纪律、服务纪律、操作规范、操作程序、岗位职责、企业要求做到的各项规定等。

法律则由人民代表大会通过并颁布，要求全体公民必须遵守。目前已颁布的与餐饮业有关的法律、法规，主要有《中华人民共和国劳动法》《中华人民共和国食品安全法》《食品生产许可管理办法》《餐饮服务食品安全操作规范》《中华人民共和国野生动物保护法》《中华人民共和国环境保护法》等，这些法律和法规，反映了人民的意愿，体现了国家的意志。

遵纪守法是对每一个公民的基本要求，能否遵纪守法是衡量职业道德好坏的重要标志。上述与餐饮业有关的法律和法规，都要求从业人员在岗位工作中身体力行。

讲究公德是餐饮行业从业人员必须具备的品质，"德"即思想品德，"公"指国家、民族的利益；讲究公德要求从业人员公私分明，不损害国家和集体利益。要求有大公无私的品格，秉公办事的精神，绝不能把工作岗位当成谋取私利的工具。

四、尊师爱徒，团结协作

1. 含义

尊师爱徒是指人与人之间的一种平和关系，晚辈、徒弟要谦逊，尊敬长者和师傅；师傅要指导、关爱晚辈、徒弟。

团结协作是从业人员之间和企业集体之间关系的重要道德规范，指顾全大局、友爱亲善、真诚相待、平等尊重，部门之间、同事之间团结协作、共同发展。

2. 具体要求

具体要求包括平等尊重、顾全大局、相互学习、加强协作等方面。

中国烹饪文化源远流长，世代相传，在世界上享有崇高美誉。这是历代烹饪厨师辛勤劳动和创造的结果。一代一代的厨师通过师徒传艺的形式，使很多烹饪方法、技艺得以继承和发展。随着时代的进步，传艺的手段有了各种变化，但不管形式如何变化，师徒传艺在烹饪技艺传承方面仍然发挥着至关重要的作用。因此，尊师爱徒是餐饮行业的传统职业道德，必须继承和发扬。

老一代厨师是国家和社会的宝贵财富，一般来说，他们既具有爱党、爱国、爱社会主义的高尚品德，又有高超手艺和绝活，在长期实践中积累了丰富经验，为餐饮行业的发展做出了很大贡献，理应受到尊重和爱戴。青年厨师一般具有一定的学历，有较强的接受能力，是中国烹饪未来的希望。在知识经济年代，知识更新速度越来越快，新的烹饪原料、工艺不断涌现。为使中国烹饪迈出国门，走向世界，中国烹饪中的一些薄弱环节，如对食品营养学的研究急需改善和加强。因此，在尊师爱徒的前提下，不同年龄段的餐饮行业从业人员团结合作、互相学习和补充是时代的要求。

团结协作还表现在工作中的相互支持与配合上，厨房内部有不同的分工，上一道工序要为下一道工序做准备、为下一道工序提供方便。只有相互配合和协作，才能高质量地完成任务，如果只顾自己方便，就很难通力合作完成任务，质量就无法保证。

现代企业中，不是一个岗位做好了，就能达到质量标准。只有每一个岗位都相互配合，才能保证质量。

因此，团结协作是一种团队精神，是集体主义的具体体现，是职业道德的重要内容。

五、精益求精，追求极致

1. 含义

精益求精和追求极致是指为了追求完美，坚持工匠精神，在工作中不放松对自己的要求。

2. 具体要求

（1）追求完美的工作表现

时刻保持一股钻劲，精益求精，以更饱满的精神状态、更踏实的工作作风、更精细的工作态度做好每一项工作，"干一行爱一行、专一行精一行"，在工作中永远追求完美无缺。

（2）追求极致的"工匠精神"

"工匠精神"是踏实肯干的工作心态、不畏艰难的工作精神、勇于攀登的工作激情，其核心是坚持不懈，执着地追求完美、追求进步。

（3）追求卓越的创新精神

只有不断追求突破、追求革新，才能使自己与时俱进、开拓创新，用新的思想、新的方式、新的理念创新工作，实现工作质量的提升。

六、积极进取，开拓创新

1. 含义

积极进取即不懈不怠，追求发展，争取进步。

开拓创新是指人们为了发展的需要，运用已知的信息，不断突破常规，发现或创造某种新颖、独特的有社会价值或个人价值的新事物、新思想的活动。

2. 具体要求

在学习新知识、钻研新技术的过程中，要不惧挫折，勇于拼搏，而开拓创新要有创新意识和科学思维，以及要有坚定的信心和意志。

知识经济时代，学习是永恒的主题，知识是推动行业发展的动力之一。作为烹饪行业从业人员，要不断地积累知识、更新知识，适应原料、工艺、技术不断更新发展的需要，适应企业竞争、人才竞争的需要。

职业模块 二

烹饪原料知识

培训项目 ① 烹饪原料概述

烹饪原料是指符合饮食要求，能满足人体的营养需求并可通过烹饪手段制成各种食品的可食性原材料。烹饪原料知识主要阐述烹饪原料的种类、性质、组织结构、营养特点以及烹饪中的应用规律。烹饪原料知识是中式烹调师、中式面点师等从业人员所必备的基础知识之一，对提高烹饪技艺和烹饪理论水平具有重要的作用。

一、烹饪原料的食用价值

烹饪原料是烹饪的物质基础，其品质的优劣将直接影响烹饪产品的质量。而烹饪原料品质的好坏主要取决于烹饪原料食用价值的高低和加工性能的好坏，其中食用价值的高低又起着决定性的作用。烹饪原料食用价值的高低主要取决于其安全性、营养性、适口性三个方面。

1. 安全性

安全性是指由某种原料加工而成的菜点食用以后对人体无害。有些动植物原料虽具有营养价值、良好的口感和口味，但含有有害物质，故不能用作烹饪原料，如河豚；有些储存保管不善的原料因失去安全性而不能选用，如死螃蟹、死甲鱼；另外，受化学物质污染的原料也不能选用。

2. 营养性

营养性是指烹饪原料中所含营养物质的多少。烹饪原料中营养物质含量的高低是决定烹饪原料食用价值的一个非常重要的方面，作为烹饪原料利用的物质，必须具有一定的营养价值。绝大多数的烹饪原料或多或少地含有糖类、蛋白质、脂类、维生素、矿物质、膳食纤维等营养素。但在不同的烹饪原料中各类营养素的组成比例差别较大，例如：谷类中含淀粉较多，蔬菜、水果中含维生素和矿物

19

质较多，畜禽肉中含蛋白质较多。因此，营养价值越高的烹饪原料，其食用价值也越高。

3. 适口性

所谓适口性是指烹饪原料的口感和口味，它是影响烹饪原料食用价值高低的重要因素。因为烹饪原料的适口性直接影响着烹制出来的菜肴的口感和口味，所以烹饪原料的适口性越好，其食用价值也就越高。

二、烹饪原料的分类

我国幅员辽阔，物产丰富，烹饪原料种类繁多，以其加工的制品亦非常丰富。据不完全统计，我国在烹饪中运用的原料多达近万种。要对烹饪原料进行系统、全面、深入的研究，就必须按一定的标准将烹饪原料加以分类。烹饪原料分类的方法很多。如按照烹饪原料在加工中的作用，可分为主料、配料、调料；按照烹饪原料的加工程度可分为鲜活原料、干货原料、复制品原料；按照烹饪原料的种类可分为粮食、蔬菜、果品、肉及肉制品、水产品、干货、蛋奶及蛋奶制品、调味品等。本教材参考已有的各种分类方法，在兼顾科学性的同时突出实用性原则，结合各个技能等级的分类标准，将基础知识部分的烹饪原料划分为动物性原料、植物性原料、加工性原料和调味（色）性原料。

培训项目 ② 动物性原料

动物性原料是指可供烹饪加工利用的动物，主要包括家畜、家禽、水产、蛋奶品等。动物性原料在烹饪原料中占有非常重要的地位，它是人类优质蛋白质的主要来源。

一、家畜类原料

家畜是指人类为满足肉、乳、毛皮以及担负劳役等需要，经过长期饲养而驯化的哺乳动物。作为烹饪原料的家畜，主要种类有猪、牛、羊，此外还包括马、驴、兔等。

1. 猪

目前我国常见的地方猪种包括六个类型，即华北型、华南型、华中型、西南型、江海型、高原型。

猪在我国一年四季均产，民间认为冬季"杀年猪"期间的猪肉最肥美。其外观特征为：头大，鼻与口吻皆长，略向上曲；眼小，耳壳随品种而异，或小而直立，或大而下垂；口阔大，有门牙、犬牙及臼齿；躯干肥大，疏生刚毛，毛色黑或白或黑白混交；腹部接近地面；尾小，呈鞭状。猪肉的颜色在生鲜时一般呈淡红色，煮熟后呈灰白色。猪肉的肌肉组织中肌间脂肪含量较多且分布均匀，肌肉纤维细而柔软，结缔组织较少。

在我国，猪肉是重要的烹饪原料，在菜点制作中其既可作主料，又可作配料，还可作馅心料。猪肉适用于除生食以外的任何烹调方法，如炒、溜、卤、烧、炖、煎、扒等。我国各大菜系中以猪肉为原料的菜肴很多，猪肉广泛应用于各类冷菜、热菜、面点和小吃中。

2. 牛

牛的种类主要包括黄牛、牦牛和水牛三种。

牛在全国各地均产，较有名的是蒙古黄牛、秦川黄牛、鲁西黄牛、牦牛（产于青藏、川西、甘南）、水牛（产于长江以南）、黑白花奶牛、西门塔尔牛（为引进品种）。

我国一年四季均产牛，一年以内大小的牛其肉质最佳。黄牛是中国数量最多、分布最广的牛种，主要分布于淮河流域及其以北地区。黄牛的饲养品种包括各种奶牛、肉用牛、役用为主的牛等。水牛主要分布在中国南方各省，是水稻产区的主要役用家畜，其主要品种有四川德昌水牛、湖南滨湖水牛等。牦牛主要分布于西藏、四川北部及新疆、青海等地。

黄牛肉肌肉纤维较细，组织较紧密，色深红，肌间脂肪分布均匀，口感细嫩芳香。水牛肉肌肉发达，但纤维较粗，组织不紧密，肉色暗红，鲜肉有特有的腥膻味。牦牛肉肌肉组织较致密，色深红近紫红，肌间脂肪沉积较多，肉质柔嫩香醇，风味较好。在黄牛、水牛和牦牛三种牛中，以牦牛肉质最佳、黄牛肉质次之、水牛肉质最差。

牛肉虽然含水量比猪肉、羊肉多，但因其肌纤维长而粗糙，肌间筋膜等结缔组织多，加热后凝固收缩性强，故牛肉的质感比猪肉、羊肉老韧。所以，应根据牛肉所处部位不同采用对应的烹调方法，如背腰部及部分臀部肌肉等一些较嫩的部位结缔组织少，可顶刀切成丝、片等形状，采用爆炒等旺火速成的方法加工成菜。牛肉适用于烧、烤、炒、爆、卤、煮、焖、炖、煨等烹调方法。此外牛肉可制成冷菜、热炒、大菜、汤羹、火锅等，还可用于腌、腊、干制，可制成牛肉干、牛肉脯、牛肉松等制品。牛肉相对较粗老，加工时应顺着横筋切，以保证其鲜嫩的口感。另外，牛肉本身有较重的异味，在烹调前可进行相应预处理。

3. 羊

羊的种类较多，如绵羊、山羊、黄羊、羚羊、青羊、盘羊、岩羊等，作为家畜在烹调中经常使用的主要有绵羊和山羊两种。

绵羊体躯丰满，头短，被毛细密，多白色；唇薄而灵活，适于采食短草。公绵羊多有螺旋状的大角，母绵羊无角或角细小。山羊体较狭，头长，颈短，角三棱形呈镰刀状弯曲。一般被毛粗直，多白色，亦有黑、青、褐或杂色的；尾短上翘。

绵羊肉肉质坚实，色暗红，纤维细且较软，脂肪色白，肌间脂肪少，膻味小。山羊肉肉质坚实，皮质厚，皮下脂肪稀少，腹部脂肪较多。山羊肉有明显的膻味，膻味的主要成分是低分子量的挥发性脂肪酸，肉质逊于绵羊。

羊肉应用广泛，适用于炒、爆、炸、烧、烤、蒸、煮等烹调方法，运用不同的烹调方法可以制成风格各异的佳肴，如"葱爆羊肉""蒸羊肉""孜然羊肉"等，一般冬季食用较多。

4. 马

马按照体型可分为挽用、骑乘用和肉用三种类型。

我国养马的历史悠久，但通常不做食用。马在我国主要分布在东北、西北和西南地区。近年来为适应需求，肉用马饲养业已有所发展。

马耳小而直立，面长，四肢强健。马肉肉色红褐并略微显青，肉内结缔组织含量多，肉质较硬，脂肪柔软，略带黄色，熔点较高。

马肉不宜生炒生爆，宜用长时间加热的炖、卤等烹调方法，可重味红烧或先白煮后再烧、烩、拌等，也可通过腌、腊、熏等方式加工成肉制品。马肉菜肴的调味宜浓口重味，用香料以矫正异味，传统名食有桂林马肉米粉、呼和浩特车架刀片五香马肉、马肉腊肠等。需要特别注意的是，马肉中糖原的含量较多，具有特殊香味，但也容易发酸。

5. 兔

家兔由野兔驯化而来。

兔按其用途可分为肉用兔、皮肉兼用兔、毛用兔和皮用兔四大类。作为烹饪原料利用的主要是肉用兔和皮肉兼用兔。兔肉全国均产。

兔体毛色有白、黑、灰、黄褐等；耳长，基部耳缘相连成管状；有两对上门齿，第二上门齿小，位于第一上门齿的后方；上唇中央有纵沟，把上唇分为两瓣；尾短而上翘，后肢比前肢长而且强健；肛门附近有鼠蹊腺一对，有异臭。兔肉质地细嫩，味道鲜美，肉色一般为淡红色或红色，肌纤维细而柔软，没有粗糙的结缔组织，肌间脂肪少。相较于猪肉、牛肉、羊肉，兔肉营养丰富，蛋白质含量高，脂肪含量低，且具有较高的消化率，故被称为"保健美容肉"。

兔肉烹调时，切块后适于烧、炖、焖；切成丁、片、丝后可炒、爆，如"生爆兔丁""滑炒兔丁"等；切成薄片可氽、涮；制作冷菜可卤、酱、拌，如"五香兔肉""麻辣兔丝"等。因兔肉脂肪含量少，故加工时宜多放些油，以增加其风味。另外，兔肉还是各类冷菜、热菜、面点、小吃的重要原料。

6. 驴

驴是由野驴长期人工驯化而来的家畜，主要供役用，也可食用，又称"毛驴""漠骊"。

驴全国各地均有饲养，四季均产。其体型较马小，耳长，尾根毛少，尾端似牛尾。被毛灰褐或黑色，灰褐驴的背、肩和四肢中部常见暗色条纹。驴在我国主要分布在新疆、甘肃、山西、陕西、河南、黑龙江等地。按毛色分有灰、黑、青、棕四种。按体型大小可分为大型种、中型种和小型种三类。驴肉肉色暗红、纤维粗，肉味近于牛肉，比牛肉细嫩，肌肉组织结实而有弹性，结缔组织极少，脂肪颜色淡黄。

驴肉烹调宜采用卤、酱、烧、炖、煮、扒等长时间加热的方法，还可加工成腌腊制品。

二、家禽类原料

家禽是指人类为满足肉、蛋等需要，经过长期饲养而驯化的鸟类。

1. 鸡

鸡是由原鸡驯化而来的，在我国至少有4 000年的驯养史。全国一年四季均产，以秋后宰杀的鸡肉最为肥嫩。鸡按用途可分为肉用鸡、蛋用鸡、肉蛋兼用鸡、药食兼用鸡四大类。根据鸡的饲养方法不同，可将其分为圈养鸡和散养鸡两大类。

肉用鸡以产肉为主，其体躯坚实，胸肌、腿肌发达，成年鸡体重突出，出肉率高。蛋用鸡以产蛋为主。肉蛋兼用鸡产蛋、产肉性能均优，但均没有蛋用鸡或肉用鸡突出，而且所产肉的营养价值不如肉用鸡。药食兼用鸡有很高的食用性，同时具有明显的药用性能，其代表品种有乌鸡（乌骨鸡）、竹丝鸡、丝毛鸡等。

鸡在烹饪中应用广泛，几乎适于所有的烹调方法，可整烹，也可分割成不同的部位使用。各大菜系都有用鸡制作的名肴。鸡可作为菜品的主料、辅料、馅料等，广泛应用于冷热菜、面点小吃，因鸡肉鲜美，行业中有"鸡鲜鸭香"之说。雏鸡宜炒、爆、炸等，仔公鸡宜炒、烧、炸等，仔母鸡宜蒸、拌、烧、卤，老公鸡宜烧、焖、煨等，老母鸡宜烧、炖汤。另外需要注意的是，鸡的初加工宰杀放血要干净，应根据不同菜品的成菜要求对鸡进行宰杀或分档取料。

2. 鸭

鸭是由野鸭驯化而来的，根据其用途可分为肉用鸭、蛋用鸭、肉蛋兼用鸭和药食兼用鸭四类。根据鸭的饲养方法不同可将其分为圈养鸭和散养鸭两大类；根据鸭的育龄可将其分为仔鸭和老鸭两类。

鸭全国一年四季均产，以中秋节前后的最为肥壮丰满。雄鸭头呈绿色而带金属光泽，颈下有一白环，体表密生绒毛。雌鸭尾羽不卷，体黄褐色，并缀有暗褐色斑点。烹饪中常用的品种有北京鸭、绍兴鸭、番鸭、樱桃谷鸭等。

北京鸭在我国有几百年的养殖历史，原产于南方，传到北方后成为一种肉用鸭。北京鸭全身颜色都为白色，体型较大，产肉率高，外观结构匀称，是我国一种非常受欢迎的鸭种，正宗的北京烤鸭所使用的鸭种就是北京鸭。

绍兴鸭，又称绍兴麻鸭、浙江麻鸭，因原产地位于浙江旧绍兴府所辖的绍兴、萧山、诸暨等县而得名，是我国优良的高产蛋鸭品种。浙江省、上海市郊区及江苏的太湖地区为其主要产区。

番鸭是我国特有的鸭种，现在番鸭的养殖主要集中在南方。番鸭的外形不同于普通家鸭，体型呈椭圆，嘴部与眼部有深色的肉瘤。

樱桃谷鸭是英国樱桃谷农场引进我国的，以北京鸭和埃里斯伯里鸭为亲本，杂交选育而成的配套系鸭种。其原种为北京鸭，因其在樱桃谷农场引进故常称该品种为樱桃谷鸭。

鸭在烹饪中应用广泛，是中餐最常用的烹饪原料之一，各大菜系都有用鸭制作的名肴。鸭多以整只烹制，几乎适用于所有的烹调方法，可作为菜品的主料、辅料、馅料、吊汤等，最适于烧、烤、卤、酱，也宜蒸、扒、煮、焖、煨、炸、熏等烹调方法。

3. 鹅

鹅是由鸿雁驯化而来的，根据其用途可分为肉用鹅、蛋用鹅和肉蛋兼用鹅三类。鹅产于我国大部分地区，一年四季均产。鹅头大、喙扁阔、前额有肉瘤；颈长、体躯宽壮、龙骨长、胸部丰满、尾短、脚大有蹼；羽毛为白或灰色，喙、脚及肉瘤为黄色或黑褐色。肉用鹅的主要品种是中国鹅（又称狮头鹅），中国鹅头上有肉瘤，体宽且长，尾短向上，发育迅速，肉质鲜美。蛋用鹅以产蛋为主，蛋壳多为白色。烹饪中常用的品种有狮头鹅、扬州鹅等。

狮头鹅为我国农村培育出的体型最大的优良品种鹅，也是世界上的大型鹅之一。其原产于广东饶平县浮滨乡，现多分布于澄海、潮安、汕头市郊。羽毛为灰褐色或银灰色，腹部羽毛为白色。头大而眼小，头部顶端和两侧具有较大的黑肉瘤，鹅的肉瘤可随年龄而增大，形似狮头，故称狮头鹅。

扬州鹅是用四川白鹅与太湖鹅以及皖西白鹅等作为育种素材选育而成的中型鹅种，全身洁白，肉质优良，产蛋性能高，在烹饪中也较为常用。

鹅在烹饪中多以整只烹制，可加工成块、条、丁、丝、末等多种形态供用。

鹅适宜于烤、熏、炸、烧、扒、炖、焖、酱等多种烹调方法。

4. 鹌鹑

鹌鹑古称鹑鸟、红面鹌鹑、秃尾巴鸡等，按主要用途可分为蛋用型和肉用型两类，我国各地均有饲养。鹌鹑体型近似鸡雏，头小尾秃；头顶为黑色，具有栗色细斑，头顶中间贯有棕白色冠纹。

蛋用型品种主要有日本鹌鹑、朝鲜鹌鹑、隐性白羽鹌鹑、法国鹌鹑等。

肉用型品种主要有法国巨型肉用鹌鹑和美国法拉安肉用鹌鹑，此外还有美国加利福尼亚鹑、英国白鹑、大不列颠黑色鹑、白杂色无尾鹑、澳大利亚肉鹑等。

鹌鹑是禽类原料中的上品。在烹饪中，多用于整只制作菜肴，宜烧、卤、炸、扒，也可煮、炖、焖、烤、蒸等。若加工成小件，也可适用于炒、熘、烩、煎等烹调方法。

5. 鸽

鸽，俗称鸽子，按其体型大小可分为小型鸽、中型鸽和大型鸽。

鸽子的营养价值较高，既是名贵的美味佳肴，又是高级的滋补佳品。鸽子肉为高蛋白、低脂肪食物。其蛋白质含量高，富含钙、铁、铜等矿物质及维生素 A、维生素 E 等。鸽子肝中含有丰富的胆素，可以帮助人体很好地利用胆固醇，有防止动脉粥样硬化的保健作用。鸽子肉中含丰富的泛酸，可起到防止脱发、白发的作用。鸽子肉中还含有丰富的软骨素，可增加皮肤弹性，改善血液循环，加快伤口愈合。

鸽子在烹饪中多用于整只制作菜肴，适宜于烤、红烧、吊烧等烹调方法。

三、水产类原料

水产类原料也称水产品，是指水生的具有一定经济价值和食用价值的动植物。主要包括鱼类、虾蟹类、棘皮及软体动物类等。

1. 鱼类

鱼类是指生活在水中，体被鳞片，以鳍游泳，用鳃呼吸，以颌捕食的较低等的脊椎动物。根据鱼的生长环境可将其分为淡水鱼和海水鱼两大类。

（1）淡水鱼

1）鲤鱼。鲤鱼又称赤鲤、拐子、鲤子等。鲤鱼头大嘴小有须，鳞片大而厚，侧扁，腹部圆；肛门凹入的为雄性，凸出的为雌性。按生长地不同可分为河鲤鱼、江鲤鱼、塘鲤鱼。

河鲤鱼色黄，鳞片有光泽，腹小身略长，尾红；江鲤鱼的鳞片和肉均为白色；塘鲤鱼腹大身短，鳞色灰暗，刺硬，有土腥味。鲤鱼种类较多，分布于长江、黄河、珠江及淮河流域中，是我国最早、最广泛的养殖鱼类。我国黄河上游所产的"黄河鲤鱼"质量最好，广东高要产的"文岌鲤"也较佳，有"鲤中上品"之称。鲤鱼为我国主要食用鱼之一，适于烧、蒸、熘、炸收、腌、熏等烹调方法。

2）鲫鱼。鲫鱼又称鲋鱼，为稻田养鱼的主要对象，我国除青藏高原和新疆北部无天然分布外，其余各地均有分布。鲫鱼体形宽扁，长圆形，背高，体色多为灰黑色，也有金黄色的，嘴上无须，鳞细小，刺多。鲫鱼是内陆地区分布最广，适应能力最强的一种淡水鱼。长江中的鲫鱼体积最大，但湖泊中体积较小者肉质优于长江中的鲫鱼。北方以河北白洋淀所产的鲫鱼为最优，南方以江苏龙池所产的鲫鱼为最佳。鲫鱼肉嫩、味美，在烹饪上使用广泛，适于清蒸、干烧、煎焖、炸、煮汤等烹调方法。

3）鳊鱼。鳊鱼又称长春鳊，分布于全国各地。鳊鱼体侧扁，中部较高，略呈菱形，背面青灰而稍带有绿色光泽，体侧银灰色；头小，口端位，背鳍有光滑硬刺，臀鳍延长。

鳊鱼肉质幼嫩，尤以腩部最为肥美香浓，烹饪上以清蒸、炸、红烧等烹调方法最为常用。

4）团头鲂。团头鲂又称武昌鱼，原产于长江中游一些湖泊中，现各地均有养殖。团头鲂体背灰黑色，体侧银灰色，体侧鳞片基部灰黑，边缘较淡，组成许多条纵纹，头短小，口端位，宽弧形，上下颌前缘角质凸起；背鳍有粗壮光滑的硬刺，臀鳍延长；尾柄高，明显大于其长。

团头鲂脂肪多，肉嫩，味美，烹饪上以清蒸为佳，也适于红烧、干烧等烹调方法。

5）青鱼。青鱼又称黑鲩、青鲩、螺蛳青。青鱼体长，略呈圆筒形，尾部侧扁，腹圆，无腹棱，棕黑色，咽喉有一行咽牙，腹鳍、胸鳍各一对，背鳍、臀鳍各一个，尾鳍交叉。青鱼主要产于长江、珠江等南方水域，是我国四大淡水养殖鱼类之一，一年四季均产。青鱼肉洁白、细嫩，刺少，烹饪上以清蒸、红烧等方法为多，亦可取肉切片、丁、条，或剞花刀（如菊花、荔枝等），亦可制鱼丸。

6）草鱼。草鱼又称草根鱼，在我国分布极广。草鱼因生长迅速，肉质佳，产量高，故为我国重要的饲养鱼类。草鱼体略呈圆筒形，尾部侧扁，头稍平扁，体呈茶黄色，腹部灰白色，肉厚而嫩。

草鱼肉洁白、细嫩，有弹性，肉多刺但味美，适于清蒸、红烧、炸、炒等烹调方法，也可制鱼胶等。

7）鲢鱼。鲢鱼又称白鲢、鲢子鱼等，在我国各主要水系均有分布，为我国主要淡水养殖鱼类之一。鲢鱼头很大，吻宽，口大，眼小且位置低，鳞细小，背侧微黑，腹侧银白。鲢鱼头常用，肉质细嫩，细刺多。

鲢鱼肉质细嫩、肥美，但多刺。烹饪上可清蒸、红烧、烩。

8）鳙鱼。鳙鱼亦称胖头鱼、花鲢、大头鱼等，是我国四大淡水养殖鱼之一。鳙鱼与鲢鱼外表相似，但鳙鱼背部及两侧上半部比鲢鱼的色泽要黑，腹部灰白，并带有黑色斑点，头部较大。鳙鱼在我国各地均产，以南方所产为好，一年四季都有，但冬季最肥。

鳙鱼味鲜美，尤其鱼头肥香，嫩滑美味。烹饪上可蒸、红烧、炖等。

9）鳜鱼。鳜鱼又称桂鱼、季花鱼，分布于我国除青藏高原外的各地江湖中。鳜鱼体较高，侧扁，背部隆起，头尖长，口裂略倾斜，下颌突出，鳞细小、呈圆形，体色褐黄，腹部灰白，体侧有不规则的褐色斑点和斑块。肉质丰满、肥厚、鲜嫩（以春季最为肥美），刺少，色洁白，为上等食用鱼。

鳜鱼无论使用何种烹调方法，都鲜味绝佳，尤以清蒸为佳。

10）鲶鱼。鲶鱼又称鲇鱼、额白鱼，其鱼身青灰，腹白，头大，嘴扁有须，尾略扁，无鳞而有较多黏液。生长于长江、黄河、珠江等流域，四季捕捞，常年鲜食。

鲶鱼肉质嫩滑松软，不结实，骨刺少，烹饪上以豉汁蒸、红烧为佳。

11）鲌鱼。鲌鱼又称白鱼、翘嘴白。其体侧扁，细长而呈柳叶形，嘴尖而向上翘，上唇短，下唇长，腹具肉棱，背鳍具硬刺，鳞细银白。其产于我国各地淡水湖泊中，一年四季均产，以六七月产量较多。此鱼肉嫩味美，但肉里飞刺较多且细，烹饪上适宜红烧、清蒸、熏等。

12）鳡鱼。鳡鱼又名黄钻，体长而大，呈亚圆筒形，鳞色清灰，头尖长，口大而呈喙状，尾鳍交叉，眼小，背微黄，腹银白色，鱼牙尖长。其产于我国淡水河湖中，湖南、湖北、广东、福建等地出产较多。一年四季均产，以冬春所产最佳。

鳡鱼由于以捕食其他鱼类为生，因而膘肥体壮，肉质细腻丰腴，味鲜，骨刺稍多。烹饪上以红烧最佳，同时也是制作鱼丸的较好原料。

13）银鱼。银鱼又称面条鱼，其中大银鱼、间银鱼分布于我国渤海、黄海、东海沿岸的河口，太湖银鱼产于太湖。银鱼体细长，略透明，头平扁，后部稍侧扁，口大，背鳍和脂鳍各一个，体光滑无鳞。

银鱼适于炸、蒸、焖等烹调方法，调味以咸鲜为主。

14）黑鱼。黑鱼又称乌鳢，乌棒，生鱼，在我国分布极广，除西部高原地区外，几乎遍及各水系。黑鱼体略呈圆筒状，头长而尖，前部平扁，口大，眼小，鳃孔宽大，背鳍及臀鳍均长，体侧有许多不规则的黑色斑纹。

黑鱼肉质致密，刺少味美，为优良食用鱼。多取净肉入馔，宜熘炒。

15）黄鳝。黄鳝也称鳝鱼、长鱼等，在我国分布很广，除青藏高原外各地均产，以长江流域较多。黄鳝体圆，细长，呈蛇形，尾尖细，头圆，吻尖，上下颌具细齿，眼小，为皮膜覆盖，体光滑无鳞，体色黄褐，具有不规则的黑色斑点。其肉味鲜美，营养丰富。

黄鳝肉嫩，味鲜，无骨刺，烹饪上可油炸、红烧、酒焗、椒盐、炒片、炒丝等。

16）泥鳅。泥鳅又称鳅鱼，体细长，前部呈圆筒形，后部侧扁，尾鳍圆形，头尖，吻凸出，口小，须5对，体呈灰黑色。其生长于淤泥底的静止或溪流水体内。水体干枯时，又可钻入泥中潜伏。泥鳅肉质细嫩。

泥鳅适用于水煮、炸、烩等多种烹调方法。

17）鳗鲡。鳗鲡也称鳗鱼、白鳝等，其体长，表面多黏液，前部呈圆筒状，后部稍侧扁，头中等，眼小，嘴尖而扁，下颌长于上颌，臀鳍与尾鳍相连，胸鳍小而圆，无腹鳍。鳗鲡体背为灰黑色，腹部白色。鳗鲡主要分布于长江、闽江、珠江流域及海南岛等江河、湖泊中，于大海中产卵，淡水中生活。我国许多地方均有大量养殖，以冬春季最为肥美。

鳗鱼肉鲜嫩、肥腴，可适用于蒸、炸、煮等多种烹调方法。

18）鲚鱼。鲚鱼又名刀鱼、凤尾鱼等，身体侧扁，头小而尖，尾尖而细。大多生于海洋，每年春季成群入江河中产卵。其主要分布于渤海、黄海、东海和长江流域中下游及其附属湖泊中，四月至九月为上市期。

鲚鱼肉质肥嫩，鲜美，骨小。烹饪上可炸、煮、蒸，以炸食为最佳。

19）鲑鱼。鲑鱼也称大马哈鱼，是我国名贵鱼类之一。鲑鱼身躯呈银灰色，身上有闪光的小圆鳞，大嘴小眼，满口有小尖牙，背鳍的后面还长有一个小脂鳍。其原本生活在太平洋北部，在海水中成长发育后便成群结队向西游去，最后落脚在我国乌苏里江、松花江产卵。鲑鱼秋季最肥美。

鲑鱼肉味鲜美，刺少，适用于蒸、红烧、烟熏等烹调方法，也可用于制作鱼胶等。

20）鲮鱼。鲮鱼也称土鲮鱼，是我国南方鱼塘中一种重要的养殖鱼类。鲮鱼体长而侧扁，腹部圆，背部在背鳍前方稍微隆起，头短，体侧上部为青灰色，腹部为银白色。原分布在广东、广西、福建南部气候比较热的淡水河里，现逐步在池塘中养殖。

鲮鱼肉鲜美，细嫩，但骨刺较多，吸水性强。烹饪上以豉汁蒸、制作罐头为多。

21）虹鳟鱼。虹鳟鱼也称红鳟鱼，体呈纺锤形，头小，肉多，刺小；性成熟时，身体两侧沿着侧线有两条棕红色对称纵行条纹，宛如彩虹，鲜艳夺目。其原产美国加利福尼亚州西岸夏思塔山溪流中，终年在清澈低温流水中生活。我国引进至今，南北各地均有养殖，以贵州省安顺市养殖最多。

虹鳟鱼肉质厚而鲜，整条鱼丰满肥硕。适用于蒸、红烧等烹调方法。

（2）海水鱼

1）大黄鱼。大黄鱼又称大黄花、大鲜、桂花黄鱼，分布于我国南海、东海和黄海南部，以浙江的舟山群岛最多。大黄鱼体延长，侧扁，头大而尖突，体被栉鳞，鳞较小，背侧黄褐色，腹侧金黄色。其肉松软，细嫩鲜美，呈蒜瓣状。

大黄鱼适用于烧、焖、蒸、炸、醋熘等烹调方法。

2）小黄鱼。小黄鱼分布于我国东海、黄海和渤海，与大黄鱼、带鱼、乌贼合称为我国四大经济鱼。小黄鱼体长，侧扁，呈柳叶形，头大而尖，牙尖而细，体被栉鳞，鳞较大，背侧黄褐色，腹部金黄色。其肉质细嫩，味鲜美，呈蒜瓣状。

小黄鱼适用于烧、焖、蒸、炸、醋熘等多种烹调方法。

3）带鱼。带鱼又称刀鱼、牙带、海刀鱼，我国南北沿海均产，以东海产量最大，为我国四大海洋鱼之一。带鱼为暖温性中下层集群洄游鱼类，性凶猛，体侧扁，延长呈带状，尾细似鞭，头窄长，体呈银白色，肉质肥美，蛋白质、脂肪含量高。

带鱼适用于蒸、炸、烧等烹调方法。

4）鲈鱼。鲈鱼又称花鲈、板鲈，我国沿海均产。鲈鱼为近岸浅海中上层鱼类，喜栖息于河口区，也可生活于淡水中。鲈鱼体长，侧扁，口大，体被小栉鳞，背侧呈青灰色，腹部呈灰白色，体侧及背鳍棘部散布黑色斑点。其肉质紧实，纤维较粗，细嫩鲜美。

鲈鱼为蒜瓣肉、刺少、味鲜，适用于清蒸、红烧等烹调方法，也可用于制作鱼丸。

5）鳓鱼。鳓鱼体侧扁，口斜向上，下颌凸出，体被薄圆鳞，无侧线，腹部有锯齿状棱鳞，体侧呈银白色，背面呈黄绿色，背鳍和臀鳍短，尾鳍深分叉。其肉质鲜嫩肥美、味醇香，鳞下含脂肪丰富，但细刺较多。

鳓鱼适用于清蒸、红烧等烹调方法。

6）鳕鱼。我国鳕鱼主产于渤海、黄海和东海北部。其体延长，头大，尾部向后渐细，有不规则褐色斑点和花纹。其肉质细嫩洁白。

鳕鱼适于烧、焖、煨、煎、烤、炸、蒸等烹调方法。鳕鱼肝可用于制作鱼肝油。

7）鲱鱼。鲱鱼是冷水性海洋上层鱼类，食浮游生物，是世界重要经济鱼类之一。鲱鱼体侧扁，腹银白色。分布于北太平洋沿岸，我国黄海、渤海均有出产，春冬两季上市。

鲱鱼肉质细嫩，味醇香，烹饪上可红烧、清炖、煎，也可盐腌或制作罐头，以红烧最佳。

8）海鳗。海鳗又称海鳗鲡、牙鱼、狼牙鱼等，体长而圆，后端侧扁，头尖长，嘴、眼较大，上下额前有锐利的大形犬牙，背鳍与臀鳍延长，与尾鳍相连，无腹鳍、背灰色、腹灰白色。海鳗在我国沿海各地均产，以东海为主，每年夏季入伏时盛产，以农历六月最为肥美。

海鳗肉质细嫩，有骨刺，可红烧、清蒸、炒、煲汁、炖汤，鱼鳔可干制成膳肚，鱼肉也可制成干品。

9）鲳鱼。鲳鱼又称银鲳，分布于我国沿海，以南海、东海为多。鲳鱼体短而高，呈卵圆形，体侧扁，头小，吻短，口小微斜，体被圆鳞且细小易脱落，背部青灰色，腹部乳白色，全体银色而具光泽，并密布黑色细斑。鲳鱼肉厚实而细嫩，白如凝脂，营养丰富，蛋白质含量高，为名贵海产鱼类之一。

鲳鱼适用于烧、蒸、熏、炸、炖等烹调方法。

10）鲐鱼。鲐鱼又称青花鱼、鲭鱼，鱼体呈纺锤形，背青色，腹白色，体侧上部有深蓝色波状花纹，第二背鳍与臀鳍后方各有 5 个小鳍，尾鳍呈叉形。鲐鱼在我国沿海均有出产，每年春夏之间为旺季。鲐鱼是中上层洄游鱼类，每年春季产卵期由外海游向近海。

鲐鱼肉质坚实，品质优良，味道鲜美，适于清蒸、红烧等烹调方法。

11）鲅鱼。鲅鱼又名马鲛鱼，其与鲐鱼相似，头尖口大，身长带圆，无鳞，身青色，腹白色，前后两背鳍相距较近，第二背鳍和臀鳍后部有小鳍。鲅鱼在我国沿海均有出产，属暖水性中上层鱼。每年四月至五月、八月为盛产期。

鲅鱼肉多，肥厚，刺少，但肉质粗糙，并略带腥味。烹饪上可红烧、干煎等。

12）真鲷。真鲷北方称为加吉鱼，江浙俗称铜盆鱼。真鲷体侧扁而高，眼大，口小，体色鲜红，伴有稀疏的斑点，体被栉鳞。背鳍和臀鳍有硬刺，尾鳍上还围有一圈黑色的边缘。真鲷是近海暖温性底层鱼类，我国沿海各地均产，黄海、渤海产量较多，以秦皇岛所产的最肥，立夏至初伏为旺季。

真鲷肉质细嫩，鲜美似鸡肉，刺少，为名贵的海鲜。烹饪上可清蒸、干煎、煮汤、红烧。鲜活的真鲷最宜清蒸、煮汤。

13）石斑鱼。石斑鱼又称石樊鱼、高鱼、过鱼，其品种很多，分布于印度洋和太平洋西部，在我国主产于南海和东海南部。石斑鱼体长，呈椭圆形，口大，牙细而尖，体被小栉鳞，有时埋于皮下，体色多变异，常呈褐色或红色，并具条纹与斑点。其在我国南方种类较多，常见的种类有赤点石斑鱼（又称花斑）、纵带石斑鱼（又称带石斑）、青石斑鱼（又称青斑）、宝石石斑鱼等。

石斑鱼肉质细嫩而鲜美，为名贵食用鱼。宜清蒸、烧、炒。

14）比目鱼。比目鱼又名牙鲆鱼、牙偏、左口等。比目鱼体型扁平，口大，眼睛在一侧，有眼一面为灰褐色至深褐色，有黑色斑点；无眼一面为白色，鳞片小。我国沿海均产，黄海、渤海产量多且质优。比目鱼是温水性底层鱼类，冬天在深水区越冬，春夏之交由深水游向近岸繁殖，此时是最佳捕捞时机，秋冬季节最肥美。

比目鱼肉质细嫩，味道鲜美。烹饪上多用于清蒸、红烧、干煎、煮汤。

15）马面鲀。马面鲀俗称剥皮鱼，体侧扁，灰褐色，上被黄色斑纹，除吻的前缘外，头体全部被鳞，头部似马面，背部有一坚硬的背鳍，鳍条上有两根鳍棘，第一鳍棘粗大，第二鳍棘短小。马面鲀属暖温性近海底层鱼类，喜集群栖息，季节洄游性明显。马面鲀在我国主要分布于南海区，盛产于广东南部海区和北部湾海区。

马面鲀肉质细嫩，肌间骨少，为蒜瓣肉，微腥，烹饪上以清蒸、煮汤、干煎、红烧为佳。烹制时应剥去鱼皮。

16）鳐鱼。鳐鱼是鳃裂在腹位的板鳃鱼类的统称，是一种栖于海底层的鱼类。鳐鱼体扁平，无鳞，体盘呈圆形、斜方形或菱形，尾延长或呈长鞭状，常见的有孔鳐、犁头鳐和电鳐。我国沿海各地均有出产。

鳐鱼肉鲜美，软骨，无骨刺，腥味较大。烹饪上以红烧为多。

2. 虾蟹类

（1）虾类

1）对虾。对虾即中国对虾，又称大虾、明虾。对虾头有枪刺，有钳，须长，腹前多爪，三叉尾，是我国沿海特产之一。因它体形较大，故称大虾；过去曾按对数计价，干制后带壳的虾也常以每两只互插在一起，因此亦称对虾；其在海水里活动时身体透明度高，故亦称明虾。对虾在我国沿海各地均有出产，以烟台、青岛产量较大。

对虾肉色透明，肉爽滑，味鲜美。烹饪上使用方法较多，所制作成的菜肴品种也非常多。各地的制法各异，以煎、炸、焗、蒸等烹调方法为主。

2）龙虾。龙虾是虾类中体形最大的一种，因其形态威武，故名龙虾。龙虾在我国主要产于广东、浙江、福建、台湾等沿海地区。我国龙虾粗壮，呈圆柱形，略带平扁，头胸甲坚硬多棘，两对触角很发达，步足呈爪状，腹部较短，尾扇较大，体呈红色，上具暗色纹。锦绣龙虾头胸甲有五彩花纹。龙虾肉多而细嫩，具滋补功效，历来被视为肴中之珍。市场上常见的国外龙虾品种主要有美国波士顿龙虾、澳大利亚岩龙虾、欧洲蓝龙虾等。

龙虾在烹饪中以清蒸为主，也可取净肉熘、炒。

3）小龙虾。小龙虾也称克氏原螯虾、红螯虾或淡水小龙虾。小龙虾甲壳呈暗红色，腹部背面有一楔形条纹；幼虾虾体为均匀的灰色，有时有黑色波纹。螯狭长，甲壳中部被网眼状空隙分隔，甲壳上有明显颗粒，额剑有侧棘或额剑端部有刻痕。小龙虾肉含有较为丰富的蛋白质，在美洲和欧洲很早就被作为重要食材使用了。

小龙虾因味道鲜美广受人们欢迎，烹饪中常用来制作麻辣小龙虾、十三香小龙虾等。

4）青虾。青虾又称河虾，其两眼突出，壳薄而透明，头有枪、钳，须长，爪多，三叉尾，头胸部较粗大，往后渐细小，腹部后半部显得更为狭小，体色青蓝，有棕绿色斑纹，头胸甲前端中央向前突，形成发达的三角形的剑额。青虾主要产于各地淡水河湖水库中，盛产期在端午节前后，以河北白洋淀、江苏太湖等地所产为好。

青虾肉质鲜爽，口味香甜，可口，烹饪上以白灼、蒜茸蒸、盐焗为好。

5）罗氏沼虾。罗氏沼虾又称大头虾，长有一对又长又粗的大螯足，雄虾的螯足更为长和大，虾体呈青蓝色，虾头又大又粗，有"淡水虾王"之称。

罗氏沼虾肉质爽滑，味鲜美香滑。烹调上以白灼为佳。

6）虾蛄。虾蛄亦称濑尿虾、爬虾、虾耙子，体形平扁，背面头胸甲与胸节明显。虾蛄产于我国沿海各地，旺季是四月。虾蛄以背部壳内有一张条状卵块的雌虾为佳。

虾蛄肉味鲜美，风味独特，烹饪上各地的制法不一，以清蒸去壳取肉蘸食为多，也有白灼、椒盐、盐腌生吃或取肉制胶等制法。

（2）蟹类

1）三疣梭子蟹。三疣梭子蟹俗称海蟹、花蟹，蟹壳厚扁平，体呈青灰色；头部有一对大螯足，另有四对小足，头胸表面有 3 个高低不平的瘤状物，身为梭状，故名三疣梭子蟹。雌蟹壳青色，有黄脂，圆脐；雄性壳蓝白色，味鲜甜，尖脐。我国沿海均产，以渤海湾所产最为著名。

三疣梭子蟹肉色洁白而鲜嫩，味道鲜美，烹饪上以清蒸、醋熘、炒等制法为佳。

2）青蟹。青蟹又称潮蟹，背部隆起，光滑，呈青绿色，胃区与心区有明显的 H 形凹痕。雌蟹腹部扁平，腹脐呈桃圆形，也称膏蟹；雄蟹腹脐部呈三角形。肥美的时期是每年农历正月、五月、九月。

青蟹肉鲜美，蟹膏鲜香滑，烹饪上以清蒸、油焗、姜葱炒等制法为佳。

3）中华绒螯蟹。中华绒螯蟹又称大闸蟹、河蟹、毛蟹、清水蟹，产于我国南北各水系，以江苏阳澄湖所产最为著名，安徽所产的大闸蟹也颇有名。雌蟹腹部为半圆形，俗称"团脐"；雄蟹腹部为三角形，俗称"尖脐"。

中华绒螯蟹味道鲜美，是蟹中上品，烹饪上以清蒸为主。

4）帝王蟹。帝王蟹又名石蟹、岩蟹。帝王蟹虽长得像螃蟹，味道像螃蟹，但它们却不是螃蟹，而是属于石蟹科（六条腿）。帝王蟹与其形态相似的雪蟹（八条腿）也不是一种蟹类。帝王蟹主要分布在寒冷的海域，因其体型巨大而得名，素有"蟹中之王"的美誉。

帝王蟹适用于清蒸、蒜蓉蒸等烹调方法。

3. 棘皮及软体动物类

棘皮动物和软体动物均为低等动物。其中，棘皮动物的主要特征是幼体呈两侧对称，成体呈辐射性对称；无头部，不分体节，烹饪中常用的棘皮动物主要为海参。软体动物的特征为身体柔软，不分节，一般左右对称。贝壳是软体动物的保护器官，当软体动物活动时将头和足伸出体外，遇到危险便缩入壳内，因为大多数软体动物都有贝壳，故又称为贝类。烹饪中常使用的软体动物主要有无壳的乌贼、鱿鱼、章鱼和有壳的海螺、鲍鱼、牡蛎、蛏子、扇贝、文蛤、贻贝、蛤蜊、田螺、河蚌等。

（1）海参

海参属于棘皮动物，我国沿海产有 100 多种，可供食用的有 20 多种，根据其背面是否有圆锥肉刺状的疣足可分为刺参类和光参类两大类。刺参又称有刺参，此类海参体表有尖锐的肉刺，突出明显，如灰刺参、梅花参、方刺参等。光参又称无刺参，表面光滑，有平缓突出的肉疣或无肉疣，如大乌参、白尼参等。一般来说，有刺参质量优于无刺参。鲜海参干制后即为干海参，干海参的相关知识将在动物性干制品模块介绍。

海参烹制时以扒、烧、焖、蒸为多，也可煨、煮和做汤成菜。由于其属无显味的原料，因此应和其他鲜香味原料合烹或用其赋味，可适应多种调味。海参可整用，也可加工成段、块、片、丝、丁等形状后使用。

（2）乌贼

乌贼又称墨斗鱼，产于沿海各地，分布广泛，我国以舟山群岛出产较多，每年春季大量上市，以清明节前后最佳。乌贼身体分为头部、足部和内脏三部分，头上有触须 8 根，有两条较长的触手；眼呈长圆形，灰白色；体内有灰状浮骨一块；头的下面有一个很特殊的器官——漏斗；身上有一个墨囊，内有浓厚的黑色墨汁，经漏斗喷射出来。乌贼有雌雄之分，雄性的背部宽而带花点；雌性的裙边小，背上发黑，以雌性的质量较好。

乌贼肉厚而爽嫩，味鲜，烹调上使用广泛，以炒、爆为佳，亦可白灼。

（3）鱿鱼

鱿鱼又名枪乌贼，类似乌贼，但头和躯干都很狭长，尤其是躯干部，末端很尖，形状很像标枪的头，须长，体内没有墨囊和粉骨，只有透明软骨一片，体色紫红。鱿鱼在我国沿海均有出产，主要产地在福建、广东海域。

鲜品鱿鱼宜爆炒、凉拌等。干品鱿鱼可直接烹饪，宜干煸、煨炖；也可碱发后入馔，宜烧、烩、爆、炒；还可用于制作汤菜。

（4）章鱼

章鱼又名八爪鱼，有八只腕足，上面布满了吸盘。其体内含有色素细胞，能随周围环境不断变换体色。

章鱼肉鲜爽，味美，烹调上以炒为佳。

（5）海螺

海螺又名红螺，其贝壳边缘轮廓略呈四方形，大而坚厚，螺层有 6 级，壳内为杏红色，有珍珠光泽。海螺生于浅海底部，我国北部沿海产量较多，东海也较常见，产季在九月中旬至第二年五月。海螺肉质鲜爽，但腥味稍大。

海螺适用于炒、爆等烹调方法。

（6）鲍鱼

鲍鱼又称海耳，供食用的品种有杂色鲍、盘大鲍、耳鲍、半纹鲍等。鲍鱼为海产"八珍"之一，素为海味之冠，世界各海洋均产，夏季、秋季盛产。鲍鱼味鲜美，主要食用其肥厚的足块。

鲍鱼是宴席中的高档菜品，多以整形用。川菜中多用于烧烩菜式，也用于冷菜和汤菜。

（7）牡蛎

牡蛎又称蚝、海蛎子等，是一种海产双壳软体动物。牡蛎分布于热带海域，我国黄海、渤海、南海均有出产，在江河入海一带的海湾繁殖最旺，广东、广西、福建、山东等省产量较大，每年四月至十月最肥美。

牡蛎适于炒、爆、烧、炖、煮、烩等烹调方法，也可氽汤。

（8）蛏子

蛏子亦称竹蛏，广泛分布于我国沿海，春、夏两季均产。蛏子有左右对称的两个贝壳，呈长方形，壳顶位于背缘略靠前方，壳薄而脆，两个贝壳是用背面的韧带和前后两个闭壳肌连在一起的。

蛏子味道鲜美，烹饪上以炒、爆、蒜茸蒸等制法为佳。

（9）扇贝

扇贝又名海扇，在我国以栉孔扇贝最为常见，为北方海区的主要养殖品，春、夏两季均产。扇贝壳为扇面状，壳面多为茶褐色、黄褐色、淡红色或具枣红烟云斑纹。壳内面为黄褐色，有与壳外相应的沟和肋条。

扇贝适于氽、爆、炒、蒸、炸等烹调方法。另外需要注意的是，初加工时应去尽泥沙、杂质及内脏。

（10）文蛤

文蛤在我国沿海均有分布，现已有人工养殖，产于春末至夏末。其贝壳背缘略呈三角形，壳顶凸出，壳表凸起且光滑，被有一层黄褐色光滑似漆的壳皮；同心生长纹清晰，带有环形褐色带，壳面花纹变化较大。文蛤没有明显的头部，口部周围有发达的唇瓣；足位于腹面，呈斧刃状；雌雄异体，性腺成熟时呈黄色。

文蛤肉质鲜嫩，烹饪上可蒸、炒、氽汤。另外需要注意的是，初加工时应去尽泥沙、杂质及内脏。

（11）贻贝

贻贝又称海红、壳菜、青口螺，我国有 30 多种，沿海均有分布，主要产于渤海、黄海，春、秋两季均产，每年五月至六月为盛产期。贻贝壳薄，多为长楔形，前端尖细而后端较宽，壳表为翠绿色，尤以边缘最为鲜艳。

贻贝适于炒、爆、烧、炖、煮、烩等烹调方法，也可氽汤。

（12）蛤蜊

蛤蜊也称蛤仔，形似文蛤，生活于浅海泥沙滩中，我国沿海均产。蛤蜊壳略呈三角形，两壳大小相等，壳表光滑，被有一层黄褐色壳皮，壳面有花纹，壳顶突出。

蛤蜊肉肥而鲜美，烹饪上以氽汤、炒为佳。另外需要注意的是，初加工时应去尽泥沙、杂质及内脏。

（13）田螺

田螺又称黑口圆田螺，产于我国华北和黄河流域、长江流域等湖泊、沼泽、河流、水田处，在夏季盛产。

田螺肉营养丰富，含蛋白质、脂肪、矿物质等多种成分，其中以钙、磷的含量最高。田螺贝壳大，呈圆锥形，表面光滑，螺旋部较短，口边缘呈黑色，故又称黑口圆田螺。

田螺多连壳烹调，宜炒、煮，成菜质地脆嫩，味鲜。田螺肉味一般，可整用也可取肉用，常用爆、炒法成菜。

（14）河蚌

河蚌又名河歪，体大而宽扁，壳硬较薄，呈黑色。其为淡水贝类，产于我国大部分江河、湖沼，南方内陆河、湖较多。河蚌肉色淡黄，味道鲜美。

河蚌肉质较粗老，适于烧、炖、煮、烩等长时间加热的烹调方法。

四、蛋奶类原料

蛋奶品是家畜和家禽的副产品，具有营养价值高、食用价值高的特点，是烹饪中常用的原料。

1. 蛋类

烹饪中运用的蛋类主要包括鸡蛋、鸭蛋、鹅蛋、鸽蛋、鹌鹑蛋等。

蛋类含有丰富的营养物质，同时烹饪应用也相当广泛，可作为主料、配料及调辅料，是烹饪中最常用的原料之一。

（1）禽蛋的结构

禽蛋由蛋黄、蛋白和蛋壳三个主要部分构成。其横切面呈圆形，纵切面呈不规则椭圆形，一头尖，一头钝。由于家禽的品种、年龄、产蛋季节和饲料的不同，因此禽蛋各构成部分所占的比例也不一样。

1）蛋黄。正常蛋的蛋黄呈球形，两端有系带牵连，使其固定在蛋的中央。蛋黄由蛋黄膜、蛋黄内容物和胚胎三部分组成。蛋黄膜是介于蛋白和蛋黄液之间的透明薄膜，由三层薄膜组成，内外两层是黏蛋白，中层为角蛋白，弹力很强，有韧性和通透性。由于蛋黄和蛋白渗透压不一致，随着储存时间的延长，蛋黄膜弹性减弱，蛋白中水分不断向蛋黄内渗透，从而导致蛋黄膜破裂，造成散黄。

蛋黄液呈深黄色或棕黄色透明乳剂状，包含黄色、淡黄色和白色三种蛋黄液，前两种由里向外分层排列成黄白相间的轮层，白色蛋黄液形成细颈烧瓶状结构，"瓶体"位于蛋黄中心，"瓶颈"向外伸延直达蛋黄膜下，托住胚胎。蛋黄的颜色取决于其中胡萝卜素的含量。

2）蛋白。蛋白为无色、透明的胶状物质，位于蛋壳与蛋黄之间。蛋白分为四层，分别为系带蛋白层、内稀蛋白层、浓厚蛋白层、外稀蛋白层。其中，浓厚蛋白层中含溶菌酶，随着储存时间延长或温度、水解蛋白酶的影响，蛋白逐渐变稀，溶菌酶消失，使蛋品质下降且变质的可能性增大。

3）蛋壳。蛋壳是包裹蛋内容物的一层结构，由交织的蛋白质纤维基质和缝隙间的碳酸钙晶体构成。蛋壳外表面有一层白色粉状物，称为外蛋壳膜，具有保护作用。蛋壳内表面有两层纤维质构成的网状薄膜，称为壳内膜，外层紧贴蛋壳内壁，称为内蛋壳膜，内层包裹蛋白，称为蛋白膜；两层膜紧密贴合在一起，只在蛋的钝端两膜分离形成气室。随着保存时间的延长，水分蒸发，气室逐渐变大，所以气室的大小可以作为判断蛋新鲜度的一个标志。蛋壳上分布有许多漏斗状的孔道，称为气孔；孔道内填满蛋白质纤维，有阻止微生物进入的作用。一旦这些蛋白质纤维在蛋白酶作用下被分解，则微生物极易通过孔道。蛋壳的颜色取决于家禽的种类，一般来说，鸡蛋为褐色、淡褐色或白色，鸭蛋为白色或淡绿色。

（2）蛋类的烹饪运用

蛋类在烹饪中应用较广，其中应用最多的是鸡蛋，其次是鸭蛋、鹌鹑蛋。

蛋的烹法较多，适于煎、炸、蒸、烧、烩、炒、卤、糟、酱等，既可作主料，又可作配料使用。

此外蛋在烹饪中还有一些特殊作用，蛋白经搅打后能吸收大量的空气，形成大量气泡，使其体积迅速增大，故可制发蛋糊，用于"芙蓉鱼片"等工艺菜的制作；蛋白具有较高的黏性，是很好的黏合剂，可用于上浆、挂糊及肉圆等泥茸菜的黏结成形；蛋黄中具有亲水和亲脂肪的物质，具有乳化作用，能使菜肴中油和水充分混合，使菜肴细腻鲜香。

（3）常见蛋类

1）鸡蛋。鸡蛋又名鸡卵、鸡子，是母鸡所产的卵。鸡蛋的营养价值丰富，其中所含氨基酸比例很适合人体生理需要、易吸收、利用率高。

鸡蛋适合炒、煎等烹调方法，也可制作汤菜或在面点、小吃中使用。

2）鸭蛋。鸭蛋又名鸭卵、鸭春、青皮等，为鸭科动物家鸭的卵，主要含蛋白质、脂肪、钙、磷、铁等营养成分。广西、浙江等地区将在浅海滩涂放养的鸭所产的蛋称作"海鸭蛋"。

鸭蛋适合炒、煎等烹调方法，也可腌制后制作成咸鸭蛋。

3）鹌鹑蛋。鹌鹑蛋又名鹑鸟蛋、鹌鹑卵，呈近圆形，个体很小，表面有棕褐色斑点。鹌鹑蛋中氨基酸种类齐全、含量丰富，维生素 A 的含量较高，胆固醇则较鸡蛋略低，故有"卵中佳品"之称。

鹌鹑蛋适合卤、蒸等烹调方法，也常用来制作凉菜。

（4）常见蛋制品

1）皮蛋。皮蛋又称松花蛋，因胶冻状的蛋清表面有松枝状花纹而得名。皮蛋多以鸭蛋为原料，经生包或浸泡加工而成，全国均有加工生产，四季皆可生产。制好的皮蛋剥去其蛋壳可见蛋清凝固完整，光滑清洁不粘壳，棕褐色，绵软而富有弹性，晶莹透亮，呈现松针状结晶。

皮蛋多用于凉菜，也可经熘、炸、烩、炒等烹调方法制成热菜。

2）咸蛋。咸蛋又称盐蛋，多用鸭蛋制作而成，全国均有生产，四季皆可生产。咸蛋的加工有泥浆法、泥包法和盐水浸渍法三种。腌制好的咸蛋有香味，蛋黄呈朱砂色，食时有沙感，富有油脂，咸度适当。

咸蛋煮熟即可食用，咸蛋黄在烹饪中应用较广，可用于调味、制作馅心或菜品装饰。

3）糟蛋。糟蛋是以鲜蛋裂后（不破坏壳内膜）埋在酒糟中，加入一定量食盐制成的蛋制品。在糟蛋制作过程中所产生的醇类使蛋白和蛋黄凝固变性，并具有酒的芳香气味；产生的醋酸可使蛋壳软化，蛋壳中的钙盐浸透到薄膜内使糟蛋含钙量增高；所加的食盐使蛋黄中的脂肪聚积，使蛋黄起油、细腻，蛋白略带咸味。

糟蛋多为冷食，作为凉菜食用。

2. 奶类

奶又称乳，是哺乳动物产仔后由乳腺中分泌出的一种白色或淡黄色的不透明液体。其按照产乳动物种类划分，主要有牛乳、水牛乳、牦牛乳、山羊乳、绵羊乳、马乳、鹿乳等，按照不同泌乳期化学成分的变化可分为初乳、常乳、末乳、异常乳。其中以牛乳产量最大、商品价值最高、利用最为普遍。

（1）常见奶类

1）牛乳。牛乳是奶牛乳腺分泌出的乳白色或微黄色液体。新鲜质好的鲜牛乳应具有鲜乳固有的气味和滋味，呈均匀无沉淀的液体状，颜色为白色或微黄色。初乳是指奶牛产犊后7天以内分泌的乳，乳汁浓厚而略带褐色，黏稠，具有令人不愉快的气味，有时甚至混入少量的血液而呈红色。初乳加热时凝固、口味咸涩、风味不好，一般不宜饮用。

末乳又称老乳，是奶牛在停乳前半个月所产的乳。末乳味苦，易发酵，存放一段时间便易产生不佳的气味，也不宜饮用。

常乳是指初乳后、末乳前乳牛所产的乳，该阶段乳成分和性质基本稳定，风味好，适宜饮用。

牛乳除供直接饮用外，也可作为烹饪原料使用。烹饪中常用牛乳代替汤汁成菜，如"牛奶白菜""奶油菜心"等，特点是奶香味浓、清淡爽口。也可制作成胶冻后裹糊炸制，如广东特色"炸牛奶"等。

2）羊乳。羊乳又称羊奶，呈乳白色，具有特殊的乳香味，以内蒙古、新疆等地所产为佳。羊乳的脂肪颗粒较小，更利于人体吸收。羊乳中的部分维生素及微量元素高于牛乳。

羊乳除供直接饮用外，在烹饪中可用于软炒、蒸、冻、煮等烹调方法。

（2）常见奶制品

奶制品是鲜奶经过一定的加工，如分离、浓缩、干燥、调香、强化等所得到的产品，常见的乳制品有炼乳、奶油、酸奶、奶酪等。

1）炼乳。炼乳是一类浓缩的奶制品，一般以牛乳为原料。炼乳分为甜炼乳和淡炼乳两种，区别是甜炼乳中添加了食糖。优质的炼乳色泽均匀一致，呈乳白色，稍带微黄，有光泽，具牛乳特有的清香。

炼乳在烹饪中常用作香甜类菜品的蘸料，也可用于面点、小吃等的制作。

2）奶油。奶油是牛奶等经分离后所得的稀奶油再经成熟、抛拌、压炼而制成的奶制品。奶油具有一定的可塑性，以切断口致密均匀者为佳。奶油具有一定的稠度和适当的延展性，用舌尖和上颚碾压时，不应有粗硬和黏软现象。优质奶油的色泽均匀一致，为淡黄色，有浓郁的牛奶芳香。

奶油在烹饪中常用于增加肉类香气，也可用于面点、小吃等的制作。

3）酸奶。酸奶是以鲜奶为原料，经杀菌处理，冷却后加入纯乳酸菌发酵剂，保温发酵而成的产品。优质酸奶凝结均匀细腻，无气泡，色泽均匀一致，呈乳白色或稍带微黄色。根据酸奶的生产方法和凝结的物理结构不同可分为凝固型酸奶和搅拌型酸奶。

酸奶在烹饪中常用于部分西餐类调味汁的制作。

4）奶酪。奶酪（cheese），又名干酪、芝士，是一种发酵的奶制品。奶酪的性质与常见的酸牛奶有相似之处，都是通过发酵过程来制作的，也都含有乳酸菌；但是奶酪的浓度比酸奶更高，近似固体食物，营养价值也更加丰富。

烹饪中常用意大利马苏里拉奶酪来制作比萨，奶酪也常用于制作各类焗饭。

培训项目 ③

植物性原料

植物性原料是指可供人们烹饪加工利用的植物。它们是人类营养的基础，在人类的食物中占有非常重要的地位，主要包括蔬菜类、粮食类和果品类。

一、蔬菜类原料

蔬菜类原料是以植物的根、茎、叶、花、果实等可食部分供食用的一类烹饪原料，也包括食用菌类。根据蔬菜的主要食用部位不同，可将其分为根菜类、茎菜类、叶菜类、花菜类、果菜类、菌藻类等。

1. 根菜类

根菜类蔬菜是指以植物膨大的根部作为食用对象的蔬菜。根为植物的储藏器官，富含糖类等营养物质。由于根菜产量高、耐储藏、适于加工腌制，在北方冬、春季节蔬菜短缺时占有重要地位。根菜类蔬菜按其肉质根的生长形成不同可分为肉质直根和肉质块根两种类型。

（1）萝卜

萝卜又称莱菔。

萝卜根部膨大为肉质根，汁多，脆嫩；形状有长、圆、扁圆、卵圆、纺锤、圆锥等，皮色有红、绿、白、紫等。萝卜主要分为中国萝卜和四季萝卜两大类。我国萝卜的主要品种有薛城长红、济南青圆脆、石家庄白萝卜、上海小红萝卜、烟台红丁等。

萝卜是世界上古老的栽培蔬菜之一，现在世界各地都有种植。欧美国家以种植小型萝卜为主，亚洲国家以种植大型萝卜为主，尤以中国、日本栽培普遍。萝卜的质量以个体大小均匀，无病虫害、无糠心、黑心和抽薹现象，新鲜、脆嫩、无苦味者为佳。

萝卜的烹制方法较多，适于烧、拌、炝、炖、煮、泡等，也可用于制作糕点、小吃馅心，经腌制后还可制成酱菜、萝卜干等。此外，萝卜还是食品雕刻的重要原料，可用于菜点的装饰和点缀。

（2）胡萝卜

胡萝卜又称红萝卜、黄萝卜、丁香萝卜等。

胡萝卜直根上部肥大，形成肉质根，其上生四列纤细侧根。肉质根形状有圆、扁圆、圆锥、圆筒形等；色泽有紫红、橘红、粉红、黄绿等。

胡萝卜的品质以质细味甜、脆嫩多汁、表皮光滑、形态整齐、肉厚、无裂口和病虫伤害者为佳。

胡萝卜做菜，适于炒、烧、拌等，与牛、羊肉同烧，还有去除膻味的作用。此外，胡萝卜可用于食品雕刻，制作菜点的装饰、围边等。胡萝卜还是制作腌菜、酱菜的原料。

（3）芜菁

芜菁又称蔓菁、圆根、诸葛菜等。

芜菁以肥大的肉质根供食用，肉质根属萝卜型，外形呈球形、扁圆形、矩圆形或圆锥形，皮多为白色，也有上部绿色或紫色、下部白色的。

芜菁肉质根柔嫩致密，味似萝卜，无辣味而稍带甜味。芜菁可生食，可炒、烧等，也可盐腌、酱渍或用来制作泡菜。

（4）豆薯

豆薯又称沙葛、凉薯、地瓜等。

豆薯根部膨大，为扁圆形或卵圆形，外表淡黄，皮薄而坚韧，表面有纵沟和横皱纹，肉白色、质爽脆、多汁、味清甜。豆薯按块根形状分为扁圆、扁球、纺锤形等；按成熟期分为早熟种、晚熟种。豆薯的品质以肉质脆嫩、味甜汁多、大小均匀、不破伤、不霉烂者为佳。豆薯作为蔬菜，可单独运用或作动物性原料的配料。

豆薯适于炒、烧、煮等烹调方法。此外老的豆薯还可制取淀粉。

2. 茎菜类

茎菜类蔬菜是指以植物的嫩茎或变态茎作为主要供食部位的蔬菜。

该类蔬菜品种较多，按其生长的环境可分为地上茎菜类蔬菜和地下茎菜类蔬菜两大类。地上茎菜类蔬菜主要包括嫩茎类蔬菜和肉质茎类蔬菜；地下茎菜类蔬菜主要包括球茎类蔬菜、块茎类蔬菜、根状茎类蔬菜和鳞茎类蔬菜。

（1）茎用莴苣

茎用莴苣又称莴笋、青笋、生笋、白笋、千金菜等。

莴笋茎直立，呈棍棒状，肥大如笋；色泽有绿、灰绿、紫红等。其质地脆嫩，清香鲜美。目前我国各地普遍栽培。品质以粗短条顺、不弯曲、皮薄质脆、水分充足、不空心、不抽薹、表面无锈斑、不带老叶和黄叶者为佳。

莴笋的茎和叶均可食用，常适用于烧、拌、炝、炒等烹调方法，也可用作汤菜或作配料等，还能作为食品雕刻的原料。此外，莴笋还可制作腌菜、酱菜等加工品。

（2）竹笋

竹笋又称笋。

竹笋外形为锥形或圆筒形，笋基质嫩肥壮，外包有箨叶，颜色有赤褐、青绿、淡黄等。竹笋的种类较多，按上市季节可分为冬笋、春笋和鞭笋，以冬笋品质最好。竹笋的质量以新鲜质嫩、肉厚、节间短、肉质呈乳白色或淡黄色、无霉烂、无病虫害者为佳。

竹笋适用于烧、炒、拌、煸、焖、烩等烹调方法，既可作主料，也可作配料，还能作点心的馅料。竹笋可鲜食，也可加工成干制品和罐头。

（3）芦笋

芦笋又称露笋、石刁柏、龙须菜。

芦笋质地脆嫩，清香可口，是一种名贵蔬菜。芦笋按其栽培方法的不同，有绿芦笋和白芦笋之分。品质以鲜嫩、色白、尖端紧密、无空心、无开裂、无泥沙者为佳。

芦笋在烹饪中多用于扒、炒、煨、烧、拌、烩等烹调方法，可制冷菜，亦可制热菜，还可用于荤菜的垫底、围边等。此外白芦笋还可制罐头。

（4）茭白

茭白又称茭瓜、茭笋、茭荀、市笋、高笋。

茭白的肉质茎肥大，花茎膨大呈纺锤形，是蔬菜中的佳品。茭白肉质细嫩色白，味甜脆。品质以嫩茎肥大、多肉、新鲜柔嫩、肉色洁白、无黑心、带甜味者为佳。

茭白适用于炒、烧、焖、拌等烹调方法，常用作荤菜的配料，也可制作馅心等，嫩时亦可生食。茭白含有草酸，会影响人体对钙的吸收，所以茭白烹调前要经水煮或用沸水余制，以除去草酸。

（5）菜薹

菜薹又称菜心。

菜薹叶较小，为卵形或近圆形，叶色为绿色或紫红色，叶柄狭长。其花茎生长迅速，为主要供食部分，有绿色和紫色两种，质地细嫩，味鲜美。菜薹按生长期的长短分为早熟、中熟和晚熟品种。其质量以新鲜饱满，质地脆嫩，有光泽者为佳。

菜薹多在冬末春初上市，适用于炒、烧、拌、扒、烩等烹调方法，可作为主料，也可作为配料，还可用于荤菜的围边、垫底等，并可干制或腌制。

（6）茎用芥菜

茎用芥菜又称青菜头、菜头、羊角菜。

茎用芥菜由叶用芥菜演化而来。其肉质茎表面为绿色或绿白色，有瘤状突起，凹凸不平；茎肉呈白色，脆嫩清香。

茎用芥菜主要用来加工榨菜，其肉质茎可鲜食，也可凉拌、炒、煮等。其腌制品榨菜为我国著名特产，是世界三大腌菜之一。茎用芥菜主要分为四川榨菜和浙江榨菜两大类，目前在涪陵、万县、重庆等地栽培普遍，浙江省栽培也较多。

（7）球茎甘蓝

球茎甘蓝又称苤蓝、玉蔓菁等。

球茎甘蓝的叶与甘蓝相似，叶片较长、呈卵圆形，蓝绿色，叶柄细长，茎膨硕大、呈球形或扁圆形，外皮白绿或紫色。球茎甘蓝按球茎皮色可分为绿、绿白、紫色三个类型，按生长期长短可分为早熟、中熟和晚熟三个类型。早熟品种植株矮小，叶片少而小；中、晚熟品种植株较高，叶片多而大。现全国各地均有栽培。

球茎甘蓝的肉质茎是主要的食用部分，其肉质密实、脆嫩，适于拌、炒、烩、酱等烹调方法，既能单独成菜，也可作为荤菜的配料。

（8）香椿

香椿又称椿芽、香椿头。

香椿叶片为长椭圆形或长椭圆披针形，全缘或有不明显钝齿，表面深绿色。香椿根据其初出芽苞和幼叶的颜色可分为紫香椿和绿香椿两类。紫香椿芽苞为紫褐色，初出幼芽为绛红色，有光泽，香味浓郁，纤维少，含油脂多，品质佳；绿香椿芽苞为绿色，叶香味稍淡，含油脂较少，品质稍差。香椿原产于中国，且我国是唯一用香椿作蔬菜的国家。

香椿春季大量上市，以鲜食为主，适于蒸、炒、拌、炝等烹调方法，既可作主料，也可作配料，荤吃、素食均可。香椿芽也可腌制后作腌菜食用。

（9）荸荠

荸荠又称地栗、马蹄、乌芋等。

荸荠球茎为扁圆形，表面平滑，老熟后为枣红色或紫黑色，有3～5圈环节，顶部有鸟嘴状顶芽。荸荠按球茎的淀粉含量可分为水马蹄类型和红马蹄类型。水马蹄类型富含淀粉，肉质粗，适于熟食或加工淀粉；红马蹄类型水分含量多，淀粉含量少，肉质甜嫩，渣少。目前长江流域以南各省均有栽培。品质以个大、干净、新鲜、皮薄、肉细、味甜、爽脆、无渣者为佳。

荸荠可作水果生食，也可作蔬菜利用，还可加工淀粉、制罐头。其作蔬菜时多为配料，适于炒、煎、烧、爆、炸等烹调方法。

（10）芋

芋又称芋艿、毛芋、芋头、芋儿。

芋的地下茎膨大为球形、卵形、椭圆形、块形，皮褐色或黄褐色、粗糙，皮薄肉白，球茎肉质细嫩，含淀粉丰富。芋的品种较多，按母芋、子芋发达程度及子芋着生习性分为魁芋类型、多子芋类型、多头芋类型。母芋质细脆，子芋质软糯，具有独特的绵甜香味。品质以淀粉含量高、肉质松软、香味浓郁、耐储存者为佳。芋可以蒸食，也可以煮食，还可制成小丁加米熬粥充当主食。

芋适用于烧、蒸、炒等烹调方法，咸、甜皆宜。芋还可以制作小吃、点心。芋中含有黏液，黏液中含草酸钙，会刺激皮肤并使人发痒，因此在加工芋时应注意不要将黏液弄到手臂上。如加工时手发痒，可以在火上烤或用生姜捣汁轻擦，即可解痒。

（11）马铃薯

马铃薯又称土豆、地蛋、山药蛋、洋山芋。

马铃薯的地下块茎膨大，形状有圆形、椭圆形、长圆筒形和卵形等，表皮有黄、黄白、红或紫色，薯块为黄或白色，肉质致密，含丰富的淀粉，皮薄肉厚，块茎为食用部分。马铃薯品种较多，按块茎的皮色分为白、黄、红和紫皮品种；按薯块的颜色分为黄肉种和白肉种；按块茎的成熟期分为早熟、中熟和晚熟种。品质以体大形正、整齐均匀、皮薄而光滑、芽眼较浅、肉质细密、味道醇正者为佳。

马铃薯适用于烧、炒、炖、煎、炸、煮、蒸、烩、煨等烹调方法。其既可制作主食，也可制作菜肴；既可用作菜肴主料，又可用于制作馅心和糕点。此外，马铃薯还是生产淀粉和酒精的原料。

发芽的马铃薯含有龙葵素,最好不要食用,以防中毒。另外,马铃薯去皮后易变色,去皮后的马铃薯要泡入水中,以防止褐变。

(12)山药

山药又称薯蓣、薯药、长薯。

山药肉质块茎肥大,呈长棒形、球形或块状;皮为白色或紫红色、浅紫色。其块茎皮薄肉厚,含丰富的淀粉,为食用部分。山药的品种较多,按块茎形状分为扁块种、圆筒种、长柱种三个类型。常见的有紫皮山药、白山药和麻山药。紫皮山药外皮为浅紫色,毛眼稀少而浅,质细,有黏液;白山药薯根较短而粗,外皮为黄白色,皮薄质细,品质优良;麻山药形多弯曲,较粗糙,质地疏松,水分大,口感粗,品质较差。

山药原产于亚洲东部热带地区,目前我国除西藏、东北北部及西北黄土高原外,其他地区都有栽培,以江苏、山东、河南、陕西一带栽培最多。全年均有供应。

山药质地细腻,肉色洁白,适于炒、蒸、烩、烧、扒、拔丝等烹调方法,咸甜皆宜,还可与大米等一起煮粥制作主食。

(13)藕

藕又称莲藕、莲菜、菜藕、果藕。

莲藕地下茎长而肥大,由多段藕节组成;内有孔道,皮色黄白,含丰富的淀粉;味甜、多汁,为食用部分。莲藕的品种较多,按上市季节可分为果藕、鲜藕和老藕;按用途可分为藕用种、莲籽用种和花用种。藕起源于中国和印度,目前我国各省普遍栽培,每年秋、冬及春初均可采挖上市。品质以藕身肥大、肉质脆嫩、水分多而甜、带有清香味者为佳。

藕是重要水生蔬菜之一,适用于炒、炸、糖醋、蜜渍等烹调方法,可制作藕夹、藕盒等特殊菜式,也可作水果生食。此外,藕还可加工成藕粉、蜜饯等加工制品。

(14)姜

姜又称生姜、黄姜。

姜的地下茎肥大,为肉质,表皮薄,呈淡黄色、肉黄色或浅蓝色;在嫩芽及节处有鳞片,鳞片为紫红色或粉红色,肉质茎具辣味,为食用部分。

姜的品种根据植株形态和生长习性可分为疏苗型和密苗型,按用途可分为嫩姜和老姜。嫩姜水分含量多,纤维少,辛辣味淡薄,除作调味品外,也可炒食、制作姜糖等；老姜水分少，辛辣味浓，多作调味品。姜原产于中国及东南亚等热带地区，我国目前除东北、西北寒冷地区外，其他地区均有栽培，以广东、浙江、山东为主产区。秋季收获上市，四季均有供应。

品质以不带泥土、毛根、不烂、无虫伤、无干瘪现象、无受热现象、无受冻现象者为佳。

老姜是烹调中除异味、增鲜味的重要调料；嫩姜适于炒、拌、泡、爆、酱制等烹调方法。此外，姜还能腌制、糖渍，也可制姜汁、姜酒、姜油。

（15）洋葱

洋葱又称王葱、圆葱、葱头、胡葱。

洋葱叶呈圆柱形，中空，浓绿色，叶鞘肥厚呈鳞片状，密集于短缩茎的周围，形成鳞茎；鳞茎膨大，呈球形、扁球形或椭圆形，外皮为白色、黄色或紫红色。鳞茎的肉质细密，多汁，有辣味。洋葱按鳞茎皮色分为红皮、黄皮、白皮三类。我国目前全国各地均有种植，四季都有供应。

品质以葱头肥大、外皮有光泽、无泥土和损伤、鳞片紧密、不抽薹、辛辣味和甜味浓者为佳。

洋葱适用于炒、拌、泡、煎、爆等烹调方法；多作为配料使用，洗净后可生吃。洋葱是西餐的主要蔬菜之一。

（16）大蒜

大蒜又称蒜头、胡蒜、独蒜。

大蒜呈扁圆球形或短圆锥形，外皮为灰白色或紫红色，内有蒜瓣（或独蒜），具有浓厚的辣味。大蒜品种较多，按蒜头皮色不同分为白皮蒜和紫皮蒜；按蒜瓣的多少又分为大瓣种和小瓣种。目前全国各地均有栽种。

大蒜的地下肉质鳞茎（蒜头）以及嫩的幼苗（青蒜）和花茎（蒜苗）均可食用。大蒜以瓣大、辛香味浓、无油、无虫蛀者为好，尤以独蒜为最佳。

大蒜是重要的调味品，剥去外皮使用，具有增加风味、去腥除异、杀菌消毒的作用，常用于生食凉拌或腌渍；也可应用于烧、炒等烹调方法中。

3. 叶菜类

叶菜类蔬菜是指以植物肥嫩的叶片和叶柄作为食用对象的蔬菜。

叶菜类蔬菜按照栽培特点可分为普通叶菜、结球叶菜和香辛叶菜三种类型，其中既有生长期短的快熟菜，又有高产耐储存的品种，还有起调味作用的品种，因而在蔬菜的全年供应中占有很重要的地位。叶菜类蔬菜的形态多种多样，但其供食用的产品均是植物的叶或叶的某一部分，所以在外观上都具有叶的基本特征，即由叶片、叶柄和托叶组成。常见的有小白菜、大白菜、荠菜、苋菜、菠菜、莼菜、金花菜、蕹菜、生菜、茼蒿、马兰、结球甘蓝、芹菜、芫荽、韭菜、葱。

（1）小白菜

小白菜又称青菜、鸡毛菜、油白菜、普通白菜。

小白菜植株矮小，叶张开，不结球；叶片较肥厚，表面光滑，呈绿色或深绿色；叶柄明显，呈白色或淡绿至绿白色，没有叶翼。全国各地均有栽培，以长江以南为主。品质以无黄叶、无烂叶、不带根、外形整齐者为佳。

小白菜是一种大众化的蔬菜，适于炒、拌、烧等烹调方法，也可作配料或围边、垫底，还可作点心的馅心。此外，小白菜还是加工腌菜的重要原料。

（2）大白菜

大白菜又称黄秧白、卷心白、黄芽菜、结球白菜、牙菜、松菜。

大白菜个体较大，叶片多而呈倒卵形，边缘波状有齿，叶面皱缩，中肋扁平，叶片互相抱合，内叶呈黄白色或乳白色。大白菜为我国特产蔬菜之一，现在全国各地均有栽培，主产区为长江以北，山东、河北等地种植最多。品质以包心紧实、外形整齐、无老帮、无黄叶和烂叶、不带须根和泥土、无病虫害和机械损伤者为佳。

大白菜在烹饪中应用广泛，可炒、烧、涮、拌、扒、酱等，也可做汤和作馅心，还是加工泡菜和干菜的原料。大白菜耐储藏，是我国北方地区重要的越冬蔬菜。

（3）荠菜

荠菜又称护生草、菱角菜。

荠菜以嫩叶供食。荠菜叶片为羽状分裂，或少数浅裂，叶面微有茸毛。荠菜的品种可分为板叶和散叶两种。品质以叶片肥大而厚、不抽薹、香气浓、味鲜者为佳。荠菜还含有丰富的胡萝卜素和膳食纤维。

荠菜适于拌、炝、炒、煮等烹调方法，也可作配料及包子、饺子、春卷等的馅心。

（4）苋菜

苋菜又称红菜、赤苋、雁来红。

苋菜叶呈卵圆形、圆形或披针形，呈紫色、黄绿色或绿色间紫色。苋菜按叶片颜色的不同，可分为绿苋、红苋、彩苋三个类型。苋菜世界各地均有分布，我国自古即有栽种，现全国各地均有种植，从春季到秋季均有上市。品质以质嫩软滑、叶圆片薄、色泽深绿者为佳。

苋菜质地柔嫩、多汁，烹调中适于炒或做汤菜，也可稍烫后改刀凉拌。炒食时，加几瓣大蒜头，可增加苋菜的风味。

（5）菠菜

菠菜又称菠棱菜、赤根菜。

菠菜主根粗长，红色，带甜味；叶柄长，深绿色，叶片为箭头状或圆形，片较大，根和叶均可食用。

菠菜的品种可分为尖叶菠菜和圆叶菠菜两大类，细分有黑龙江的双城尖叶菠菜、北京尖叶菠菜、广州铁线梗菠菜、广东圆叶菠菜、春不老菠菜、美国大圆叶菠菜等。目前全国各地均有栽种，春、秋、冬季均可上市供应。品质以色泽浓绿、叶茎不老、根红色、不抽薹开花、不带黄叶和烂叶、无虫眼者为佳。

菠菜适于炒、汆、拌等烹调方法，也可作为配料或垫底、围边，还能作点心的馅心。菠菜含较多的草酸，烹调前宜用开水略烫，以除去草酸。

（6）莼菜

莼菜又称水葵、湖菜等。

莼菜叶呈椭圆形，叶面亮绿，叶背呈绿色，有长叶柄，状如新生小荷叶漂浮水面，夏天叶腋抽生暗红色小花。其嫩梢和初生卷叶可供食用，柔嫩而爽滑，碧绿清香。莼菜按其色泽分为红花品种和绿花品种。莼菜原产于中国，目前主要分布于江苏、浙江、江西、湖南、四川、云南等省，主产区为杭州西湖、萧山湘湖和江苏太湖，以西湖莼菜品质最佳。

莼菜在烹调中最宜做汤、羹，也可拌、煸、炒食，成菜有色绿、脆嫩、滑爽、清香的特点，可作为多种原料的配料。

（7）金花菜

金花菜又称黄花苜蓿、刺苜蓿、草头。

金花菜茎短缩，叶柄细长，分枝较多，叶片为奇数羽状复叶，薄而嫩。按栽培季节可分为秋苜蓿和春苜蓿，以秋苜蓿栽培较多，每年秋末冬初上市。金花菜原产于印度，目前在我国长江流域一带栽培较多，陕西、甘肃也有栽种。

金花菜适用于煸、炒等烹调方法，也可制作馅心，腌渍后可作腌菜，有些地区还同面拌和后蒸食。

（8）蕹菜

蕹菜又称竹叶菜、通菜、空心菜、过河菜、藤菜。

蕹菜茎为圆形且中空，叶片为长卵形，基部为心脏形，质柔嫩而色绿。蕹菜按能否结籽分为籽蕹、藤蕹两个类型。品种有广东、广西的大骨青，湖北、湖南的紫花蕹菜，四川旱蕹菜，湖南藤蕹，四川大蕹菜等。蕹菜原产于中国、印度，目前我国以华南地区和西南地区栽培较多，台湾地区、华东地区和华中地区次之。蕹菜有大蕹菜和小蕹菜之分。大蕹菜叶密，质地脆嫩，质量最好；小蕹菜茎长，叶疏，质脆嫩而略带黏滑，质量稍次。

蕹菜做菜，可炒、氽，或焯水后凉拌，也可做饺子馅。此外，因其色泽翠绿，也可用作菜肴的配色料。

（9）生菜

生菜学名叶用莴苣，又称鹅仔菜、唛仔菜。

生菜植株矮小，叶片为扁圆或狭长形，绿色，多皱缩；叶肉肥嫩，外叶略苦，心叶稍甜。生菜包括长叶莴苣、皱叶莴苣和结球莴苣三个变种。品质以不带老帮，无黄叶、烂叶、烂心，无病虫害者为佳。

生菜是西餐常用蔬菜之一，以生食为主；中餐中常炒制或做汤菜，因其叶色彩艳丽，故常用作菜肴的点缀。

（10）茼蒿

茼蒿又称蓬蒿、菊花菜、蒿菜、同蒿菜。

茼蒿叶呈长圆形，具有深裂或波状裂，以嫩茎叶为食用对象。按叶片大小可分为大叶茼蒿和小叶茼蒿。其叶片有不明显的白茸毛，色淡绿，叶厚多肉，分枝能力强，有香气。品质以叶片宽厚、色绿、纤维少、香味浓者为佳。

茼蒿品质柔嫩，含有丰富的维生素，具有特异的香味，烹调中常用作炒食，也可制汤等，还可用作一些荤菜的围边或垫底。

（11）马兰

马兰又称马兰头、路边菊、鸡儿肠、泥鳅串。

马兰叶子簇生，为披针形，绿色，叶柄基部延长有叶鞘；短缩茎，呈红色或绿色，按茎的色泽可分为红梗马兰和青梗马兰。马兰原产亚洲南部及东部，我国食用历史悠久，多生于山坡、路旁，春季采集食用。

马兰做菜，宜于炒、拌等，也可作馅料，可与多种荤素原料配用；还可干制久藏，泡发后与肉类同烧，别有风味。

（12）结球甘蓝

结球甘蓝又称洋白菜、包菜、莲花白等。

结球甘蓝叶片厚，呈卵圆形、蓝绿色，叶柄短；叶心抱合成球，呈黄白色。结球甘蓝按叶球的形状可分为尖头型、圆头型、平头型三个类型。品种有鸡心甘蓝、开封牛心甘蓝、黑叶小平头、黄苗、大同茴子白菜等。结球甘蓝起源于地中海至北海沿岸，我国各地均有栽培，是东北、西北、华北等较冷凉地区春、夏、秋的主要蔬菜。品质以新鲜清洁、叶球坚实、形状端正、不带烂叶、无病虫害和损伤者为佳。

结球甘蓝适于炒、烩、煮、熘、泡、腌等烹调方法，可作为菜肴主、辅料或馅心原料。

（13）芹菜

芹菜又称芹、旱芹、药芹、香芹等。

芹菜直根粗，叶为羽状复叶，叶柄发达，中空或实心，有绿、白、红之分，有特殊香味。根据叶柄的形态，芹菜可分为中国芹菜和西芹两种类型。中国芹菜又称本芹，叶柄细长，依叶柄颜色又可分为青芹和白芹；西芹叶柄肥厚而宽扁，有青柄和黄柄两个类型，品种有矮白、矮金、伦敦红等。芹菜原产于地中海沿海沼泽地带，我国南北各地均有种植，四季均有上市。品质以大小整齐、不带老梗和黄叶、叶柄无锈斑、色泽鲜绿或洁白、叶柄充实肥嫩者为佳。

芹菜适于炒、拌、烩等烹调方法，或作配料，也可制作馅心或腌、渍、泡制小菜。

（14）芫荽

芫荽又称香菜、胡荽、香荽等。

芫荽茎叶多枝，叶柄较短，色绿，含有挥发性油，芳香味特别浓郁。芫荽原产于中亚及地中海沿岸，现全世界均有栽培，我国各地均有栽种，以华北地区种植最多，四季均有上市。品质以色泽青绿、香气浓郁、质地脆嫩、无黄叶和烂叶者为佳。

芫荽以生食为多，可凉拌或作冷盘的配色料，也可炒食，还可作辅料以调味增香。

（15）韭菜

韭菜又称起阳草、懒人菜。

韭菜叶簇生，呈扁平狭线形，色绿，叶鞘合抱成假茎，花茎细长，茎绿色，花白色。韭菜品种较多，按食用部位可分为根韭、叶韭、花韭、叶花兼用韭四个类型。韭菜原产于中国，目前全国各地均有栽培，四季均有上市，尤以春、秋季为佳，冬季的韭黄品质也较好。品质以植株粗壮鲜嫩，叶肉肥厚，不带烂叶、黄叶，中心不抽花薹者为佳。

韭菜以炒食为多，也可焯水后凉拌，作配料可用于炒、熘、爆等菜式。

（16）葱

葱又称葱白、香葱。

葱根据形态特征可分为大葱、分葱、楼葱、胡葱四种。

1）大葱。大葱主要分布于淮河秦岭以北和黄河中下游地区，植株粗壮高大，按假茎形态可分为长白型、短白型、鸡腿型，代表品种有山东章丘大葱、陕西华县谷葱、山东莱芜鸡腿葱等。

2）分葱。分葱主要分布于南方各地，假茎和绿叶细小柔嫩，辛香味浓，代表品种有合肥小官印葱、重庆四季葱、杭州冬葱等。

3）楼葱。楼葱又称龙爪葱，假茎较短，叶深绿色，中空，假茎和嫩叶作调料。

4）胡葱。胡葱又称火葱、蒜头葱、瓣子葱，能形成鳞茎，嫩叶作调料用，鳞茎为腌渍原料。

我国是栽培大葱的主要国家，全国各地均有栽培，以山东、河北、河南等省种植较多，四季均可上市。品质以茎粗长、质细嫩，叶茎包裹层次分明为最佳；作为调料时，以辛香味浓者为最佳。

葱适于炒、烧、扒、拌等烹调方法，可生食，也可作馅料。葱是重要的调味品，除有去腥增香的作用外，还能改善菜肴的风味。

4. 花菜类

花菜类蔬菜是指以植物的花冠、花柄、花茎等为食用对象的蔬菜。

花菜通常由花柄、花托、花萼、花冠、雄蕊群、雌蕊群组成。

（1）花椰菜

花椰菜又称菜花、花菜、白花菜等。

花椰菜根据颜色可分为白色、黄色、紫色三种；按生长期长短可分为早熟品种、中熟品种和晚熟品种三类。我国各地均有栽培，以华南地区生产较多，每年冬、春季大量上市。品质以花球色泽洁白、肉厚而细嫩、坚实、花柱细、无虫伤、无腐烂者为佳。

花椰菜适于炒、烩、扒、烧、拌等烹调方法，也可制作汤菜，有时也作菜肴的配色料、配形料，还可酱渍、酸渍或制作泡菜。

（2）西兰花

西兰花又称绿菜花、青花菜。

西兰花主茎顶端形成绿色或紫色的肥大花球，表面小花蕾松散，不及花椰菜紧密，花茎较长。其质地脆嫩清香，色泽深绿，风味较花椰菜更鲜美。品质以色泽深绿、质地脆嫩、叶球松散、无腐烂、无虫伤者为佳。

西兰花主要作西餐的配料或做色拉等；也可作中式菜肴的配色原料，或作围边等点缀，适于拌、炒、烩、烧、扒等烹调方法。其维生素 C 含量极高。

（3）朝鲜蓟

朝鲜蓟又称洋蓟、法国百合、荷花百合等。

朝鲜蓟成株为羽状复叶，大而肥厚，披针形，密被白色茸毛，花蕾肥嫩，呈紫色或绿色，以其肥大而嫩的花托和肉质的鳞片状花苞供食用。朝鲜蓟原产于地中海沿岸，由菜蓟演化而来。品质以花蕾球形、肉质鳞片大而紧、排列整齐、色泽鲜绿、有香味者为佳。

朝鲜蓟主要供西餐使用，可作开胃食物或色拉等。

（4）黄花菜

黄花菜又称黄花、金针菜。

黄花菜叶片狭长、丛生、绿色，花蕾为黄色或黄绿色。黄花菜在我国主要产于甘肃庆阳、湖南邵阳、河南淮阳、陕西大荔、江苏宿迁、云南下关、山西大同等地。

品质以洁净、鲜嫩、不蔫、不干、花未开放、无杂物者为佳，干菜以色泽黄亮、肥嫩、清洁无霉、韧性好、水分少、味清香者为佳。

黄花菜以其花蕾供食，适于炒、氽汤等烹调方法或作配料。由于鲜菜中含秋水仙碱，食用后易在胃中形成有毒的二秋水仙碱，因此鲜菜食用时要煮透。

（5）霸王花

霸王花又称剑花、量天尺、霸王鞭等。

霸王花花极大，呈漏斗状；花萼呈管状，为黄绿色或淡紫红色，上有向外翻转的裂片，花瓣为白色。霸王花富含钙、磷、氨基酸，味鲜美，常制成干制品，适于制作汤菜，也可作为其他菜肴的配料。

5. 果菜类

果菜类蔬菜是指以植物的果实或细嫩的种子作为主要供食部位的蔬菜。植物的果实构造比较简单，由果皮和种子两部分构成，果皮又有外果皮、中果皮和内果皮之分。果菜类蔬菜依照供食果实的构造特点不同，可分为瓜类（瓠果类）、茄果类（浆果类）和豆类（荚果类）三大类。

（1）瓜类

1）黄瓜。黄瓜又称胡瓜、玉瓜。

黄瓜果实呈长形或棒形，皮薄肉厚，肉质脆嫩，胎座含籽，果面具有小刺突起，果皮为绿色。品质以长短适中、粗细适度、皮薄肉厚、瓤小、质地脆嫩、味道清爽者为佳。

黄瓜适于炒、炝、焖、烧、烩、拌、泡等烹调方法，既可作为食品雕刻和冷盘拼摆的原料，也可作为热菜的围边装饰，还可制作酱菜和腌菜。

2）冬瓜。冬瓜又称白冬瓜、枕瓜等。

冬瓜果实呈圆形、扁圆形或长圆形，皮为绿色，成熟果实表面有白粉；果肉厚，白色，疏松多汁，味清淡。冬瓜起源于中国和印度，我国各地均有栽培，以广东、台湾产量最多，夏秋季供应上市。品质以发育充分、肉质结实、肉厚、心室小、皮色青绿、形状端正、外表无斑点和外伤、皮不软者为佳。

冬瓜适于炒、烧、烩、煮、蒸、炖、扒等烹调方法，多用于制作汤菜，也可用于加工蜜饯，还可作为食品雕刻的原料。

3）西葫芦。西葫芦又称美洲南瓜。

西葫芦果实多为长圆筒形，果面平滑，皮为绿色、浅绿色或白色，具绿色条纹；成熟果为黄色，蜡粉少。西葫芦原产于北美洲南部，目前我国各地均有栽种，春、夏季大量上市。

西葫芦适于炒、拌等烹调方法，可作多种菜肴的配料，也可作糕点的馅心料。

4）丝瓜。丝瓜又称布瓜、绵瓜、蛮瓜等。

丝瓜分为普通丝瓜和棱角丝瓜两类。普通丝瓜呈细长圆筒形或长棒形，有密茸毛，表面粗糙，无棱，有纵向浅槽，肉厚质柔软；棱角丝瓜呈短棒形，无茸毛，有棱角，表皮硬，瓜肉稍脆。丝瓜原产于印度，目前我国大部分地区都有栽培，是夏季的主要蔬菜之一。

丝瓜以嫩果供食，适于炒、烧、烩、煮等烹调方法，亦可用于汤菜的制作，焯水后还可凉拌。此外，丝瓜还是多种菜肴的配料，有配色等作用。

5）苦瓜。苦瓜又称凉瓜、锦荔枝、癞葡萄。

苦瓜果实呈纺锤形或圆筒形，表面有许多不规则突起的瘤状物。嫩果为浓绿色至绿白色；成熟时为橙黄色，果肉开裂，种子外有鲜红色肉质组织包裹。苦瓜原产于亚洲热带地区，目前我国各地均有分布，以南方栽培较多，夏季大量上市。

苦瓜以嫩果作蔬菜，可生吃也可熟吃。生吃时需加糖拌；熟吃时，适于炒、烧、煎、煸、蒸、酿等烹调方法，多作其他原料的配料。如不习惯苦瓜的苦味，食用前可切开稍加盐腌，也可切开后用水浸泡，以减轻苦味。

6）佛手瓜。佛手瓜又称拳头瓜、万年瓜、瓦瓜等。

佛手瓜果实呈梨形，表皮粗糙有小瘤，果皮为绿色或白绿色，果肉为白色，纤维少，具香味。佛手瓜起源于墨西哥和中美洲，现在我国华南和西南地区均有栽培，夏季大量上市。

佛手瓜以嫩果供食用，适于炒、烧、煮等烹调方法，也可凉拌和生食，还可作汤菜，可与多种原料相配合制作菜肴，亦可用于腌渍或酱制。此外，其嫩叶和茎也可采摘食用。

（2）茄果类

1）番茄。番茄又称西红柿、洋柿子。

番茄叶为羽状复叶，浆果呈圆、扁圆或樱桃形。番茄的品种很多，按果实的形状可分为圆球形、梨形、扁圆球形、椭圆形等；按果皮的颜色可分为红色、粉红色和黄色三种。

番茄在全国各地均有种植，四季均有上市，以夏、秋季较多。品质以果形端正、无裂口及虫咬、酸甜适口、肉肥厚、心室小者为佳。

番茄适于炒、凉拌等烹调方法，也可作汤、作配料及点缀物、围边等，还是加工番茄酱、番茄汁的原料。

2）茄子。茄子又称茄瓜、矮瓜、落苏、呆菜子、昆仑瓜。

茄子叶互生，呈倒卵形或椭圆形，暗绿色或紫绿色；浆果为紫色、白色或绿色，形状有球形、扁圆形、长卵形、长条形等，肉质柔软，皮薄肉厚。茄子起源于东南亚热带地区，我国目前各地均有种植，夏季大量上市。品质以果形周正、老嫩适度、无裂口、无锈皮、皮薄籽少、肉厚而细嫩者为佳。

茄子的吃法很多，适于炒、烧、烩、拌、酿、煎、蒸、煮等烹调方法，此外还可制作腌、酱制品，也可干制。

3）辣椒。辣椒又称菜椒、青椒、番椒、大椒、辣子、海椒。

辣椒原产于中南美洲热带地区，我国主要分布在西北、西南、中南和华南各省，夏、秋季大量上市。辣椒表面光滑，形状各异，有圆形、圆锥形、长方形、长角形、灯笼形等。根据辣味，可分为甜椒和辛椒两类。甜椒一般仅作蔬菜，味甜，肉厚，果形大，产量多，耐储藏、运输；辛椒果形较小，肉薄，辛辣味浓烈，除作蔬菜外，干制后还广泛用作调料。

辣椒适于炒、烧、拌、煎、爆、熘、煸等烹调方法，也可制作腌菜和泡菜。辣椒是重要的辣味调味料，可加工成干辣椒、辣椒粉、辣椒油等制品。

（3）豆类

1）菜豆。菜豆又称四季豆、芸豆、玉豆等。

菜豆按其生长习性可分为矮生型和蔓生型两类。菜豆原产于美洲中部和南部，我国南北各地均有种植，四季均有上市。品质以豆荚鲜嫩肥厚、折之易断、色泽鲜绿、无虫咬、无斑点者为佳。

菜豆适于烧、炒、煮、焖等烹调方法。老的种子也可食用，可制作豆沙、豆泥等。菜豆中含有植物凝血素，烹调时要加热至熟透，否则易中毒。

2）长豇豆。长豇豆又称豆角、长豆角、带豆、裙带豆等。

长豇豆为蔓生和半蔓生，花为黄白色或紫色；豆荚为长条形，嫩时为绿色、青灰色或紫色，荚肉脆嫩，豆荚老熟时，颜色变黄；种子为肾形，呈黑、黄白、紫红或褐色。长豇豆的品种依据其荚果的颜色可分为青荚、白荚、红荚三个类型。

长豇豆原产于非洲和亚洲中南部，现在全国各地均有种植，其在豆类蔬菜中的产量仅次于菜豆，每年夏、秋两季大量上市。

长豇豆适于烧、炒、煮、蒸、焖等烹调方法，还可烫熟后凉拌，也可加工成腌菜、酱菜或泡菜等。

3）扁豆。扁豆又称眉豆、蛾眉豆、鹊豆。

扁豆花为白色或紫色；荚果扁平，宽而短，为淡绿或紫红色，肉厚，质脆嫩；种子呈扁椭圆形，为茶褐色、黑色或白色。扁豆原产于亚洲南部，我国南方栽培较多，华北次之，夏、秋季大量上市。扁豆是以吃豆荚为主的豆类，有时也可剥取种仁食用。

扁豆适于烧、炒、炸、煮、焖等烹调方法，种仁可用来制作甜菜，也可制豆沙作馅心。此外扁豆还可腌制、酱渍和制作泡菜。扁豆中含有毒蛋白、凝集素和皂素，烹调前宜焯水处理。

4）豌豆。豌豆又称回豆、荷兰豆、麦豆等。

豌豆按豆荚的结构分为硬荚和软荚两类。硬荚类的豆荚不可食用，以种子（即青豆粒）供食；软荚类的豆荚即是豌豆所结的嫩荚，其味清香质嫩，略带甜味。目前我国南北各地都有栽培豌豆，菜用豌豆以江南各省种植较为普遍。

豌豆的嫩荚、青豆和嫩梢均可作蔬菜。嫩荚适于炒、烧、焖等烹调方法；青豆适于炒、烧、烩等烹调方法，可做汤，也可作多种菜肴的配料，有时还可作配色料应用；嫩梢是优质的鲜菜，适于炒、涮、汆等烹调方法，也可作荤菜的围边或垫底；老熟的籽粒可当粮食，还可加工成多种制品，如粉丝、粉皮等。

6. 菌藻类

（1）食用菌类

食用菌是指可供食用的大型真菌的子实体。

1）双孢蘑菇。双孢蘑菇又称蘑菇、洋蘑菇、白蘑菇等。

双孢蘑菇的子实体为伞形，呈白色，菇面平滑，菌盖厚且为肉质，边缘内卷并与菌柄上的菌环相连，质地老时分离而露出黑色的菌褶。双孢蘑菇依菌盖的颜色可分为白色种、奶油色种和棕色种，其中以白色种栽培最广，我国华南、华中、东北、西北等地均有栽培。品质以菇形完整、菌伞不开、结实肥厚、质地干爽、有清香味者为佳。

双孢蘑菇可鲜食或加工成罐头食用，适于炒、烩、熘、烧等烹调方法，也可制汤菜和馅心。

2）香菇。香菇又称香菌、香蕈、香信。

香菇的子实体呈伞状，呈淡褐色或紫褐色，表面覆盖有一层褐色小鳞片，呈辐射状排列或菊花状破裂，露出白色菌肉；菌肉厚而致密，白色；菌褶白色，稠密；菌柄中生至偏生，圆桶状或稍扁，常弯曲。香菇按外形和质量分为花菇、厚菇、薄菇和菇丁四种；按生长季节分为秋菇、冬菇、春菇三类，冬菇质量最好。

香菇的人工栽培始于中国，香菇现已成为世界著名的食用菌之一。其在我国种植较多，主产于福建、贵州、安徽、江西等地，通常多以干品应市。品质以香味浓郁、菇肉厚实、菇面平滑、大小均匀、菌褶紧密细白、菇柄短而粗壮、菇面带有白霜者为佳。

香菇在烹饪中运用较广，适于卤、拌、烩、炒、炖、烧、炸、煎等多种烹调方法，既可作主料，也可作多种原料的配料，还可用于馅心的制作。

3）草菇。草菇又称包脚菇、兰花菇、麻菇。

草菇的子实体呈伞形，分为菌盖、菌柄、菌托等部分。菌盖伸展后中央稍凸起，呈灰色或黑灰色，有褐色条纹；菌柄较长，呈白色。草菇肉质滑嫩，香气浓郁，味鲜美。草菇的人工栽培始于我国广东、湖南等省，现在主要分布于东南亚地区。我国栽培较广，以广东、广西、湖南、福建、江西等地为主产区。品质以菇身粗壮均匀、质嫩肉厚、菌伞未开、清香无异味者为佳。草菇多在鸡蛋大小、菌盖未开裂之前采收，过期则品质较差。

草菇适于炒、烧、烩、焖、蒸、煮等烹调方法。

4）平菇。平菇又称侧耳、北风菌。

平菇的子实体丛生或叠生。菌盖呈贝壳形，近半圆形至长形；菌肉为白色，皮下带灰色；菌柄侧生。平菇肉厚肥大，质地嫩滑，滋味鲜美。平菇分布于中国、日本，以及欧洲、北美洲的一些国家，最初由欧洲开始人工栽培。品质以色白、肉厚质嫩、味道鲜美者为佳。

平菇适于炒、烧、拌、酿、卤等烹调方法，可做汤及作馅心、面臊，也可干制或制成罐头。

5）金针菇。金针菇又称朴菇、毛柄金钱菌、构菌。

金针菇的子实体多丛生中空，上部为黄白色或黄褐色，为主要的食用对象。

金针菇通常凉拌作冷菜，也适于炒、烩、涮等烹调方法。

6）口蘑。口蘑又称白蘑。

口蘑以伞状肉质的子实体供食用，味道鲜美，口感细腻软滑，十分适口，形状规整，通常将其制成干制品。口蘑大致可分为白蘑、青蘑、黑蘑和杂菌四大类，其中以白蘑最为名贵。

口蘑适于炒、熘、烧、焖、蒸等烹调方法，也可做汤或作馅心，是多种菜肴的配料，有增鲜味的作用。

7）鸡腿蘑。鸡腿蘑又称毛头鬼伞。

鸡腿蘑因形如鸡腿而得名，子实体肉质呈伞状，菌盖半肉质，菌柄肉厚实且粗壮，整体呈白色。其口感滋味以似鸡肉味居多，煮时不烂，滑嫩清香。品质以色白、菌盖紧收不开裂口、菌柄粗大壮实者为最佳。

鸡腿蘑适于炒、烧、炖、扒、熘、烩等烹调方法。

8）茶树菇。茶树菇又名茶菇、油茶菇。

茶树菇菌盖初生后逐渐平展，呈浅褐色，边缘较淡。菌肉白色、肥厚；菌褶与菌柄成直生或不明显隔生，初褐色，后浅褐色。品质以粗细均匀、大小一致、气味清香、干净无杂质、柄质脆嫩者为佳。现全国多数地区都有人工栽培。

茶树菇适于炒、烩等烹调方法，也适于煲汤及涮食。

9）杏鲍菇。杏鲍菇又称刺芹侧耳、干贝菇。

杏鲍菇菌盖为圆碟状，表面有丝状光泽；菌肉肥厚，质地脆嫩。其菌柄组织致密乳白，可全部食用，且菌柄比菌盖更脆滑、爽口。其因外形而被称为"干贝菇"，具有淡淡的杏仁香味和如鲍鱼般的口感。

杏鲍菇适于炒、烧、炖、扒、烩等烹调方法，也可用于制作汤菜等。

10）鸡枞菌。鸡枞菌又称伞把菌、鸡肉丝菌、白蚁菇。

鸡枞菌的子实体呈肉质，菌盖中央凸起，呈尖帽状或乳头状，深褐色，表面光滑或呈辐射状开裂，菌肉厚，白色菌盖中央生菌柄，粗细不等。其味鲜美，有脆、嫩、香、鲜的特点，在我国江苏、福建、台湾、广东、云南、四川等地均有栽种。

鸡枞菌适于炒、爆、烩、烧、煮等烹调方法，可与多种原料配用，也可做汤羹，还可干制或腌制。

11）松茸。松茸学名松口蘑，别名大花菌、台菌、剥皮菌。

我国的松茸主要产自四川、西藏、云南的高原地区，因其长于松树下，形似鹿茸而得名。松茸菌盖呈浅褐色，菌柄呈米白色，越是新鲜的松茸色泽越鲜明。松茸具有一种特殊的浓郁香味，口感类似鲍鱼，味道鲜美，富含蛋白质、脂肪和多种氨基酸，具有较高的营养价值，有"菌中之王"的美称。

松茸适于煎、炒、烩等烹调方法，也可用于制作汤菜等。

12）羊肚菌。羊肚菌又称羊肚菜、羊肚蘑。

羊肚菌主要分布在我国的云南、四川、西藏、贵州等地区，是一种珍贵的食用菌品种，因其菌盖表面凹凸不平，形如羊肚而得名。羊肚菌含有丰富的氨基酸、维生素和功能性多糖成分，具有较高的营养价值。

羊肚菌适于炒、烧、炖、烩等烹调方法，也常用于制作汤菜等。

（2）食用藻类

可供人类食用的藻类植物称为食用藻类蔬菜。藻类植物是自然界中的低等植物，它们的植物体没有根、茎、叶的分化，而且在大小、形态构造上的差异也很大。

1）紫菜。紫菜又称子菜、膜菜。

紫菜藻体呈膜状，为紫色或褐绿色。紫菜通常加工成干品应市，品质以表面光滑滋润、紫色有光泽、片薄、大小均匀、无杂质者为佳。

紫菜最适宜做汤，也可做包卷类，如包裹鱼虾茸呈如意形、云彩形等，再经过烧、蒸、烩等烹调方法成菜。其在日本使用最广泛，寿司、生鱼片等外面都可包紫菜。

2）海带。海带又称江白菜。

海带藻体为褐色，革质。商品海带多为干制品，品质以体质厚实、形状宽长、干燥、色深褐、无杂质者为佳。海带含有丰富的甘露醇、褐藻酸、碘等营养成分，能预防甲状腺肿大，降低胆固醇，对高血压、高血脂也有一定的食疗保健作用。

海带适于拌、炝、爆、炒、烩、烧、煮、焖、汆等烹调方法。

二、粮食类原料

粮食是以淀粉为主要营养成分的、用于制作各类主食的主要原料的统称。粮食是人类膳食的重要组成部分，是最基本的食物原料，是人体所需能量的主要来源。因此，粮食是关系国计民生的重要物资。粮食主要分为谷类、豆类、薯类三大类。

1. 谷类粮食

（1）稻谷和大米

我国是水稻生产大国，产量居世界第一。我国水稻产区集中在长江流域和珠江流域，主要包括四川、两湖、两广、浙江、江苏、安徽、江西、福建等地。我国水稻的品种很多，按生长期的长短可分为早稻、中稻和晚稻；按形态和生理特征可分为籼稻、粳稻和糯稻。

稻谷经碾制脱壳后即是大米。大米按其性质可分为籼米、粳米、糯米以及特殊品种的大米。

1）籼米。籼米又称南米。籼米的米粒呈细长或圆长状，颜色灰白，半透明，米粒中含有较多的腹白。其米质较疏松，硬度小，耐压差，容易细碎。米粒在蒸煮过程中吃水量大、涨性大、出饭率高，但黏性小、口感干而粗糙。

2）粳米。粳米又称圆粒大米。粳米的米粒呈短圆状，颜色蜡白，米中腹白面积小，透明和半透明的较多。米质硬而且有韧性，加工时不易破碎，蒸煮后基本上呈透明状，黏性较强，香味浓郁，但涨性较小，出饭率低于籼米。

3）糯米。糯米又称江米、酒米。糯米有籼糯和粳糯之分，其米粒有呈圆形的，也有呈长形的。糯米的颜色乳白，不透明，其成分主要是支链淀粉，蒸煮后黏性较足，呈透明状，涨性小。

4）特殊品种的大米。特殊品种的大米主要有黑米等。黑米的米粒呈黑紫、紫红等颜色，味香粒长，并具有很好的滋补作用。在烹饪中，通常用于制作甜食、粥品，如黑米饭、黑米粥等。

（2）小麦和面粉

小麦属禾本科植物，其播种面积居各种粮食之首，我国是世界上栽种小麦最多的国家之一。

我国种植的小麦品种主要有普通小麦、圆锥小麦、硬粒小麦、密穗小麦、东方小麦、波兰小麦等；按颜色可分为白小麦、红小麦、花小麦等。主要产地为黄河、淮河流域和华北平原。

小麦经加工碾制后的产品即为面粉。根据蛋白质的含量高低，面粉可分为富强粉、标准粉和普通粉。

1）富强粉。富强粉又称特制面粉，色白，含麸量低，面筋质高，是面粉中的上品。

2）标准粉。标准粉色泽稍黄，含麸量中等，面筋质较高，是生活中常用的面粉。

3）普通粉。普通粉色泽较黄，含麸量高，面筋质少，质量较差。

面粉在烹饪中的运用极为广泛，可制作主食，如面条、馒头等，也可作为烹制菜肴的原料，如各类挂糊菜。

（3）大麦

大麦为禾本科植物，起源于我国西部高原，已有几千年种植历史。大麦籽实扁平、中间宽、两端较尖，麦籽与麦穗结合紧密、不易分离。

大麦磨成粉后称为大麦面，可以制作饼、馍、糊糊等；去麸皮后压成片，可以用于烹制饭、粥等。此外，大麦还是酿造啤酒、制取麦芽糖的原料。

（4）裸大麦。裸大麦也称青稞、裸粒大麦、元麦。

裸大麦性喜高寒，以西藏最为盛产。裸大麦为大麦的一个变种，与大麦的一个重要区别是成熟后籽粒与内外稃易分离，籽粒的皮色有黑、白、紫、黄等各种颜色。

裸大麦为其主产区居民的主食原料之一，加工成粉可制作馍、饼、面条等，色灰黑，口感较粗糙。

（5）裸燕麦。裸燕麦又称莜麦、油麦。

裸燕麦以内蒙古自治区种植面积最大、产量最高，磨成粉后可采用蒸、炒、烙等方法加工成许多独具风味的食品。裸燕麦食品在食用时须经过三熟，即磨粉前要炒熟、和面时要烫熟、制坯后要蒸熟，否则不易消化，会引起腹胀或腹泻。裸燕麦是一种耐饥抗寒的食物原料，但食用后易腹胀，食用时常用辣椒等温热性调味品调味。

（6）玉米

玉米又称玉蜀黍、苞米、苞谷、棒子等。

目前我国各地都有种植玉米，尤以东北、华北和西南各省较多。玉米的种类很多，按颜色可分为黄玉米、白玉米和杂色玉米；按粒质可分为硬粒型、马齿型、半马齿型、糯质型、粉质型、甜质型、甜粉型、爆裂型等。各类玉米中，以硬粒型玉米品质最好。硬粒型玉米主要作粮食利用；马齿型玉米适宜制取淀粉，也可用于酒精的生产；粉质型玉米在我国栽种较少，适于制淀粉和酿酒；甜粉型玉米多在其未完全成熟时收获，制作罐头食品和蔬菜。

玉米既可磨粉，又可制米。玉米粉可制作窝头、丝糕等，玉米粉中的蛋白质不具有形成面筋弹性的能力，持气性能差，须与面粉掺和后方可制作各种发酵点心。用玉米制成的碎米渣称为玉米渣，可用于煮粥、焖饭。尚未成熟的极嫩的玉米称为"玉米笋"，可用于制作菜肴。

（7）小米

小米又称黄米、粟谷。

小米为粟（又称谷子）加工去皮后的成品，现主要分布于我国华北、西北和东北各地区。小米的品种很多，按米粒的性质可分为糯性小米和粳性小米两类；按谷壳的颜色可分为红色、灰色、白色、黄色、褐色、青色等多种。其中红色、灰色者多为糯性，白色、黄色、褐色、青色者多为粳性。一般来说，谷壳色浅者皮薄，出米率高，米质好；而谷壳色深者皮厚，出米率低，米质差。著名品种有山西沁县黄小米、山东章丘龙山小米、山东金乡的金米、河北桃花米等。

小米可单独做成饭和稀粥，磨粉后可制作饼、窝头、丝糕等，与面粉掺和后还能制作发酵制品。

（8）荞麦

荞麦又称乌麦、甜荞、花荞等。

荞麦现在主要分布在我国西北、东北、华北、西南的高山地带，其生长期短，适应性强。荞麦籽粒为三棱形瘦果，棱角有明显光泽，外被黑、褐或灰色的革质皮壳；内部种仁为白色，主要是发达的胚乳。

荞麦去壳后可直接制作荞麦米饭，磨成粉可制作糕饼、面条、水饺皮、凉粉等。荞麦还可作为麦片和糖果的原料，荞麦的嫩叶可作蔬菜食用。

2. 豆类

（1）大豆

大豆又称黄豆、毛豆、枝豆、菜用大豆。

大豆原产于我国，已有五千年的种植史，现在全国普遍种植。大豆鲜嫩时可作蔬菜，即毛豆。一般在秋季收获，制成干豆。大豆的品种很多，按种皮的颜色分为黄豆、青豆、黑豆；按种子的形态分为球形、椭圆形、长椭圆形、扁圆形等。大豆是富含优质蛋白质的豆类，其营养价值很高。

大豆可用作主食，也可磨制豆浆，磨粉后与米粉等掺和还可制作糕点、小吃等。大豆是制作豆制品的原料，也是重要的食用油料作物。

（2）绿豆

绿豆又称青小豆、吉豆。

绿豆主要产于黄河、淮河流域的河南、河北、山东、安徽等省，一般秋季成熟上市。绿豆种子呈短矩形，种皮的颜色为青绿、黄绿、黑绿三大类，色泽鲜艳，沙性较好。品质以颗粒饱满、色绿而有光泽、无虫蛀的当年新绿豆为佳。

绿豆可与大米、小米一起做饭、制粥，也可与动物性原料一同炖制；磨成粉后还可制作糕点、小吃。绿豆是制作淀粉、粉丝、粉皮的原料，也可制作豆沙馅心用，还可以发制豆芽。

（3）赤豆

赤豆又称红豆、红小豆、赤小豆、小豆等。

赤豆因皮色赤红而得名，籽粒有矩圆、圆柱形和圆形三种；脐白色，呈长条形而不凹陷。品质以身干粒大、颗粒饱满、皮薄、色赤红、有光泽、无异味、无霉变、无虫蛀者为佳。

赤豆经泡涨后，可做赤豆饭、赤豆汤、赤豆粥；煮烂去皮后可制豆沙、豆泥，是制作糕点甜馅的原料。赤豆粉与面粉掺和后可制糕点。

（4）扁豆

扁豆又称面豆等。

扁豆以嫩荚和种子供食，在我国除高寒地区外均有分布。扁豆荚肥厚扁平，种子较大，呈扁圆形，有白色、黑色、红褐色等多种，其中以白色质量最好。

扁豆的嫩豆荚和嫩豆粒可作为新鲜蔬菜入烹，成熟的豆粒可经蒸煮制成豆泥、豆沙食用。

（5）豌豆

豌豆又称寒豆、毕豆、荷兰豆、麦豆、国豆等。

豌豆大多呈圆球形，也有椭圆形、扁圆形等；颜色有黄、褐、绿、玫瑰等多种。品质以身干粒大、颗粒饱满、皮色呈黄白、无斑点、无霉变者为佳。

嫩豌豆大多整粒使用，一般用于制作菜肴，如腊肉焖豌豆、清炒豌豆。老豌豆常磨粉后使用，可以制作糕点和馅心。用豌豆制取的淀粉可制作粉丝、凉粉等食品。

3. 薯类

（1）甘薯

甘薯又称番薯、红薯、白薯、山芋、地瓜。

甘薯按照皮色不同，分为红色和白色两大类；按照薯肉颜色不同，又有白、黄、杏黄、橘红之分。白色薯肉含淀粉多，水分较少，适宜于提取淀粉；红色薯肉含丰富的胡萝卜素，糖分和水分含量多，味甜，常供鲜用。

甘薯除直接煮、蒸、烤后供食用外，还可以在煮熟后捣制成泥，与米粉、面粉等混合制成各种点心和小吃；干制成粉又可代替面粉制作蛋糕、布丁等点心，还可加工成薯粉丝。此外，甘薯还是酿酒、制糖、制淀粉的原料。甘薯的嫩茎和叶还可以作蔬菜食用。

（2）木薯

木薯又称树薯、木番薯、槐薯等。

木薯主要分布于我国热带地区，以广西栽培最多，与马铃薯和甘薯并称为世界三大薯类作物。木薯的茎直立，木质；叶纸质，互生，掌状深裂，裂片椭圆形。木薯的食用部分是块根，呈圆锥形、圆柱形或纺锤形；皮色因品种不同有白、灰白、淡黄、紫红、白中有红点等多种。肉质是薯块的主要食用部分，呈白色，含有丰富的淀粉。木薯分为甜木薯和苦木薯两类。

木薯可用于制作菜肴，主要用于生产淀粉，还是制作酒精、果糖、葡萄糖的原料。木薯的各部位均含氰苷，有毒，故鲜薯的肉质部分须经用水浸泡、干燥等去毒加工处理后才可食用。

三、果品类原料

果品是鲜果、干果和果品制品的统称，即指高等植物所产的可直接生食的果实或可制熟食用的种子，以及它们的加工制品。果品来源于高等植物的繁殖器官——果实，它们分别以果皮、种子或果实中的其他部位供食用。我国盛产果品，一年四季均有供应，尤以夏、秋两季种类最多，主要包括鲜果和干果两大类。

1. 鲜果类

（1）苹果

苹果又称平波、频婆。

苹果的果实呈圆形、扁圆形、长圆形、椭圆形等形状，果皮为青、黄或红色，根据果实成熟期可分为早熟种、中熟种和晚熟种。

苹果原产于欧洲东南部、中亚和我国新疆一带，我国现今发展有五大产区：渤海湾产区、中原暖地产区、西北高原产区、西南高地产区和北寒地产区。其中渤海湾产区为主要产区。品质以色泽鲜艳，香气浓郁，风味适口，果形端正，表面光滑、无刺伤，无病虫害者为佳。

苹果适于酿、拔丝、蜜汁、扒等烹调方法。烹饪中多用于甜菜的制作，宴席中可作为鲜食水果上席，也可加工成果干、果脯、果汁、果酱、果酒等多种制品。

（2）梨

梨又称快果、玉乳、果宗等。

梨的果实亦为梨果，内部结构与苹果相同，果形为卵圆形、尖圆形或葫芦形，果皮为黄色、黄绿色或红褐色，果肉脆嫩多汁。梨可分为中国梨和西洋梨两大类，中国梨为我国特产，是我国重要的果树品种，南北都有栽培，以华北地区和西北地区为多。品质以果皮细薄、有光泽、果肉脆嫩、汁多味甜、香气浓、果形完整、无疤痕、无病虫害者为佳。

梨可供鲜食，也可以制作菜肴，适于炒、熘、扒、蒸、炖等烹调方法，以制作甜菜和冷菜为主，还可以做梨汁粥。梨还可以加工成梨膏、梨脯、梨干，著名的梨膏糖是止咳的良药；同时也是制醋、酿酒的原料。

（3）柑橘

柑橘包括柑和橘两大类。

1）橘类。橘类果实大小不一，果皮有橙黄、橙红、朱红等色泽，皮质细薄，白皮层也较薄，味甜或多酸。

2）柑类。柑类多为橘与其他柑橘的杂交种，果实比橘大，近球形，果皮橙黄，果实汁液丰富，味酸甜。

柑橘的品种较多，著名的有广东椪柑、福建芦柑、广东芦柑等，主要分布在长江以南地区。柑橘除供鲜食外，在烹饪中主要适于拔丝或制作甜羹，还可用于冷盘拼摆。柑橘也可加工成罐头、果酱、果汁、果粉、果醋、果酒和蜜饯。

（4）香蕉

香蕉是食用蕉类（香蕉、金蕉、大蕉、粉蕉）的总称。

1）香蕉。香蕉果实弯曲向上生长，横断面为五棱形，果皮为绿色，果肉不易剥离且硬涩，成熟时棱角小且近圆形，皮薄、黄绿色，有浓郁香味，皮上带黑麻点。品质上乘的香蕉果肉为黄白色、味甜、纤维少、细腻嫩滑、香味浓。

2）大蕉。大蕉又称鼓槌蕉，果实较大、果身直，棱角显著，呈五棱形。皮厚韧，熟后呈深黄色。果肉为淡黄色、坚实爽滑、味甜中带酸、无香气、偶有种子。

3）粉蕉。粉蕉果身近圆形而微起棱，形较小。成熟时果皮为鲜黄色、薄而微韧、易开裂。果肉为乳白色、质地柔滑、味甜，香气一般。

香蕉的品质以果实肥壮、成熟后皮薄、果形整齐美观、色泽鲜艳、无机械损伤、无霉烂柄、无冻伤、无病虫害者为佳。

香蕉果实成串，为浆果，供食用部位为其胎座。香蕉可供鲜食；在烹饪中，适于拔丝、炸、冻等烹调方法，如"拔丝香蕉"；此外还可加工成罐头、香蕉干、香蕉汁、香蕉酒；从香蕉中提取的香蕉精是食品加工中的名贵香料，可用于饼干、糖果、饮料调味。

（5）桃

桃又称桃子。

桃果实表面有茸毛，核果呈近球形或扁圆形，中果皮肉厚多汁，是食用的主要部位；果肉呈白色、黄色或红黄色；肉质风味各异，有的紧密多汁，有的柔软多汁，有的香脆可口。桃的口味甜美，气味芳香诱人，现在我国各地均有栽培。品质以果实大小适中、形状端正、色泽鲜艳、皮薄易剥、肉色白净、粗纤维少、肉质柔嫩、汁多味甜、香气浓郁者为佳。

桃常用于甜菜制作，适于酿、蜜渍等烹调方法。桃可以生食，还可以加工成桃脯、蜜桃片、桃果酱及罐头等制品。

（6）樱桃

樱桃又称荆桃、含桃、莺桃。

樱桃核果为球形，果柄长，果实较小、呈鲜红色，果肉稍甜带酸。根据樱桃的品种特征，樱桃可分为中国樱桃、甜樱桃、酸樱桃和毛樱桃。其中以中国樱桃和甜樱桃两类品质较好，著名品种有大鹰嘴、红樱桃等。品质以果粒均匀、色泽鲜艳、味甜多汁者为佳。

樱桃可鲜食，或加工成果酱、果汁、果酒、罐头。菜肴中常用其作围边装饰，也可以制甜菜，如"水晶樱桃""樱桃龙眼甜汤"等。

（7）草莓

草莓又称地莓、士多啤梨。

草莓果实为聚合果，是花托增大并肉质化形成的，呈圆锥形、圆形或心脏形，多为红色，果肉柔软多汁，味酸甜。品质以果形整齐粒大、色泽鲜艳、汁多香气浓、酸甜适口、无损伤者为佳。

草莓以生食为主；也可拌以奶油或甜奶，制成"奶油草莓"食用，风味别致，若能稍加冰镇味道更佳；还可制成果酱或果汁、果酒和罐头。

（8）菠萝

菠萝又称凤梨、露兜子。

菠萝果实呈长圆球形，果顶有冠芽，体表布满均匀的"刺"，果实肉质，果汁丰富，香味浓烈，口感酸甜。品质以个大、果形饱满、果身硬挺、肉厚质细、果皮光洁、色泽鲜艳、汁多味清香、无损伤者为佳。

菠萝可供鲜食，食时应用淡盐水浸渍，以去除果肉中的菠萝蛋白酶，还可制果汁、果酱、果醋、果酒、蜜饯、罐头。西餐中用菠萝可制"菠萝布丁"等菜式，中餐中可制"菠萝凉拌鸡"等菜式。

（9）柠檬

柠檬又称洋柠檬。

柠檬果实呈椭圆形，两端凸起如乳状，表面光滑，皮肉难分离，成熟时为黄色，味较酸，具有较浓的香气。品质以果身挺实、色泽光亮、果形饱满、芳香扑鼻者为佳。

柠檬在烹调中一般不生食，大多切片加入饮料或作为菜肴的配料，也可加工成柠檬汁、柠檬露、柠檬粉、柠檬酸、柠檬酒、糖果或制成蜜饯、果酱等。

（10）龙眼

龙眼又称桂圆、圆眼、荔枝奴。

龙眼果实呈小圆球形，外皮薄而呈黄褐色，粗糙；果肉呈白色半透明状，味甜汁多，口感滑爽，内有黑褐色种子一枚。

龙眼是我国华南地区的特产果品，著名品种有普明庵、乌龙岭等。品质以果皮黄褐色、壳薄而平滑、果肉柔软富有弹性、肉质莹白、半透明、味甜核小、壳硬者为佳。

龙眼可供鲜食，也可作甜羹，如"桂圆蛋羹""冰糖炖桂圆"，制菜肴适于煮、炖等烹调方法。龙眼还可以加工成罐头，煎制成桂圆膏，干制成桂圆干。

（11）荔枝

荔枝又称离支、火荔。

荔枝核果为球形或卵形，外果皮革质、有瘤状突起，熟时为红色；其假种皮为白色，半透明，与种子极易分离，味甘多汁；种子光亮，内含淀粉。我国的荔枝品种很多，著名品种有糯米糍、陈紫、桂枝、挂绿、三月红等，主产于广东、福建、广西、四川等地。品质以色泽鲜艳、个大核小、肉厚质嫩、汁多味甘、富有香气者为佳。

荔枝除鲜食外，在烹饪中可制甜菜，如"荔枝羹""荔枝炖莲子"等。荔枝还可加工干制，制罐头、果汁、果酒或蜜饯；或制"荔枝茶"饮用，别具风味。

（12）哈密瓜

哈密瓜又称厚皮甜瓜。

哈密瓜呈卵圆形，瓜肉厚，为橘红色或白色，质脆，味甜香浓，风味独特。哈密瓜按成熟季节分为早熟（瓜旦子）、中熟（夏瓜）、晚熟（冬瓜）三个品种；按瓜的皮色、条带分为"可口奇"（绿色而脆嫩的皮纹）和"密极甘"（似花裙一样的皮纹）两个品系。著名品种有夏皮黄、巴登、茉莉瓜等。哈密瓜是新疆特产，在当地广为栽培。品质以个大、瓜肉肥厚、汁多、香味浓郁、味甜、无损伤者为佳。

哈密瓜在烹调中主要作为甜菜，也可作为宴席上的水果生食。

（13）西瓜

西瓜又称寒瓜、夏瓜、水瓜。

西瓜果实大，呈圆形或椭圆形，皮色浓绿、绿白或绿中夹蛇纹，其瓜瓤为胎座发育而成；瓜瓤多汁而味甜，为鲜红色、淡红色、黄色或白色。西瓜依种类不同分为有籽西瓜和无籽西瓜，依用途不同分为果实用和种子用两种类型。作为水果或烹调用瓜是果实用型，名品有蜜宝、新疆瓜、喇嘛瓜、三白瓜、马铃瓜等。西瓜原产于非洲，现在我国除少数寒冷地区外，各地均有栽培。

西瓜在烹调中主要作为甜菜，也可作为宴席上的水果生食，还可制成西瓜酱、西瓜汁等。西瓜皮可炒、烧和制作泡菜。

（14）椰子

椰子又称奶桃、可可椰子。

椰子呈尖果状，外果皮薄，中果皮为厚纤维质，内果皮木质坚硬，果腔内含种仁，有胚乳状液体，种仁为白色肉质，具有芳香味。新鲜的椰子，汁液丰富、果肉厚、质地洁白、口味清香。椰子原产于东南亚，在我国主要产于海南、台湾等地，是我国热带主要果品之一。品质以果实新鲜、充分成熟、壳不破裂、汁液清白丰富且不干枯、肉质油脂厚实且纯白不泛黄、富有清香者为佳。

椰子的果腔中含有肉质的种仁和乳白色的椰汁，均可用于烹制菜肴。椰子汁除可直接饮用外，还可炖、蒸制成菜；椰壳可制作椰盅；椰肉多加工成椰丝、椰茸等，通常作为糕点制品中的馅料。

（15）中华猕猴桃

中华猕猴桃又称藤梨、羊桃。

中华猕猴桃呈球形或长椭圆形，果实为棕褐色，有毛，果肉为浅绿色或翠绿色，细腻多汁，内有很多黄褐色小粒种子；果肉味甜酸，有香味。中华猕猴桃的品种主要有黄皮藤梨、大藤梨等。中华猕猴桃原产于我国中部、南部和西南部，多属于野生植物，现在，我国大部分地区可人工栽培。品质以无毛、黄果肉、果肉细、果个大、汁多、香气浓者为佳。

猕猴桃除供鲜食外，还可加工成果汁、果酱、果干等，还常以其形、色、味用于菜品的围边、点缀和配色，也用于饮料、鸡尾酒的调制等。

（16）芒果

芒果又称檬果、蜜望子。

芒果呈肾形或椭圆形，微扁，成熟时为淡黄色或淡绿色，果肉味甜，有香气，汁多，口感滑爽，适于炒、熘、爆等烹调方法。品质以成熟度高、富有香气、肉质纤维少者为佳。芒果在我国广东、海南、广西、云南、福建、台湾等地均有栽种。

芒果可制作甜菜，也可作为菜肴的配料，还可作为宴席的生食水果。芒果可制成蜜饯、果干、果汁、罐头等。由于芒果肉质滑嫩，在烹调时应旺火快炒，以避免果肉碎烂。

2. 干果类

（1）核桃

核桃又称胡桃。

核桃果实近球形，果皮坚硬，有浅皱褶，呈黄褐色；其种仁呈不规则的块状，由四瓣合成，皱缩多沟，凹凸不平，外被棕褐色的薄膜状皮，不容易剥落；核肉呈黄白色，质脆嫩，味干香。核桃有多种，一般分为绵桃和铁桃，市场供应以绵桃为主。现在，核桃在我国河北、山东、湖北、贵州、四川、甘肃、新疆等地种植较多。核桃的品质以个大圆整、肉饱满、壳薄、出仁率高、桃仁含油量高者为佳；桃仁的品质以片大肉饱满、身干、色黄白、含油量高者为佳。

核桃鲜仁适于炒、拌等烹调方法，可作为配料使用；核桃干仁一般适于炸、炒、炖、煲、爆、焖等烹调方法，也可制作甜菜及点心馅料，还可制作糖果、炒货、点心等。

（2）板栗

板栗又称栗子、毛栗。

板栗果实为壳斗，球形，壳坚硬，密被针刺，内藏 2 ~ 3 个坚果，为食用部分，生板栗肉脆，熟板栗肉软糯。板栗原产于我国，品质以果实饱满、颗粒均匀、肉质细腻、味甜而香糯者为佳。

板栗可生吃或作炒货，也可作菜肴、主食、糕点和小吃而用。一般取肉整用，因其淀粉含量高，故多采用过油定形和蒸熟定形，以确保其形状和滋味；也可加工成片、丁、粒和茸泥而用；可以烧、焖、扒、炒而成菜，最适宜烧和焖；可将栗肉切粒，拌米煮饭熬粥，也可用作月饼馅心以及糖炒板栗、五香板栗等大众休闲食品。

（3）莲子

莲子又称莲实、莲心。

莲子果实呈椭圆形或卵形，果皮坚硬。莲子依生长时期和出产季节的不同，分为夏莲和秋莲；依种植地和种植方法的不同，分为家莲、湖莲和田莲。莲子原产于中国和印度东部，现我国长江中下游和广东、福建等地都有栽培，以湖南、湖北、江西、福建为主要产区。品质以颗粒圆整饱满、干燥、肉厚色白、口咬脆裂、涨性好、入口软糯为佳。

莲子适于蒸、煨、扒、拔丝、煮、烩等烹调方法；可作主料成菜，也可作配料运用于菜肴，可作甜味菜品，也可作咸味菜品，还可做糕点的馅心。

（4）花生

花生又称落花生、长生果。

花生荚果呈长椭圆形，皮壳草质，具凸起网脉，色泽近黄白，硬而脆，易剥落；果肉含种子（花生仁）1 ~ 4 粒，呈长圆形或近球形，外有红色或淡红色膜衣；种仁呈白色，质脆嫩，味香醇。品质以种粒均匀、干爽、粒体饱满、味微甜、无霉烂者为最佳。

花生适于炒、爆、熘、炸、煮、卤等烹调方法。花生仁可生食或熟食，可单独成菜，可与其他原料配合使用，可作为点心馅料，也可加工成为炒货，还可加工成饮料。

（5）腰果

腰果的坚果生长于由花托膨大形成的肉质假果之上，由果壳、种皮和种仁组成。剥去坚硬果皮后的种子称腰果仁，呈肾形，色泽玉白，腰果仁与核桃仁、榛子、扁桃仁并列为世界四大干果。品质以个形整齐均匀、仁肉色白饱满、味香、身干、含油量高、无碎粒、无坏只、无壳屑者为佳。

腰果仁的烹法与花生相似，常作配料用于菜品中，油炸后酥脆香，味似花生仁，还可在糕点中混合使用或作馅心及加工蜜饯等。腰果也可作水果生食、制糖、榨汁作饮料或晒干制果干。

（6）银杏果

银杏果又称白果。

银杏果是银杏的种仁，其外观为核果状，外种皮肉质，中种皮骨质，内种皮膜质，内有种仁。成果出售时外种皮脱落，为白色核果状，种皮光滑，两枚合包种仁。银杏果食其种仁，味鲜美，口感软糯。品质以粒大、光亮、饱满、肉丰富、无僵仁、无瘪仁者为佳。

银杏果适于蒸、焖、煲、炒、炖、烩、烧等烹调方法，可制作甜菜，也可作为菜肴的主料或配料，还可作为糕点配料。

（7）松子

松子又称松仁。

松子是红松树的种子，呈倒三角锥形或卵形，外包木质硬壳，壳内为乳白色果仁，果仁外包一层薄膜，味甘香浓郁。松子按其产地不同分为三类：东北松子、西南松子、西北松子。品质以粒大完整、均匀干燥、仁肉肥壮、色白、碎粒少者为佳。

松子可生用或炒熟作休闲食品，可作菜肴和糕点的配料、馅心等。

（8）榛子

榛子又称山板栗、尖栗。

榛子是榛树的果实种仁，为我国特产，是世界四大干果之一。榛子坚果近球形，圆而稍尖，像小锥栗子，故也称榛栗。

榛子仁可制作糕点或作为糖果的配料。

（9）杏仁

杏仁是植物杏的内核去掉硬壳所得的种仁。杏仁呈心脏形，略扁，顶端尖，基部钝圆，左右不对称；皮为棕红色或暗棕色，表面有细微皱纹，具有特殊的清香味，略甘苦。杏仁根据品种不同有甜、苦之分，甜杏仁可供食用，苦杏仁味苦、有微毒。

杏仁可制作点心和甜菜，也是制作炒货的原料。

培训项目 ④

加工性原料

加工性原料是指以鲜活动、植物性原料为基础，经腌制、干制、腊制、泡制等方法加工后的制品。这类原料具有耐储藏、易保管、不受季节限制的特点，因此在烹饪中运用较广。常用的加工性原料有干制品和腌腊制品两大类。

一、干制品

干制品又称干货，是将鲜活动、植物原料经脱水干制后加工而成的制品。干制品包括植物性干制品和动物性干制品。

1. 植物性干制品

植物性干制品又称干菜，是以新鲜的蔬菜直接干制或经腌制、渍制、泡制后再干制的一类蔬菜制品，根据加工方法的不同可分为脱水干制菜和腌渍干制菜。

（1）玉兰片

玉兰片以鲜嫩的冬笋、春笋为原料，经切根、蒸煮、整形、烘焙等工序加工制作而成。根据加工和采收的时间不同，可分为尖片、冬片、桃片、春片。我国主要产于湖南、江西、广西、贵州、福建等省。玉兰片成品为白色，短片形，中间宽，两端尖，因形似玉兰花瓣而得名。品质以色泽玉白、无霉点黑斑、片小肉厚、节密、质地坚脆鲜嫩、无杂质者为佳。

玉兰片经水发后，能恢复脆嫩的特色，其食法与鲜笋相似。玉兰片适于炒、烧、焖、烩、炖等烹调方法，可作为菜肴的配料，也可切丝做大菜垫底。

（2）霉干菜

霉干菜又称咸干菜。

霉干菜是鲜雪里蕻腌制后干制而成，主要产于浙江的绍兴、慈溪、余姚等地。

品质以色泽黄亮、咸淡适度、质嫩味鲜、香气正常、身干、无杂质。无硬梗者为佳。霉干菜在烹调前，宜用冷水洗净后再进行加工，适于蒸、烧等烹调方法，还可做汤菜及作馅心。

（3）木耳

木耳又称黑木耳、黑菜、云耳等。

木耳是寄生在树木上的一种菌类，现多为人工栽培，分为细木耳（黑木耳）和粗木耳（毛木耳）两种。细木耳子实体较薄，体质轻，入口软糯，质优；粗木耳子实体大而厚，质粗体重，入口脆硬，品质较差。木耳属于四大素山珍之一。

木耳的子实体呈半透明的胶质状，初生时呈小杯状，长大后呈片状，边缘有皱褶。木耳在世界上主要分布于温带或亚热带的山地，我国利用和栽培木耳的历史悠久，现主要产于东北、华中和西南各省，通常加工成干制品上市，常年均有供应。品质以颜色乌黑光润、片大均匀、体轻干燥、半透明、无杂质、涨性好、有清香味者为佳。

黑木耳广泛应用于菜肴的制作，适于炒、烧、烩、炖等烹调方法，调味可甜可咸，也可做汤或作菜肴的配色等。

（4）银耳

银耳又称白木耳、雪耳等。

银耳为银耳科银耳属，寄生在半死或枯死的树上，分为野生和人工栽培两种。

银耳的子实体为乳白色胶质，由多数丛生瓣片组成，呈花朵状，鲜时柔软，半透明，干燥后为米黄色。我国是世界上最早栽培银耳的国家，现主要产于西南、华东等地区。品质以色泽黄白、朵大肉厚、气味清香、底板小、涨发率高、胶质重者为佳。

银耳在烹调中多用于制作羹汤，多用甜味，也适于炒、烩、熘等烹调方法。

（5）猴头菌

猴头菌又称猴头、猴头菇、猴头蘑。

猴头菌为齿菌科猴头菌属，原是一种生长在密林中的珍贵食用菌。其子实体圆而厚，常悬于树干上，布满针状菌刺，形状极似猴子的头，故而得名。

猴头菌的子实体为肉质，呈块状，基部狭窄，鲜时呈白色，干燥后变为淡黄色。除基部外，其余部分均密生肉质、针状的茸刺。我国主要产于东北、云南等地，现在开始大规模人工栽培。

猴头菌肉质脆嫩，味淡清香，是珍贵的烹饪原料，用于烹制菜肴，可作主料，亦可作配料，可素吃，也可荤吃，适于炒、炖、烧、扒、烩等烹调方法。

（6）竹荪

竹荪又称竹参、竹菌、网纱菇。

竹荪是我国珍稀食用菌，常作为高档宴席原料。其依菌群长短有长裙竹荪和短裙竹荪之分。竹荪在我国多生于西南地区，现已开始人工栽培。

竹荪子实体幼时呈卵球形，外有菌膜包被，白色至淡黄色，形成竹荪蛋；成熟时包被打开，伸出笔杆状菌体，菌盖下有白色网状菌幕，下垂如裙，菌柄为白色，中空呈海绵柱状，形状略似汽灯纱罩，整个菌体十分美丽，常被称为真菌之花。其质地脆嫩，气味芳香可口。

竹荪适于烧、炒、扒、焖等烹调方法，尤其适合制作清汤菜肴。

2. 动物性干制品

（1）蹄筋

蹄筋是指有蹄动物蹄部的肌腱及相关联的关节环韧带。

蹄筋（四肢肌腱）是以胶原纤维为主的致密结缔组织。其色白，呈束状，包有腱鞘；胶原纤维多，细胞少；纤维排列规则而致密，其排列方向与其受力方向一致。在烹饪中常用的有猪蹄筋、牛蹄筋、鹿蹄筋、羊蹄筋，以鹿蹄筋质量为上乘。

蹄筋分为鲜品和干制品，烹饪中应用较多的是干制品，烹制前必须经过涨发，常用的涨发方法有油发、盐发、蒸发等。蹄筋适于炖、煨、扒、烧、烩等烹调方法。

（2）干肉皮

肉皮被覆于躯体的表面，是畜体的保护组织，其厚度随家畜种类、年龄、性别、部位的不同而厚薄不一。家畜中以牛的真皮最厚，绵羊的最薄。同类生物，老畜的真皮较幼畜的厚，公畜的真皮较母畜的厚；对同一畜体来说，背部、四肢外侧的真皮要比其他部位的厚。

干肉皮在烹饪中运用较多的是猪的肉皮，猪皮质韧且极富胶质，宜制皮冻、清冻和各种花冻，也可经煮透晒干（或直接晒干）后，再经油发或盐发制作炸肉皮，泡软后用烩、炖、扒、熘等烹调方法单独成菜。猪皮还可加工成皮丝进行烹制。

（3）干海参

干海参即海参的干制品。常根据背面是否有圆锥肉刺状的疣足将其分为刺参类和光参类两大类。

1）刺参类又称有刺参。体表有尖锐的肉刺，突出明显，如灰刺参、梅花参、方刺参等。

2）光参类又称无刺参。表面有平缓突出的肉疣或无肉疣，表面光滑，如大乌参、白尼参等。

一般来说，有刺参质量优于无刺参，海参多用于筵席菜品。

海参种类较多，选择海参时，应以体形饱满、质重皮薄、肉壁肥厚、水发时涨性大、涨发率高、水发后糯而滑爽、有弹性、质细无砂粒者为好。凡体壁瘦薄、水发涨性不大、成菜易酥烂者质量差。发制后的海参适于扒、烧、煨等烹调方法。

（4）虾米

虾米又称开洋、金钩、海米（海虾干制的称为海米，河虾干制的称为河米）。

虾米是用虾的腹部肌肉干制后制成的，一般在春、秋两季加工，经选洗、煮制、晒干、去头、脱壳等过程制作而成。成品前端粗圆，后端呈尖细弯钩形，色泽有淡黄、浅红和粉红之分。品质以身干盐味轻、色泽红黄光润、颗粒均匀完整、无灰壳、无爪节、无爪甲、无黑头者为佳。

虾米适于熬、炖、拌、炒、烩等烹调方法，也可作为菜肴的配料、馅料及火锅的增鲜原料。

（5）干贝

干贝是用扇贝科的扇贝、日月贝和江珧科的江珧等贝类的闭壳肌加工干制而成的制品。主要种类有干贝、带子、江珧柱、海蚌柱、面蛤扣、珠柱肉等。

1）干贝。由扇贝的闭壳肌柱制得，又称肉柱、肉芽、海刺。

2）带子。由日月贝的闭壳肌柱制得，因数个闭壳肌借外套膜像编发辫一样编织起来而取名带子。

3）江珧柱。由江珧的闭壳肌柱制得，又称大海红、马甲柱、角带子。

4）海蚌柱。由西施舌的闭壳肌柱制得。

5）面蛤扣。由海菊蛤科的面蛤的闭壳肌柱制得。风味一般，食用时有粉状感觉。

6）珠柱肉。由珠母贝或合浦珠母贝的闭壳肌制得。具有同车螯肉柱一样的风味。

在众多的干贝种类中，以粒大形、饱满圆整、均匀、色浅黄而略有光泽、表面有白霜、干燥有香气的为好。我国山东荣成所产的干贝质量最佳。

鲜贝一般作主料应用，可与多种原料相配，通过油爆、清蒸、烤、炸、煮、烧、扒等烹调方法成菜，味型多样。

（6）海蜇

海蜇属于腔肠动物。

海蜇的身体从外形上分为伞部和口腕部。海蜇加工是将伞部和口腕部切离，加石灰、明矾进行压榨除水，然后加盐，或不加盐腌制。其伞部称"蜇皮"，口腕部称"蜇头"或"蜇爪"。海蜇怕风干，必须放在不透风的包装物或食盐水中保存。

海蜇依产地不同分为南蜇、北蜇和东蜇。南蜇主要产于浙江、福建、广东、广西、海南等地，个大肉厚，色浅黄，水分高，质脆嫩；东蜇产于山东、江苏、浙江等地，又分为棉蜇（肉厚不脆）和沙蜇（肉内含沙，不易洗掉），质稍次；北蜇主要产于天津等地，色白个小，质感脆硬，质更次。

海蜇入菜前需用冷水泡发或用温水烫后再用凉水清洗。由于其特殊的质地，多作凉拌菜。一般蜇头多切成薄片，蜇皮多直接切成丝而成菜，口味上以咸鲜、酸甜、葱油和酸辣味为主。

因海蜇最适合在河口附近的泥质海底的海水中生长，所以食用蜇头时，要注意清洗泥沙。

（7）鱼皮

鱼皮是用鲨鱼和鳐鱼的皮干制而成的一种干货制品，常见的有原鱼皮和净鱼皮两种。原鱼皮由于只去腐肉而没有去沙即晒干，表面布满沙粒，因品种不同又呈现不同的颜色。青鲨皮呈灰色；真鲨皮呈灰白色；姥鲨皮呈灰色，表面不平沙粒多，质量最差；虎鲨皮呈青褐色；犁头鲨皮呈黄褐色，质量最好。净鱼皮片薄，呈淡黄色，光洁，半透明，富含胶质，口感软糯滑爽。

鱼皮适于烧、煨、扒、炖、焖、烩等烹调方法，烹制前必须经涨发，涨发方法为水发。鱼皮本身无味，要成菜则需加入鲜味足的火腿、鸡肉、干贝及高汤一起烹煮。

（8）鱼肚

鱼肚又称鱼白、鱼脬、鱼胶等。

鱼肚是鱼体中的浮沉器官经干制而成的一种较名贵的干制品。其主要制法是，取鱼鳔切开（鳝肚不用切开）冲洗，加少许石灰和盐酸漂洗干净，张于板床上晒干即成。鱼肚为黄白色，如果是熏制的就呈纯白色。我国广东、福建、浙江等海域均有出产，以广东所产最佳。

根据所选用的鱼鳔不同，鱼肚一般可分为鳘肚、鳝肚和花胶。

1）鳘肚。鳘肚又称为广肚，产于广东，是鱼肚中最好的一种。鳘肚是用鳘鱼的鳔剖开后经干制而成的，雄性鳘鱼的鳔制成的鱼肚称"公鳘肚"或"正鳘肚"，色泽透明，带浅黄色，身长有带，肚面有山形纹，肉厚结实，质量最好；雌性鳘鱼的鳔制成的鱼肚称"炸肚"，色泽透明，身圆阔无带，肚面有横纹，肉薄。品质以体大、肉厚、干洁、色泽明亮为上品；以体小、肉薄、发潮、色赤暗者为下品。鳘肚具有软滑中带爽，蛋白质丰富，有海味的特殊风味的特点，是较名贵的烹饪原料之一。

2）鳝肚。鳝肚是由海鳗的鳔干制而成的，色白透明，呈长圆筒形，两头尖。鳝肚的质量仅次于鳘肚，也是上乘的干货制品之一。品质以体长、色白透明、肉质厚实为上品；以短而薄、色泽黯黑者为次品。

3）花胶。花胶是用黄花鱼或较大的鲈鱼的鳔剖开干制而成的，有黄花胶与白花胶之分。花胶一般适于烩、烧、扒、焖、拌等带汤汁、需长时间加热的烹调方法。

（9）鱼唇

鱼唇又称鱼头。

鱼唇是由鲨鱼、鲟鱼、鳐鱼等唇部周围软肉及骨组织加工而成的，主产于我国福建、台湾以及广东湛江、汕头等地。品质以身干体厚、色泽灰白透明、无虫蛀、无臭味者为佳。

鱼唇具有营养丰富、焓滑、味鲜而香甜等特点，适于扒、焖、炖、烧、烩等烹调方法。

（10）鱼骨

鱼骨又称鱼脑、鱼脆。

鱼骨是由鲨鱼头部和鳃裂的软骨加工而成的，主产于我国海南、广东、广西、福建等地区。常见的鱼骨有长形、方形两种，质地坚硬，呈白色至淡米黄色，半透明，有光泽。涨发后呈白色半透明状，质脆软。品质以均匀、完整、色白透明、身干无血筋、无红黑杂色者为佳。

鱼骨含有较多的蛋白质、钙、磷和胶质，味鲜浓香，烹饪上以煲汤为佳。

（11）燕窝

燕窝是雨燕科金丝燕在岩石峭壁上用吐出的唾液筑成的窝巢，以唾液细丝供食用。燕窝产于我国南海诸岛与东南亚各国，以海南万宁燕窝最为著名。根据其颜色和品质不同可分为白燕、毛燕和血燕。

白燕也称官燕，为金丝燕孵卵前的第一次筑巢，其色白、质厚、毛少，质量最佳。毛燕为金丝燕脱毛期筑的第二次巢，因多带燕毛而得名，其色灰黑，绒毛及杂质较多，质量最次。血燕为金丝燕急于孵卵时筑的第三次巢，俗称龙芽燕菜，其色红、质薄，毛及杂物较多，质量次于白燕。品质好的燕窝外形规则完整，干燥，体大而厚，颜色为洁白透明或半透明，毛少或无毛，微有清香。

燕窝一般用来制作羹汤类菜，咸、甜均可，也可用于烩、拌等烹调方法。

二、腌腊制品

腌腊制品是用食盐、硝、糖、香辛料等对肉类进行加工处理后得到的产品。腌制的方法主要有干腌法、湿腌法和混合腌法三种，腌腊制品以盐腌为主，或腌后经熏烤烘干，主要包括咸肉、腊肉、火腿、板鸭、风鸡、腊肠等。

（1）咸肉

咸肉又称腌肉、家乡肉。

咸肉是以鲜肉为原料经过干腌或湿腌后加工而制成的制品。我国各地均有加工。其加工过程主要有选料、原料整修、腌制三个程序。咸肉按产区不同，可分为浙江咸肉（南肉）、江苏如皋咸肉（北肉）、四川咸肉、上海咸肉等。

优质的咸肉外表干燥清洁、呈苍白色，无霉菌、黏液；质地坚实紧密、切面光泽均匀，瘦肉呈粉红、胭脂红或暗红，肥膘呈白色；生时有正常的清香味，煮熟时具有腌肉香味。劣质的咸肉表面滑软黏糊，肉质结构疏松、无光泽，切面呈暗红色或灰绿色，肉色不均匀，有严重的酸臭味、腐败味或哈喇味，不能食用。咸肉加工前，宜先放在清水中浸泡以除掉一部分盐分，然后再进行各种加工。

咸肉适于蒸、煮、炒、炖、烧、煨等烹调方法，代表菜肴有"蒸咸肉""咸肉烧菜薹"等。

（2）腊肉

腊肉是用鲜猪肉切成条状腌制后，经烘烤或晾晒而成的肉制品。因民间一般在农历十二月（腊月）加工，利用冬天特定的气候条件促进其风味的形成，故名腊肉。腊肉为我国传统的肉制品，各地均有加工。腊肉的腌制多采用干腌法，为了改进腊肉的色、香、味，有些地方也采用湿腌法。腊肉的种类很多，按产地分为广东腊肉、湖南腊肉、四川腊肉等。优质的腊肉色泽鲜明，肌肉呈鲜红或暗红色，脂肪呈透明或乳白色；肉身干爽，肉质坚实、有弹性，指压后不留明显压痕，具有腊制品固有的风味。

腊肉适于烧、煮、蒸、炖、煨等烹调方法，可制成冷盘、热炒、大菜等菜式，也可作馅心料，代表菜肴有"腊味合蒸""菜薹炒腊肉""藜蒿炒腊肉"等。

（3）火腿

火腿是用猪的前后腿肉为原料，经腌制、洗晒、整形、陈放、发酵等多种工艺加工而成的腌制品。

火腿的制作多采用干腌法，在选料、工艺上很有讲究。火腿是我国肉制品中久负盛名的特产，最著名的是浙江金华火腿（又称"南腿"）、江苏如皋火腿（又称"北腿"）和云南宣威火腿（又称"云腿"）三类，其中又以浙江金华、义乌等地所产的金华火腿为中国火腿的代表品种。

火腿的质量检验以感官检验为主，一般采用看、扦、斩三步检验法判断。"看"主要是观察表面和切面状态，优质火腿皮色呈棕黄或棕红色，无猪毛；皮肉干燥，肉坚实；皮薄脚细，爪弯腿直；整体形状呈琵琶形或竹叶形，完整匀称。"扦"是用竹签刺进火腿深部，拔出后嗅其气味以鉴定火腿的质量。"斩"是在"看"和"扦"的基础上，对内部质量产生疑问时所采用的辅助方法。

火腿是重要的烹饪原料，适于各种刀工处理，可切成块、丁、粒、条、片、丝、末、茸等；可制成多种菜式，如冷盘、热菜、汤、羹或面点馅料。火腿宜配用清鲜原料，忌配有异味的原料；宜着汤烹制，忌用干煸、干烧、干烹等方法无汤烹制。

（4）板鸭

板鸭又称腊鸭。

板鸭是以活鸭为原料，经宰杀、去毛、净腌、复卤、晾挂等一系列工序加工而制成的咸鸭，因其肉质紧密板实而得名。板鸭的名产很多，风味各异，最著名的有南京板鸭、四川什邡板鸭、江西南安板鸭、福建建瓯板鸭等。

板鸭在烹饪中主要作冷菜，也适于炖、炒、蒸等烹调方法。此外，板鸭的头、颈和骨也是炖汤的好原料。

（5）风鸡

风鸡是将活鸡宰杀后取出内脏，经腌制、风干加工而成的制品。

风鸡加工时间一般在农历小雪以后，此时气候干燥，制品有腊味。风鸡因其种类不同，制作方法也有一定差异。其制作大多不褪毛，以减少微生物入侵的机会，而且集腌制和干制于一体，使其产生特有的腊香，肉嫩可口，并有利于保存（一般可保存6个月）。在我国，风鸡的地方特色较多，根据制作方法的不同，大致分为光风鸡、带毛风干鸡和泥风鸡三类。

风鸡味香肉嫩，适于蒸、煮、炖、烧、炒等烹调方法，以蒸或煮为佳。

（6）腊肠

腊肠是将新鲜猪肉切成条状腌制或切碎腌制灌入肠衣后，经过烘焙或晾晒而成的肉制品。

常见的有广式腊肠和川式腊肠。腊肠肌肉呈鲜红色或暗红色，脂肪半透明或乳白色，外表凹凸不平，干爽或微有油腻。

腊肠适于蒸、煮、炒、烤、炸等烹调方法，还可用于制作花色拼盘，或作为凉菜直接食用。

培训项目 ⑤

调味调色性原料

调味调色性原料简称调料，是烹饪行业和商品流通领域的一个习惯名称，在菜肴中起着定味、上色、去除异味、杀菌防腐等作用。

一、调味料

调味料是菜肴中用量最小、使用范围最广的一类原料，在某种程度上，调味料是菜肴口味变化的重要手段。在烹调过程中，调节味感是调味料最主要的作用，它可以增加菜肴的味道并除去菜肴中的部分异味，另外还能调节菜肴的色泽、增加菜肴的营养素、丰富菜肴的口感、延长原料的保存期、杀菌消毒、增进食欲、促进消化。

调味料种类较多，通常分为咸味调味料、甜味调味料、酸味调味料、麻辣味调味料、鲜味调味料和香味调味料六大类。

1. 咸味调味料

咸味是烹饪应用中的主味，许多味道都必须与咸味结合才能更充分地表现出来，例如，鲜味若不与咸味结合，则人的口腔完全无法判断出这种味道有多鲜美；甜味中适当加点咸味，则可以让甜味甜得更有回味。咸味调味料除具有调味的作用外，一般还具有防腐、杀菌的功效。

（1）食盐

食盐是人类最早使用的调味品之一。

食盐是白色晶体，因加工粗细不同，结晶有大有小，还可能会有一些颜色。烹调中最常用的是精盐，呈白色粉状，含杂质极少，易溶解，咸味比粗盐轻，最适合菜品调味。

食盐在烹调中的作用有四个方面：第一，它是咸味的主要来源，是菜肴最基本的味道，也是决定菜肴味道的重要因素；第二，食盐可以改良原料的质感，增加原料的脆嫩感；第三，在动物原料的上浆、茸泥类菜肴与面团调制的过程中，食盐可以起到"上劲"的作用，使面团柔韧性增强，茸泥类菜肴的黏性提高；第四，食盐具有防腐作用，经过盐腌的食物可以长时间储存，还可以增加原料的风味。除此之外，在某些场合，食盐也被用作传热的介质。

食盐在使用时应注意投放的时间，制汤时放盐不宜过早，因为盐会与蛋白质产生电中和，使蛋白质凝固，不易溶于汤中，使汤不鲜不浓厚。

用盐必须适量，过量不仅影响菜品口味，而且不利于人体健康。

（2）酱油

酱油又称酱汁、清酱、秋油等。

酱油是我国的特产调味品，是以大豆、面粉、麸皮等为主要原料，经过微生物或其他催化剂的催化水解生成多种氨基酸和各种糖类，并以这些物质为基础，再经过复杂的生物化学变化合成的具有特殊色泽、香气、滋味和形态的调味液。根据加工方法的不同，可分为酿造酱油与化学酱油两大类；根据形态不同，可分为液体酱油、固体酱油、粉末酱油。

酱油是仅次于食盐的咸味调味品，能代替食盐起到确定咸味、增加鲜味的作用，对菜肴还有增色、增香、除腥、解腻的作用。酱油的品种在某种程度上决定着菜肴的风味。

（3）酱

酱是我国最古老的调味品之一，是以大豆或面粉、米、蚕豆等为原料，采用曲制或酶制法加工而成的一种糊状物，味有咸鲜、咸甜等。它的生产工艺与酱油相似，原理也完全一样。酱的品种很多，通常根据用料的不同可分为面酱、豆酱、蚕豆酱三大类。

面酱又叫甜面酱，是以面粉为主要原料的一种酱类，由于其味咸中带甜而得名。它利用米曲霉在发酵过程中的糖化作用制作而成，同时面粉中的少量蛋白质也经米曲霉分泌的蛋白酶作用分解成各种氨基酸，使甜酱又稍有鲜味，因此，面酱是一种富有营养的调味品，在烹饪中的用途很广。甜面酱可用来蘸食，也可炒菜，凉拌。

豆酱又叫黄豆酱或大酱，是以黄豆或黑大豆、面粉、盐和水为原料制作而成的。它利用米曲霉为主的微生物的发酵作用酿制而成。根据制酱时加水的多少，有干黄酱和稀黄酱之分，通常调味中所用的都是稀黄酱。

蚕豆酱是以蚕豆为主要原料的一类酱，它的制作工艺与豆酱基本相同。蚕豆有一层不适于食用的种皮，在酿造时必须去掉。

酱品鲜味浓郁，在烹饪中具有非常重要的地位，可用于爆、烤、蒸、凉拌等多种烹调方法。一般在其用于热菜时宜先炒香出色，而用于蘸食或凉拌时宜将其先炒熟或蒸熟再用，以确保卫生及菜肴的风味特色。

（4）豆豉

豆豉是一种非常古老的发酵食品，古时称"幽菽""香豉"。豆豉是以豆类（或少量面粉拌和）加曲霉菌种发酵制成的一类颗粒调味品，是酿造酱油的副产品。常用的豆豉色泽黄黑，味香鲜浓郁，油润质干，中心无白点，无霉变异味和泥沙味。豆豉按加工方法分为干豆豉和水豆豉，按外观形态分为干态、半干态和稀态豆豉，按风味分为咸豆豉和淡豆豉。

豆豉在烹调中主要用于提鲜增香，多用于炒、爆、烧、蒸、焖法烹制的菜肴。在使用时要注意，豆豉的味道很重，不宜用得太多。保存时则要注意防霉、防潮，可用适量食盐、白酒和香料与其拌匀。

2. 甜味调味料

甜味是很受人们欢迎的一种味道，甜味调味料在烹调中的作用仅次于咸味调味料。从结构上来说，呈甜味的物质主要是单糖和双糖，此外合成的甜味剂糖精钠（即糖精）、非糖类的甜叶菊苷、木糖醇以及部分氨基酸、肽等也有甜味，其中糖精的甜味是最强的，但因长期过量食用糖精对人体有害，现已很少使用。在所有的甜味剂中，使用效果最好的是果糖。

甜味调味料在烹调中的作用很大，除了提供甜味外，它还可以增加鲜味、缓和辣味、抑制苦味，还可以用来腌渍原料，有防腐的作用。

（1）食糖

食糖是从甘蔗、甜菜等植物中提取的一种甜味调味料，其主要成分是蔗糖。食糖的外形特征与其加工的精细程度有很大关系，根据外形和色泽不同，通常可分为白砂糖、绵白糖、赤砂糖、土红糖、冰糖、方糖等。品质以色泽明亮、质干味甜、晶粒均匀、无杂质、无返潮、不粘手、不结块、无异味者为佳。

食糖在烹饪中主要用作菜肴的调味品，也是制作糕点、小吃的重要原料；可制成糖色以增加菜肴颜色，还可用于挂霜和拔丝菜品的制作。腌制品中加入食糖可减轻加盐脱水所致的老韧，保持肉类制品的软嫩，防止板结。

（2）饴糖

饴糖又名糖稀、麦芽糖。

饴糖是我国传统的甜味调味剂，是以粮食淀粉为主要原料，经加工后用淀粉酶液化，再利用麦芽中的酶使原料中的淀粉糖化制作而成的。饴糖可分为硬饴和软饴两大类，硬饴为淡黄色，软饴为黄褐色。品质以颜色鲜明、浓稠味纯、洁净无杂质、无酸味者为佳。

饴糖主要用于面点、小吃及烧烤类菜品，可使成熟点心松软、不易发硬，使菜品色泽红亮、有光泽等。

（3）冰片糖

冰片糖是一种用冰糖蜜或砂糖为原料加工而成的片状糖制品，我国华南地区，如广州、香港、澳门、珠江三角洲、粤西和广西一带产量较大。它既保持红糖特有的甘蔗甜味，又有近似冰糖的纯净与清甜。

冰片糖主要用于面点、甜品等的制作。

（4）蜂蜜

蜂蜜是蜜蜂采集花蜜后经过反复酿造而成的一种甜而有黏性、透明或半透明的胶状液体，具有特殊的花香味。品质以色泽黄白、半透明、水分少、味醇正、无杂质、无酸味者为佳。

蜂蜜在烹饪中主要用来代替食糖调味，具有调味、增白、起色等作用。由于蜂蜜具有很强的吸湿性和黏着性，烹调使用时应注意用量，防止使用过多而造成制品吸水变软，相互粘连；同时应掌握好加热时间和温度，防止制品发硬或焦煳。

3. 酸味调味料

酸味是无机酸、有机酸及酸性盐等可水解电离出氢离子的化合物所引起的一种味感，呈酸味的本体是氢离子。在烹调中，酸味调味料有去腥、增香、开胃、杀菌的作用。

（1）食醋

食醋是我国传统的调味品，是将粮食、果实、酒类等含有淀粉、糖、酒精的原料经微生物发酵制成的一种酸性液体调味料。醋的主要成分是醋酸，还含有少量不挥发酸、氨基酸、糖等。

食醋根据制作的方法不同，可分为酿造醋与人工合成醋两大类。酿造醋按原料的不同又可分为米醋、酒醋、麸醋、果醋等，其中以米醋的质量最佳；著名的酿造醋品种有镇江香醋、江苏板浦滴醋、山西老陈醋等。人工合成醋也称化学醋，是用食用冰醋酸加水配制而成的，其中醋酸的含量高于酿造醋，酸味大，没有香气。

常用食醋的特性如下。

香醋：呈深褐色，有光泽，香味芬芳，口味酸而微甜。

熏醋：呈黑色，挥发性酸味少，上口酸而柔和。

米醋：香气醇正，口味酸而醇和，色透明，略带鲜甜味。

糟醋：呈深褐色，有光泽，香气浓，口味酸而微甜。

醋可以杀菌、去腥、解腻、增味，在酸甜类菜肴中使用最多，用于腌渍原料时可以增加脆嫩的口感。

（2）番茄酱

番茄酱是将新鲜番茄磨细加工后制成的一种酱状调味料，其色红、味酸香、质地细腻，具有番茄的果香味，是一种从西餐中引进的调味品。

番茄酱在现代中国烹饪中应用很多，主要用于酸甜味的复合味型中。使用时应注意用量，宜先用温油炒香出色，防止压抑主味。

（3）柠檬酸

柠檬酸又称枸橼酸、柠檬精，为无色半透明结晶、白色颗粒或白色结晶性粉末，无臭，味极酸。

柠檬酸广泛分布于柠檬、柑橘、草莓等水果中，最初由柠檬汁分离制取而得，现在工业上可由糖质原料发酵或其他方法合成制得。柠檬酸是所有有机酸中最和缓而可口的酸味调味料。

柠檬酸在烹调中起保色、增香、增加酸味等作用，可让菜肴产生特殊的风味。

4. 麻辣味调味料

麻辣味是一类刺激性很强的味道，它包括麻味和辣味两大类。麻辣味一般不能单独使用，必须与其他味道配合起来使用才能起到良好的效果。在烹调中麻辣味可以起到上色、增香、解腻、去腥等作用，同时具有刺激食欲，帮助消化的作用。

（1）辣椒

辣椒又称海椒、辣角、辣子、腊茄。

辣椒中绿色的称为"青椒"，红色的称为"红椒"，不辣的称为"甜椒"。辣椒制品主要包括辣椒干、辣椒粉、泡辣椒、辣椒油、辣椒酱等，用作调味料的大多是辣椒的干制品。辣椒含有多种成分，其辣味的主要成分是辣椒素和二氢辣椒素，其具有刺激性辣味，能促进血液循环，增加唾液分泌及淀粉酶活性，具有促进食欲、杀虫灭菌等功能。

辣椒在烹调中应用广泛，具有去腥味、压异味、增香味、提辣味、解腻味、开胃的作用，适用于炒、烧、煮、炖、焖、涮等烹调方法。辣椒粉在烹调中的应用与干辣椒相同，是制作辣椒油的主要原料。辣椒油是川菜、凉菜辣味复合味型的常用调制品。

（2）花椒

花椒又称大椒、川椒、秦椒。

花椒是芸香科植物花椒的果皮或果实的干制品，大小如绿豆。常见的花椒有青色与红色两种，红色味稍浓。我国大部分地区都有出产，著名品种有四川的茂汶花椒和陕西的韩城大红袍花椒。品质以色泽光亮、皮细均匀、味香而麻、无苦臭味、无杂质者为佳。

在烹调中，花椒可应用于原料加工和腌渍，适于炒、焖、拌、卤、烧等烹调方法，具有去异味、增香味、赋麻味、刺激食欲、增加菜品风味等作用。

（3）胡椒

胡椒又称大川。

胡椒是胡椒科植物胡椒的果实，有黑胡椒和白胡椒之分。

黑胡椒是在果穗基部的果实开始变红时，剪下果穗，用沸水浸泡至皮发黑，晒干或烘干而成。白胡椒是在果实已经全部变红时采集，用水浸渍数天，擦去外皮晒干而成，表面呈灰白色。黑胡椒的品质以粒大、色黑、皮皱、气味强烈者为佳，白胡椒的品质以个大、粒圆、坚实、色白、气味浓烈者为佳。

胡椒在烹调中通常是磨成胡椒粉后使用，主要用于去腥、提味、增鲜、增香，尤其适于原料本身气味较重的菜肴、点心，如以鱼片、腰花、黄鳝、韭菜等为主料的菜肴。

（4）芥末

芥末是十字花科植物芥菜的种子干燥后研磨成的一种粉状调味料。

芥末颜色有淡黄、深黄之分，现在常用的有芥末粉、芥末油、芥末酱等。品质以油性大、辣味足、香气浓、无异味、无霉变者为好。芥末是制作芥末味的重要调味品，多用于制作凉菜、面食，主要起提味、醒胃、杀菌的作用。芥末有少许苦味，在调芥末糊时常要加些糖、醋，以去除苦味，再加少许植物油以增加香味。

（5）咖喱粉

咖喱粉是由多种香辛调料制成的一种辛辣、微甜、呈黄色或黄褐色的粉状调味料，主要配料有胡椒、生姜、辣椒、辣根、肉桂、肉豆蔻、茴香、芫荽子、甘草、橘皮、姜黄等，是将各种香辛料干燥粉碎后混合而成的。

咖喱粉最早出现在印度，现在各地均有生产。品质以色泽深黄、粉质细腻、无结块、无杂质、无异味者为佳。

咖喱粉在烹调中多用于烧菜，有去腥解腻、增进食欲的作用。在实际使用时，咖喱粉常与植物油、姜、葱调制成咖喱油，这样既可直接下锅煸炒，又可用来凉拌菜肴。

5. 鲜味调味料

鲜味是所有味道中最诱人的，人们对于美食的研究绝大多数是在研究如何使菜肴的味道更加鲜美。鲜味的味感也是比较复杂的一种，呈味物质有核苷酸、氨基酸等。在烹调中，鲜味不能独立存在，必须在咸味的基础上才能体现出来。

（1）味精

味精又称味素，是用小麦的面筋蛋白质或淀粉经过水解法或发酵法制成的一种调味料。

味精主要的呈味成分为谷氨酸钠，此外还含有食盐及矿物质等。从外形来看，味精有液态、粉状与结晶状三种。味精具有强烈的鲜味，但在使用时必须与咸味调味料配合使用才能体现出来。在实际操作时，投放味精的时间、温度、浓度都应注意，最适宜的使用浓度为 0.2%～0.5%，最适宜的溶解温度为 70～90 ℃，最适宜的投放时间是在菜肴快要成熟出锅之前。

（2）蚝油

蚝油是加工鲜牡蛎时的汤汁经浓缩而成的浓稠状液体调味料，其中含有鲜牡蛎肉浸出物中的各种呈味物质，具有浓郁的鲜味。品质以色泽棕黑、汁稠滋润、鲜香浓郁、无异味、无杂质者为佳。

蚝油在烹调中既可调色又可调味，也可作味碟使用。蚝油多用于炒菜中，有提鲜、增香、调色的作用。蚝油在生产时其中已经加了盐，因此它的味道是鲜咸味，故在使用前要先尝一下它的咸度，以决定做菜时的用量。

（3）鱼露

鱼露又称鱼酱油、水产酱油，主要是利用三角鱼、七星鱼、糠虾等水产品或其废弃物经过加工制成的液体调味料。鱼露初闻有臭味，入口香，开胃，呈棕褐色，鲜香味醇厚。鱼露一般有酶解法、酸解法、煮制法三种生产方法，不同方法生产的鱼露的质量是不同的，以酶解法发酵加工的鱼露质量最好，酸解法制成的鱼露质量较差。

鱼露在烹调中的应用与酱油相似，主要用于菜肴的鲜味调兑或兑制鲜汤时用作汤料，也可作为味碟使用，适于煎、炒、蒸、炖、拌等烹调方法。

（4）鸡粉

鸡粉是以鸡肉、鸡骨头等为基料，通过蒸煮、减压、提汁后，配以盐、糖、味精（谷氨酸钠）、鸡肉粉、香辛料、肌苷酸、鸟苷酸、鸡味香精等物质复合而成的具有鲜味、鸡肉味的调味品。

鸡粉味道鲜美，在烹调中可代替味精或与味精搭配使用。

（5）鸡精

鸡精是一种复合鲜味剂，由味精（谷氨酸钠）发展而来，由于鸡精中含有鲜味核苷酸作为增鲜剂，所以具有强烈的增鲜作用，鲜度较谷氨酸钠有所提高。

鸡精的使用方法与味精相似，并可与味精等其他鲜味调味品搭配使用。

6. 香味调味料

香味调味料在菜肴中主要起增加香气、去除异味、刺激食欲等作用。这一类调味料的种类很多，各自的呈味成分也不相同，它们的香味主要来自其所含的一些挥发性成分，包括醇、酮、酯、萜、烃及其衍生物。

（1）八角

八角又名大茴香、八角茴香。

八角为木兰科植物八角茴香的果实，多由 6～13 个小果呈放射状排列组成，中轴下有一钩状弯曲的果柄，在我国主要产于西南及两广地区。八角香气的主要成分是茴香醚，此外还有茴香酮、茴香醛、胡椒酚、茴香酸等。

品质以个大均匀、色泽棕红、鲜艳有光、香气浓郁、完整干燥、果实饱满、无霉烂及杂质者为佳。在鉴别八角时要防止假八角混入，假八角又称莽草果，果瘦小，尖端弯曲明显，有樟脑或松枝味，毒性较大，用舌舔有刺激性酸味，而真八角舔之有甜味。

八角适于烧、卤、酱等烹调方法，也是五香粉等复合香味调料的重要原料。

（2）茴香

茴香又称小茴香、谷茴香等。

茴香果实干燥后呈柱形，两端稍尖，外表呈黄绿色，它的主要香味成分是茴香醚和小茴香酮。品质以颗粒均匀、干燥饱满、色泽黄绿、气味香浓、无杂质者为佳。

茴香在烹饪中多用于酱、烧、卤等烹调方法以及作为火锅的香料，也可用于面食的调味。在使用时，茴香要用纱布包裹起来，以免细碎颗粒沾在原料上，影响菜肴的观感。

（3）丁香

丁香又称丁子香。

丁香由桃金娘科植物丁香的花蕾经干燥制成，由青转为鲜红色时采集晒干，呈短棒状，表面为红棕色或紫棕色，有较细的皱纹，质地坚实而有油性，气味强烈芳香，味辛辣麻舌。品质以浓厚芳香、个大均匀、粗壮干燥、色泽棕红、无异味、无杂质者为佳。

丁香在使用时用量不宜太大，否则会影响菜品的正常风味。

（4）桂皮

桂皮是肉桂、天竺桂、细叶香桂、川桂、阴香等的树皮经干燥后制成的香味调味料。桂皮的种类很多，总体上可分为肉桂和菌桂两种。品质以皮细肉厚、表面灰棕色、内面暗红棕色、油性大、香气浓、无虫蛀、无霉烂者为佳。

桂皮适于卤、酱、烧、扒等烹调方法，主要起压异味、增香味的作用，是烹调中不可缺少的调味品。同时它还是加工五香粉、茶鸡蛋等必需的调味料。

（5）陈皮

陈皮又称橘皮。

陈皮为芸香科植物，如福橘、朱橘等多种橘类或柑类、甜橙的果皮经干制而成。其多呈椭圆形片状或不规则状，通常向内卷曲，外表面呈橘红色至棕色，内表面呈淡黄白色。品质以皮薄、片大、色红、油润、干燥无霉、香气浓郁者为佳。

陈皮在烹饪中多用于动物性原料以炖、烧等方式制作的菜肴，起压制异味、增加香味的作用。因陈皮有苦味，在使用时应先用热水泡软，使苦味稍稍减轻，也可使用陈皮粉；还应注意用量不宜太多，以免影响菜肴的正味。

（6）草果

草果为姜科植物草果的果实，呈卵圆形，顶端不开裂，成熟时呈紫红色，干制后呈棕红色。品质以个大饱满、色泽棕红、干燥、香气浓郁者为佳。

草果香气特异，味辛辣，烹调中常用来制作复合调味料，也用于烧菜、火锅、卤菜、凉拌菜等的制作，起增香、压异味的作用。

（7）白芷

白芷又称香芷。

白芷由伞形科草本植物兴安白芷、川白芷、杭白芷的根部经加工而成，具体加工方式是将其根部挖出，去杂质、洗净、晒干后切片作为调料使用。品质通常以根部饱满、洁净、无杂质、气味浓郁者为佳。

白芷在烹饪中主要作为卤、酱、烧等菜品的香味配料，注意用量要少，否则会影响菜品口感。

（8）肉豆蔻

肉豆蔻又称肉果、玉果。

肉豆蔻为肉豆蔻科常绿乔木肉豆蔻的种仁，外观为灰棕色，呈卵圆形、球形或椭圆形，外表有网状沟纹，味道辣中带苦，气味芳香，带有清凉感。品质以个大坚实、香味浓郁者为佳。

肉豆蔻在烹饪中常用于卤、酱、烧、蒸等方法烹制的菜肴，也可用于糕点、饮料、沙司及配制咖喱粉。肉豆蔻一般都与其他香料配合使用，且用量不宜过多，以免菜肴中的苦味过重。

（9）黄酒

黄酒又称料酒、绍酒。

黄酒是我国的特产，是我国也是世界上最古老的饮料酒之一。

我国黄酒以浙江绍兴所产最为著名，因此黄酒也称为绍酒。我国黄酒大体上可分为南、北两大类型，南方黄酒以糯米为原料，而北方黄酒以黍米为原料。

黄酒中主要的香气成分是酯类、醇类、酸类、酚类、羰基化合物等，其清澈透明，香气浓郁，味醇厚，颜色由淡黄到深褐色不等。

在菜肴中用黄酒来去腥增香是我国烹饪的一大特点。黄酒在烹调中应用较广，既适于原料加工时的腌制，又可在菜品的烹制中起到去腥膻、解腻味、增香味及帮助味渗透的作用，还具有一定的杀菌消毒作用。

（10）香糟

香糟又称酒膏。

香糟是做黄酒时经蒸馏或压榨后余下的残渣再经发酵、加工制作而成的汁渣混合物。其色泽红艳，糟香味浓。香糟可分为白糟和红糟。白糟是普通的香糟，由绍兴黄酒糟加工而成；红糟是福建特产，在酿制时加入部分红曲米制成。

香糟风味独特，在烹饪中主要起去腥、增香、增味的作用，红糟还有给菜肴上色的作用。香糟多用于动物原料的烹制，主要用于炝、煎、爆等烹调方法。红糟在福建菜的制作中应用较为广泛，有很浓厚的地方特色。在使用时，香糟需用洁布包裹好，以免沾在原料上影响观感；如是干香糟，在使用时还要用水略浸透。

（11）酒酿

酒酿又称醪糟。

酒酿是以糯米为原料，经煮蒸后拌入酒曲发酵制成的一种渣汁混合物，是一种醇香甘甜的特殊食品。品质以色白质稠、香甜适口、无酸苦味、无杂质者为佳。

酒酿除可直接食用外，也常用来作为调味料，在烧菜、甜菜、糟汁菜以及风味小吃中使用较多，有增香、和味、去腥、提鲜的作用。我国的地方菜中，四川风味菜使用酒酿比较广泛。

二、调色料

调色料是指在菜点制作过程中主要用来调配菜点色彩的原料，一般可分为天然色素和人工色素两类。

1. 天然色素

天然色素是指从自然界动、植物体中提取的，用作调色料的色素，多为植物色素，也有动物色素和微生物色素。

（1）红曲色素

红曲色素是红曲霉菌产生的色素，含有六种不同成分，红色色素、黄色色素和紫色色素各两种。纯红曲色素为针状结晶，耐高温、耐光热，不溶于水，可溶于有机溶剂，色调鲜艳，有光泽，性质较稳定，对蛋白质染着性好，适于肉类菜点及肉类加工制品的着色。品质以透红、质酥、无虫蛀、无异味者为佳。

（2）姜黄素

姜黄素是从姜科多年生草本植物姜黄的根状茎中提取的黄色色素。

姜黄素纯品为橙黄色粉末，有胡椒的芳香，味稍苦，不溶于冷水，溶于乙醇和丙二醇，易溶于冰醋酸和碱溶液；其在碱性溶液中呈红褐色，在中性、酸性溶液中呈黄色。姜黄素可用于黄色咸萝卜等食品的增香和着色。

姜黄的根状茎磨成粉状即为姜黄粉，是配制咖喱粉的主要原料之一。

2. 人工色素

人工色素是指用化学合成方法制得的色素，属于食品添加剂，广泛应用于食品工业中。但因其常以煤焦油中分离出来的苯胺染料为原料，使用不当会对人体造成毒害，故在烹饪中不提倡使用。

培训项目 6

原料的选择

烹饪原料品种较多,各自有其不同的外部特征、质地及口味等,有的多性兼之,有的即使同种原料也有着不同的特点,如猪肉中的五花肉、前肩肉、后腿肉等都有着自身的特点。掌握每一种烹饪原料的特点及各部分的性能差异,才能为烹饪原料寻求最佳的调味方法、初加工方法和烹调方法;最大限度地发现原料的物性之美,才能烹制出色、香、味、形俱佳的菜点。

影响菜点成败的主要因素有两方面:一是烹饪原料的品质质量,二是烹调技艺。其中烹饪原料的选择和鉴定尤为重要,若原料本身是劣质或腐败的,菜肴的质量就无法保证。

一、烹饪原料选择的依据和标准

1. 固有品质

烹饪原料的固有品质是指原料本身必备的结构形态、营养价值、口味、质地等(与原料的品种、产地、收获季节及时间等有关)。

2. 新鲜度

烹饪原料的新鲜度是鉴别原料质量最基本的标准(与保鲜储存方法、存放时间有关),主要表现在形态、色泽、水分、质地、气味等方面。

二、烹饪原料鉴定的基本方法

烹饪原料鉴定的基本方法有理化鉴定和感官鉴定两种。

1. 理化鉴定

理化鉴定是指利用物理、化学、微生物等知识并借助相关仪器对烹饪原料的优劣进行鉴别的方法。

2. 感官鉴定

感官鉴定是在实际工作中最为简便、实用、迅速有效的一种鉴定方法，是运用检验者的眼、耳、鼻、舌、手等器官去感受原料的外部特征，从而鉴定原料的优劣。视觉、听觉、嗅觉、味觉、触觉在感官鉴定方法的实际运用中并不是孤立的，有些原料需要使用多种感官来鉴定其优劣。为了准确鉴别原料的质量优劣，检验者必须反复实践，以积累丰富的经验。

培训项目 7

原料的保管

烹饪原料大多含有丰富的营养素，常温下变质迅速，因此掌握科学合理的原料保管方法就显得尤为重要。

一、低温保藏法

低温保藏法是降低烹饪原料的温度并维持在低温状态的保藏方法，常用保藏温度为 15 ℃以下。其原理为通过降低并维持原料的低温有效抑制原料中酶的活性，减弱由于新陈代谢引起的各种变质现象，抑制微生物的生长繁殖，从而防止由于微生物污染而引起的食品腐败。低温还可延缓原料中所含各种化学成分之间发生的反应，降低原料中水分蒸发的速度，减少萎蔫现象。

低温保藏法根据温度不同，又有冷藏和冻藏之分。

1. 冷藏

冷藏是将烹饪原料在稍高于冰点的温度中进行储藏的方法，常用冷藏温度为 0～15 ℃。该方法主要用于储藏蔬菜、水果、禽蛋，以及畜禽肉、鱼等水产品的短期储存，亦可用于加工性原料的防虫和延长储存期限。

2. 冻藏

冻藏是将烹饪原料冻结并在低于冰点的温度中进行储藏的方法，主要用于对肉、禽、水产品、预加工食品的保藏。

二、高温保藏法

利用高温（60 ℃以上）杀灭烹饪原料上黏附的微生物及破坏烹饪原料中酶的活性而延长其保存期的方法称为高温保藏法。厨房中最常用的高温保藏法是煮沸消毒法，做法是将烹饪原料置于沸水中煮沸，以达到杀菌消毒的作用。该方法多用于易腐的肉类、豆制品等的消毒与保藏。

三、脱水保藏法

脱水保藏法是利用各种方法将烹饪原料中的水分减少至足以防止其腐败变质的程度并维持脱水状态以进行长期储藏的保藏方法，多用于对高档干货原料、部分蔬菜水果的保藏。餐厅中常用干燥脱水的方法自行晒制干菜等。

四、腌渍保藏法

腌渍保藏法是利用较高浓度的盐、糖等物质对烹饪原料进行处理而延长其保存期的保存方法，常见的有盐腌和糖渍。

1. 盐腌

盐腌多用于肉类、禽类、蛋类、水产品及蔬菜的保藏，依原料不同分别使用食盐及硝盐、香料等其他辅助腌剂。

2. 糖渍

糖渍主要用于水果和部分蔬菜的保藏加工，可制成蜜饯、果脯、果酱等制品。一般糖浓度在 50% 以上才具有良好的保藏效果。

五、烟熏保藏法

烟熏保藏法是在腌制或干制的基础上，利用木柴、树叶、茶叶等不完全燃烧时产生的烟气来熏制烹饪原料以达到保藏目的的方法，常用于动物性腌腊制品的保藏。

六、酸渍、酒渍保藏法

1. 酸渍保藏法

酸渍保藏法是通过提高烹饪原料的酸度而保存原料的方法。烹饪中常用可食用的有机酸，如醋酸等腌渍原料；还可以利用微生物发酵产酸，如泡菜、酸菜等。

2. 酒渍保藏法

酒渍保藏法是利用酒精的抑菌、杀菌作用保藏食品原料的方法，常用的有白酒、酒酿、香糟、黄酒等。

七、活养保藏法

活养保藏法是对小型动物性原料进行饲养而保持并提高其品质的特殊储存方法，常用于稀少罕见、价格昂贵或对新鲜程度要求较高的动物性原料，如较为名贵的各种鱼类、蟹类等。

职业模块 三
饮食营养知识

早在三千多年前，我国就出现了通过饮食调养身体的食疗法，认为食养是居于术养、药养等之上的养生之首。两千多年前，著名医书《黄帝内经·素问》中就提出了"五谷为养、五果为助、五畜为益、五菜为充"的膳食模式，这是在人们多年实践经验的基础上总结形成的古代朴素的营养学说。

现代营养学起源于18世纪中叶，19世纪到20世纪初是发现和研究各种营养素的鼎盛时期。人们经过漫长的时间，逐渐认识到了蛋白质、脂肪、碳水化合物、无机盐、维生素、微量元素等营养素的生理作用。

营养是指人体摄取、消化、吸收和利用食物中营养物质以满足机体生理需要的生物学过程。合理营养是指通过合理的膳食和科学的烹调加工，向机体提供足够的能量和各种营养素，并保持各营养素之间的平衡，以满足人体的正常生理需要，从而维持人体的健康。

培训项目 1

人体需要的营养素

营养素是指食物中可提供人体能量、机体的组成成分、组织修复和调节生理功能的一类物质，是维持人体正常生理功能和健康的基本要素。

人体需要的营养素主要包括宏量营养素（主要指蛋白质、脂类和碳水化合物）、微量营养素（主要指矿物质和维生素）和其他膳食成分（膳食纤维、水、植物化学物等）。食物中的蛋白质、脂肪、碳水化合物在机体内氧化分解可释放能量，满足机体的需要，故也将该类营养素称为产能营养素。

一、蛋白质

1. 蛋白质的组成

蛋白质是一切生命的物质基础，是机体细胞的重要组成部分，是人体组织更新和修补的主要原料。

蛋白质是一类高分子的有机化合物，主要由碳、氢、氧和氮组成，还含有硫、磷、碘及某些金属元素（如锌、铁、铜、锰）等。氨基酸是组成蛋白质的基本单位，是分子中具有氨基和羧基的一类化合物。人体内的蛋白质是由 20 多种氨基酸通过肽键形成一定空间结构的大分子物质。由于氨基酸组成的数量和排列顺序不同，人体中蛋白质多达 10 万种以上，它们的结构、功能千差万别，约占人体质量的 16%。

氨基酸根据其来源不同，可分为必需氨基酸、非必需氨基酸和条件必需氨基酸。人体内不能合成或合成速度不能满足机体的需要，必须从食物供给中获取的氨基酸称为必需氨基酸。成人体内的必需氨基酸有 8 种，即异亮氨酸、亮氨酸、赖氨酸、蛋氨酸、苯丙氨酸、苏氨酸、色氨酸、缬氨酸；儿童为 9 种，即上述 8 种加上组氨酸。人体内可以自身合成以满足机体需要的氨基酸称为非必需氨基酸。半胱氨酸和酪氨酸在体内分别由蛋氨酸和苯丙氨酸转变而成，如果膳食中能直接提供这两种氨基酸，那么人体对蛋氨酸和苯丙氨酸的需求可分别减少30%和50%，故半胱氨酸和酪氨酸称为条件必需氨基酸或半必需氨基酸。

2. 蛋白质的生理功能

（1）构成和修复人体组织

人体的神经、肌肉、皮肤、红细胞等均由蛋白质构成，骨骼和牙齿中含有大量的胶原蛋白，指甲中含有角蛋白。这些蛋白质每天都在不断地被消耗，所以无论婴幼儿、青少年还是成年人都要不断补充新的蛋白质。

（2）调节生理功能

具有特异催化功能的各种酶大部分是蛋白质。人体新陈代谢的各种化学反应都是在酶的催化下进行的，每一种酶都有自己独特的功能，如唾液淀粉酶将淀粉转化成麦芽糖，脂肪酶将脂肪转变为甘油与脂肪酸。激素是机体内分泌细胞合成的一类化学物质，主要成分也是蛋白质，对人体的生长、发育和适应内外环境的变化起重要的调节作用，如胰岛素可调节血糖。

（3）运输功能

蛋白质承担着部分机体内的转运任务。氧气可将人体内的有机物氧化为二氧化碳和水，同时释放出能量来维持生命和各种生理活动；从外界摄取氧并且将其输送到全身各组织细胞的作业，是由血液中红细胞内的血红蛋白完成的。

（4）参与免疫反应

当病原体（如细菌、病毒等）侵入机体时，机体内的免疫细胞会产生一类称为抗体的特殊蛋白质以对抗病原体。这使得人体对外界的某些有害因素具有一定的抵抗力，如人体内蛋白质供给不足，则可能影响抗体的产生，使人容易患流行性感冒等疾病。

（5）供给热能

每1 g蛋白质在体内氧化可提供16.7 kJ（4 kcal）能量。但能量代谢不是蛋白质的主要功能，当碳水化合物和脂肪所提供的能量不能满足人体的需要或蛋白质的摄入量超过机体蛋白质更新的需要量时，部分蛋白质可氧化提供能量。

3. 蛋白质的营养价值评价

评价蛋白质的营养价值，对于了解各种食物的营养价值、指导人群合理膳食等方面，都是十分重要的。各种食物中蛋白质的含量、氨基酸模式等都不同，人体对不同蛋白质的消化、吸收和利用程度也存在差异，所以对蛋白质营养价值的评价主要从蛋白质的含量、蛋白质的消化率和蛋白质的利用率三方面进行。

（1）蛋白质的含量

食物蛋白质的含量与蛋白质的质量并没有直接的关系，但是没有一定的数量，再好的蛋白质其营养价值也是有限的。所以食物中的蛋白质含量是评价食物蛋白质营养价值的基础。食物中蛋白质含量的测定一般使用微量凯氏定氮法，通过测定食物中的氮含量，再乘以由氮换算成蛋白质的换算系数，就可得到食物中蛋白质的含量。

（2）蛋白质的消化率

蛋白质的消化率是用该蛋白质中被消化、吸收的氮量与其含氮总量的比值来表示的。消化率越高，蛋白质在体内被利用的可能性越大。但受蛋白质的性质、食物中所含膳食纤维的含量、食物烹饪加工的方法等因素影响，动物性食物的蛋白质消化率一般高于植物性食物的蛋白质消化率。这是因为植物性食物的蛋白质被纤维素包裹，不易与消化酶接触；经过加工烹调后，包裹植物蛋白质的纤维素被去除、破坏或软化，便可以提高其蛋白质的消化率。如大豆整粒食用时消化率仅为 60%，但加工成豆浆或豆腐后消化率可提高到 90% 以上。

（3）蛋白质的利用率

蛋白质的利用率是指蛋白质被消化吸收后在体内被利用的程度，常用来反映蛋白质利用率的指标有生物价和氨基酸评分。

1）生物价。生物价是反映蛋白质消化吸收后，被机体利用程度的一项指标。生物价越高，说明蛋白质的机体利用率越高，即蛋白质的营养价值越高，最高值为 100。

2）氨基酸评分。氨基酸评分亦称蛋白质化学分，是目前广为应用的一种食物蛋白质营养价值评价方法；其不仅适用于单一食物蛋白质的评价，还可用于混合食物蛋白质的评价。该法的基本步骤是将被测蛋白质的必需氨基酸组成与推荐的理想蛋白质或参考蛋白质氨基酸模式进行比较，并按公式计算后得出氨基酸评分。

4. 蛋白质的分类

蛋白质营养价值的高低直接影响其在体内合成组织蛋白质的效率，即合成一定量组织蛋白质所需食物蛋白质的数量。根据氨基酸模式（食物中各种必需氨基酸之间的相互比例），营养学上将食物蛋白质分为完全蛋白质、半完全蛋白质和不完全蛋白质。

完全蛋白质是指那些所含的必需氨基酸种类齐全、数量充足、比例适当的食物蛋白质。其不仅能维持人体健康，而且还能促进生长发育。常见的完全蛋白质食物主要有瘦肉、奶、蛋、大豆等。

半完全蛋白质是指那些所含的必需氨基酸种类齐全，但含量不均、比例不合适的食物蛋白质。当膳食中只有此种蛋白质时，虽可以维持生命，但不能促进生长发育。常见的半完全蛋白质食物有米、麦、花生等。

不完全蛋白质是指那些所含的必需氨基酸种类不齐全、比例不合适，不能维持人体正常生长发育和健康的食物蛋白质。常见的不完全蛋白质食物有肉皮、豌豆、玉米等。

5. 蛋白质的互补作用

为了提高某些食物的营养价值，往往将两种或两种以上的食物混合食用，以达到以多补少的目的，提高膳食蛋白质的营养价值，达到相互补充其必需氨基酸不足的作用，这种作用称为蛋白质互补作用。利用蛋白质的互补作用时，应遵循以下原则：

（1）食物种类越多越好。食物越多样化，蛋白质互补的效果越好。

（2）食物种属越远越好。同一种属食物的限制氨基酸相同，蛋白质互补作用的效果不明显；食物种属较远时，蛋白质的氨基酸构成有较大的差异，有利于氨基酸的互相补充。

（3）同时食用。因为氨基酸在体内容易降解，不能储留，若摄取时间间隔长，其互补效果会受影响。

6. 蛋白质缺乏或摄取过量对机体的影响

（1）蛋白质缺乏

成年人蛋白质缺乏会出现疲倦、体重下降、肌肉萎缩、机体免疫力下降、贫血等情况，严重的会引起营养性水肿。未成年人蛋白质缺乏会出现生长发育迟缓、贫血、消瘦、体重过轻、智力发育障碍等情况。处于生长阶段的儿童对蛋白质缺乏更为敏感，它往往与热能缺乏并存，称为蛋白质－热能营养不良。

（2）蛋白质摄取过量

蛋白质在体内不能储存，如过量摄入蛋白质，将会因代谢障碍对人体产生不良影响，增加患痛风、心脏病、动脉硬化等的风险。有研究表明，摄入过多的动物性蛋白质，可能与一些肿瘤的发病有关，特别是结肠癌、胰腺癌等。

7. 蛋白质推荐摄入量和食物来源

（1）蛋白质推荐摄入量

世界各国对蛋白质的供给量没有一个统一的标准。一般对人体需要量的衡量依照年龄的不同有不同的方法，依照我国的饮食习惯和膳食构成以及各年龄人群的蛋白质代谢特点，中国营养学会于 2013 年修订了蛋白质的推荐摄入量，以成年男性每日 65 g、成年女性每日 55 g 为宜。

（2）蛋白质的食物来源

蛋白质的食物来源可分为动物性蛋白质和植物性蛋白质两大类。

动物性蛋白质是膳食蛋白质的最佳来源。各种动物肉、蛋、鱼、虾、奶等不仅蛋白质含量丰富，且所含必需氨基酸种类齐全、比例得当，属于完全蛋白质。

植物性食物中豆类含有丰富的蛋白质，特别是大豆蛋白质含量高，必需氨基酸组成也比较合理，在体内的利用率较高，属于完全蛋白质。谷类是我国居民膳食蛋白质的重要来源，谷类供给的蛋白质占我国居民膳食蛋白质总量的 50% 左右。

二、脂类

1. 脂类的分类

脂类是脂肪和类脂的总称，是具有重要生物学作用的一类化合物，其共同特点是溶于有机溶剂而不溶于水。脂肪是由 1 个分子的甘油与 3 个分子的脂肪酸组成的，称为甘油三酯。

（1）脂肪酸

脂肪酸按其饱和程度可分为饱和脂肪酸、单不饱和脂肪酸和多不饱和脂肪酸。

1）饱和脂肪酸分子中不含双键，多存在于动物脂肪中，如猪油、牛油。

2）单不饱和脂肪酸分子中含 1 个双键。

3）多不饱和脂肪酸分子中含 2 个或 2 个以上的双键，在植物种子和鱼油中含量最多。

（2）类脂

类脂主要有磷脂、糖脂、固醇等。磷脂是含有磷酸根、脂肪酸、甘油和氮的化合物。磷脂是体内除甘油三酯外最多的脂类，日常生活中含磷脂较丰富的食物有蛋黄、动物肝脏、麦胚、花生等。固醇中最为常见的为胆固醇，日常生活中含胆固醇丰富的食物有动物脑、肝、肾等内脏和蛋类等。

天然食物中的油脂，其脂肪酸结构多为顺式脂肪酸。人造黄油是植物油经过氢化处理后制成的，在此过程中，植物油的双键与氧结合变成饱和键，并使其形态由液态变为固态，同时其结构也由顺式变为反式。近年来的研究表明，反式脂肪酸可以使血清中的低密度脂蛋白胆固醇升高，而使高密度脂蛋白胆固醇降低，因此有增加心血管疾病的风险。

2. 必需脂肪酸

必需脂肪酸是指人体自身不能合成或合成速度远远不能满足机体需要、必须从食物中获取的脂肪酸，其均为不饱和脂肪酸。必需脂肪酸是人体不可缺少的营养素，其生理功能与细胞膜的结构和功能、体内前列腺素的合成、胆固醇的代谢等相关。

3. 脂类的生理功能

（1）储存和供给能量

脂肪被人体吸收后，一部分经氧化产生能量，1 g 脂肪在人体内氧化可提供约 37.56 kJ（9 kcal）的能量。人体每日所需总能量的 20%~30% 是由脂肪提供的。从食物中摄取的脂肪一部分储存在体内，当人体的能量消耗多于摄入时，就动用储存的脂肪来补充能量，所以储存脂肪是储备能量的一种方式。

（2）构成机体组织

脂肪是构成人体细胞的重要成分，磷脂是构成细胞膜、神经细胞的主要成分。在大脑中，除去水分，脂肪约占脑组织总量的一半。

（3）维持体温，保护脏器

脂肪导热性能差，不易传热，故分布在皮下的脂肪可减少体内热量的过度散失并防止外界辐射热侵入，对维持人的体温起着重要作用。分布在内脏周围的脂肪组织可对内脏起到缓冲机械撞击的保护作用。

（4）促进脂溶性维生素的吸收

维生素 A、维生素 D、维生素 E 和维生素 K 均不溶于水，只能溶于脂肪或脂溶剂，称为脂溶性维生素。膳食中的脂肪是脂溶性维生素的良好溶剂，可促进其吸收，当膳食中缺乏脂肪或发生吸收障碍时，体内脂溶性维生素就会因此而缺乏。

（5）供给必需脂肪酸

必需脂肪酸多以脂类形式存在于食物中，必需脂肪酸缺乏时会发生皮肤病、产妇乳汁减少等现象。

4. 膳食脂肪营养价值的评价

（1）脂肪消化率

膳食脂肪的消化与所含脂肪酸的熔点关系密切。如植物油中主要含不饱和脂肪酸，熔点接近或低于体温，其脂肪的消化率较高；而多数动物脂肪主要含饱和脂肪酸，熔点高于体温，则其消化率较低。

（2）必需脂肪酸的含量

必需脂肪酸是人体不可缺少的营养素，人体不能通过自身合成，必须通过食物获得，因此膳食脂肪中必需脂肪酸的含量是衡量其营养价值的重要依据。

（3）脂溶性维生素的含量

天然食物中的脂溶性维生素多存在于食物的脂肪中，所以食物脂肪是人体脂溶性维生素的重要来源。动物的内脏器官，如肝脏中的脂肪含有丰富的维生素 A、维生素 D，奶和蛋黄的脂肪中维生素 A、维生素 D 含量也很丰富，植物油中含有丰富的维生素 E。

5. 脂肪的推荐摄入量与食物来源

（1）脂肪的推荐摄入量

膳食中脂肪的供给量受民族、地方习惯、季节和气候等因素影响，目前尚无统一的标准，所以在我国每日膳食营养供给量的建议中没有作明确规定。一般认为成年人脂肪摄入量占每日能量供给量的 20% ~ 30% 为宜。

（2）脂肪的食物来源

植物性食物来源主要有花生、大豆、芝麻、菜籽和其他果仁以及麦胚、米糠等；动物性食物来源主要有猪脂、牛脂、羊脂、鱼油、乳脂等。

胆固醇只存在于动物性食物中，各类畜肉中的胆固醇含量大致相近，肥肉比瘦肉高、内脏又比肥肉高、脑中含量最高，一般鱼类的胆固醇含量和瘦肉相近。

三、碳水化合物

1. 碳水化合物的组成与分类

碳水化合物是由碳、氢、氧三种元素组成的一类有机化合物，其化学本质为多羟醛或多羟酮及其衍生物，又称糖类或糖。根据其结构分为：

（1）单糖

单糖的分子结构简单，不能被水解，是最基本的糖类。单糖易溶于水，有甜味，不经过消化过程就可被人体吸收利用。在营养上有重要作用的单糖主要有葡萄糖、果糖和半乳糖三种。

葡萄糖是单糖中最重要的一种，人体血液中的糖主要是葡萄糖，其广泛存在于水果和蔬菜中；果糖是甜度最大的一种糖，常与葡萄糖同时存在于大多数水果中，蜂蜜中果糖的含量也较多；半乳糖不单独存在于自然界食物中，是乳糖消化分解后的产物，酸奶中半乳糖的含量较多。

（2）双糖

双糖是由两个单糖分子结合，失去一个水分子而形成的化合物。双糖味甜，多为结晶体，易溶于水，不能被人体直接吸收，必须经过酶水解为单糖以后才能被吸收。与生活关系密切的双糖有蔗糖、麦芽糖、乳糖等。

蔗糖是由一分子葡萄糖和一分子果糖缩合而成的，在甘蔗和甜菜中含量丰富，也是红糖、白砂糖、绵白糖的主要成分；麦芽糖是由两分子葡萄糖缩合而成的，以谷类种子发芽处含量较多，尤以麦芽中含量最为丰富，故此称为麦芽糖；乳糖是由一分子葡萄糖和一分子半乳糖缩合而成的，只存在于人和动物的乳汁中。

（3）寡糖

寡糖是由 3 ~ 10 个单糖分子聚合而成的，与生活关系密切的寡糖主要有棉子糖和水苏糖。

棉子糖由葡萄糖、果糖和半乳糖构成，水苏糖由组成棉子糖的三糖再加上一个半乳糖组成。

这两种寡糖主要存在于豆类食品中，其在肠道中不易被消化吸收，会产生气体，可造成肠胀气。有些寡糖可被肠道有益细菌利用，促进这些菌群的繁衍而对人体有保健作用。

（4）多糖

多糖是由 10 个或 10 个以上的葡萄糖分子缩合而成的大分子糖。在消化道内能够被消化吸收的主要有淀粉和糖原，不能被消化吸收的主要有膳食纤维。

1）淀粉。淀粉是膳食中碳水化合物存在的主要形式，存在于谷类、豆类、坚果类以及薯类等块根类食物中，按其结构可分为支链淀粉和直链淀粉。

2）糖原。糖原是含有许多葡萄糖分子和支链的动物多糖，由肝脏和肌肉合成并储存，食物中糖原的含量很少。

3）膳食纤维。膳食纤维是食物中不能被机体消化吸收的多糖类化合物的总称，人类消化道中无分解这类多糖的酶，故人体不能消化吸收，但其具有重要的生理作用。膳食纤维可分为可溶性膳食纤维与不溶性膳食纤维。可溶性膳食纤维与日常生活相关的主要有果胶、树胶及一些半纤维素；不溶性膳食纤维主要有纤维素、半纤维素和木质素。

2. 碳水化合物的功能

（1）供给能量

碳水化合物是机体能量最主要和最有效的来源，1 g 碳水化合物在体内氧化可产生 16.7 kJ（4 kcal）的能量，我国居民从膳食中摄取的总热量，一半以上都是由碳水化合物提供的。糖原和葡萄糖是脑组织和心肌的主要能源，又是肌肉运动的有效能源物质；血液中的葡萄糖是神经系统的唯一能量来源，如大脑每日需要葡萄糖 110～130 g，所以当血糖降低时，往往会出现昏迷。

（2）构成机体组织的重要生命物质

碳水化合物是构成机体组织的重要生命物质，并参与细胞的组成和多种活动。每个细胞都有碳水化合物，其含量为 2%～10%，主要以糖脂、糖蛋白和蛋白多糖的形式存在。

（3）对蛋白质的节约作用

人体摄入蛋白质的同时摄入碳水化合物，可以防止蛋白质分解产生能量，有利于氮在体内的储存，从而促进蛋白质在体内的消化、吸收、转运及合成。当碳水化合物提供的能量不能满足供给时，机体将分解蛋白质和脂肪以产生能量来满足人体的需要。

（4）抗生酮作用

碳水化合物摄取不足时，人体所需能量将大部分由脂肪提供。而脂肪氧化不完全时，则会产生酮类物质，从而发生酮中毒，所以碳水化合物具有辅助脂肪氧化的抗生酮作用。

（5）保护肝脏和解毒作用

碳水化合物经糖醛酸途径代谢生成的葡萄糖醛酸，是体内一种重要的解毒剂，在肝脏中能与许多有害物质如细菌毒素、酒精、砷等结合，以消除、减轻这些物质的毒性或生物活性，从而起到解毒作用。

（6）增强胃肠道功能

多糖中的纤维素和果胶虽然不能被人体消化吸收，但其能增进消化液的分泌和胃肠蠕动，还能吸收肠腔中的水分，增大体积，使大便松软，利于正常排便，从而促进消化功能及排便功能。近年来有研究表明，一些不能被人体消化吸收的碳水化合物在结肠发酵时，可促进某些益生菌的增殖，如乳酸杆菌、双歧杆菌等。这些益生菌可合成消化酶，促进营养物质的吸收；可作为抗原直接发挥免疫激活作用，提高机体免疫力；还可维持肠道菌群结构平衡等。

3. 碳水化合物的推荐摄入量与食物来源

（1）碳水化合物的推荐摄入量

中国营养学会推荐，我国居民膳食结构中，碳水化合物的供给量占全天总能量的 50% ~ 65% 为宜。

（2）碳水化合物的食物来源

碳水化合物的主要食物来源有谷类、薯类、根茎类、蔬菜、豆类等。动物性食品中的乳类是乳糖的主要来源，麦麸、粗加工的谷类、蔬菜、水果是膳食纤维的良好来源。

四、维生素

维生素是维持身体健康所必需的一类有机化合物，这类物质在体内既不是构成身体组织的原料，也不是能量的来源，而是一类调节物质，在物质代谢中起重要作用。这类物质由于人体内不能合成或合成量不足，因此必须每天从食物中提供，机体长期缺乏某种维生素时会出现相应的缺乏症。

1. 维生素的特点

（1）维生素天然存在于食物中，但含量极微，常以 μg 或 mg 计量，存在形式有维生素或可被人体利用的维生素前体。

（2）维生素各自担负着不同的特殊生理代谢功能，但都不提供热能，也不参与构成机体组织。

（3）维生素不能由人体合成或合成量太少，必须通过饮食提供。

（4）人体只需少量维生素即可满足需要，但既不能缺少又不能过量。当人体内缺乏某种维生素至一定程度时，可导致相应的缺乏症；但维生素摄入过量也会引发中毒等症状。

2. 维生素的分类

人们根据发现的先后顺序，在维生素后面加上字母 A、B、C、D 等来命名；也有的根据它们的化学结构特点或生理功能来命名，如硫胺素、抗坏血酸等。

维生素的种类很多，化学性质与结构的差异性也很大。一般按溶解性将维生素分为脂溶性维生素和水溶性维生素两大类。

（1）脂溶性维生素

脂溶性维生素包括维生素 A、维生素 D、维生素 E、维生素 K，其溶于脂肪及有机溶剂，在食物中常与脂类共存。其可在肝脏等器官中储存，如摄取过多可引起中毒。

（2）水溶性维生素

水溶性维生素包括 B 族维生素（B_1、B_2、B_6、PP、B_{12}、叶酸、泛酸、生物素等）和维生素 C。水溶性维生素溶于水，但在体内不能储存，其代谢产物较易从尿中排出，可通过对尿进行维生素检测而了解机体的代谢情况。

3. 维生素缺乏的原因

（1）食物中维生素含量的不足

一般是由于摄入食物量减少或食物中维生素含量过少，如战争、自然灾害等原因造成粮食等其他作物的减产，经济因素导致食物数量及种类的缺乏，从而导致食物所提供维生素的缺乏。

（2）不合理的膳食结构和饮食习惯、食物的特殊禁忌

随着经济的发展，人们的生活水平不断提高，但由于缺乏一定的营养知识，反而导致膳食结构和饮食习惯不合理，如动物性食物的过多摄入、挑食偏食，从而造成某些维生素的缺乏。而某些国家和地区因传统习惯形成的一些食物禁忌，也会影响当地居民的膳食平衡，造成维生素的缺乏。

（3）食物加工、烹调过程中的损失

食物原料在收获、宰杀、加工、烹调与储藏过程中所含维生素受到损失和破坏，造成膳食维生素的供给量不足。特别是植物性原料受成熟程度、转运、储存环境条件、烹调加工中温度与时间、接触氧与紫外线程度、烹调用水量以及酸、碱条件等影响尤为严重。如粮食加工时淘米过度、加碱煮沸等，致使大量 B 族维生素损失或破坏。

（4）吸收障碍

体内吸收障碍也可造成维生素的缺乏，如肝、胆系统疾病会影响胆汁分泌，造成脂溶性维生素吸收不良；胃切除可影响维生素 B_{12} 的吸收。

（5）特殊生理阶段

孕妇、乳母、处于青春期的青少年等人群以及特殊工作者对维生素的需求量会增高，易出现机体维生素缺乏的情况。

4. 常见的几种维生素

（1）维生素 A

1）理化性质。维生素 A 又名视黄醇，是一种淡黄色、针状结晶物质。其对热、酸、碱都比较稳定，一般的烹调方法不会对食物中的维生素 A 造成严重破坏，但其易因空气氧化或紫外线照射而失去生理作用。另外，长时间加热，如油炸等，也可使食物中的维生素 A 遭受损失。

植物体内某些类胡萝卜素能分解成为维生素 A，一般称之为维生素 A 原。

2）吸收与代谢。食物中的维生素 A 通常是以与脂肪酸结合成视黄醇酯的形式存在的，在小肠中与胆盐和脂肪消化产物一起被乳化后，由肠黏膜吸收。

3）生理功能。

①维持正常视觉。维生素 A 能促进细胞内感光物质（即视紫红质）的合成与再生，使人眼维持正常的暗适应能力。当维生素 A 缺乏时，就会使暗适应能力减弱，引起夜盲症。

②维持上皮组织健康。维生素 A 对于上皮的正常形成、发育与维持十分重要。当维生素 A 不足或缺乏时，上皮基底层增生变厚，细胞分裂加快，表面层发生细胞变扁、不规则、干燥等变化；严重缺乏时，还会出现毛囊角化等情况。

③促进骨骼发育。维生素 A 可以促进骨骼生长及骨细胞的正常分裂。维生素 A 摄入量不足或缺乏对骨骼生长的影响主要表现为骨骼中的骨质向外增生而不是正常地生长，从而造成邻近器官尤其是神经组织的损伤。

④维持正常的生殖功能和生长功能。维生素 A 有助于细胞的增殖与生长。动物缺乏维生素 A 时，会引起催化黄体酮前体形成所需的酶的活性降低，使肾上腺、生殖腺及胎盘中类固醇的产生减少，影响动物的生殖功能，甚至会导致其生长停滞。

⑤抗肿瘤作用。近年研究发现，维生素 A 酸类物质有延缓或阻止癌前病变、抑制化学致癌剂的作用；特别是对于上皮组织肿瘤，临床上将维生素 A 酸作为辅助治疗剂已取得较好效果。

4）推荐摄入量与食物来源。维生素 A 的推荐摄入量为成年男性每日 800 μg，成年女性每日 700 μg。飞行员、电焊工、驾驶员因视力集中，消耗维生素 A 较多，供给量也应增加。长期服用鱼肝油或维生素 A 制剂时，应防止过量摄入；若由一般食物供给维生素 A，则不易过量。

维生素 A 存在于动物性食物中，动物的肝脏、奶油和牛奶及禽蛋等中的含量较丰富。胡萝卜素存在于植物性食物中，如绿叶蔬菜、黄色蔬菜及水果类，含量较高的有菠菜、苜蓿、豌豆苗、胡萝卜、青椒、韭菜等。

（2）维生素 D

1）理化性质。维生素 D 是具有胆钙化醇生物活性的一类化合物，维生素 D_2（麦角钙化醇）与维生素 D_3（胆钙化醇）最为重要。维生素 D 既可来源于食物，也可由人体自身合成。在人体皮肤中含有一种胆固醇，经过阳光或紫外线的照射可转化为维生素 D。因此，维生素 D 又称阳光维生素。维生素 D 溶于脂肪与脂溶剂，化学性质比较稳定，在中性及碱性溶液中能耐高温和氧化。通常的烹调方法不会引起维生素 D 的大量损失，但脂肪的酸败可以引起维生素 D 的破坏。

2）吸收与代谢。人类以及动物从两个途径获得维生素 D，即食物摄入与皮肤合成。由食物摄入的维生素 D 在胆汁的协助下，在小肠内与脂肪一起被吸收，吸收后的维生素 D 与体内形成的维生素 D 或与乳糜微粒结合，或被维生素 D_3 结合蛋白转送至肝脏、肾脏，转变成具有生理活性的形式，从而发挥各自的生理功能。

3）生理功能。

①促进小肠对钙、磷的吸收。维生素 D 可在小肠黏膜上皮细胞内诱发一种特异的钙运输的载体——钙结合蛋白合成。其功能是主动转运钙，并维持血液中钙、磷浓度的稳定。

②促进肾小管对钙、磷的重吸收。维生素 D 直接作用于肾脏，促进肾小管对钙、磷的重吸收，并减少其流失。

③促进软骨与骨的骨化。维生素 D 可帮助维持骨骼和牙齿的正常生长与无机化过程。若膳食中维生素 D 供给不足或人体缺乏日光照射，会使膳食中钙和磷的吸收降低，血钙水平下降，影响骨骼的生长和钙化，结果使骨变软、变形，这种症状称为佝偻病，常见于婴幼儿及儿童。

成年人，特别是孕妇、乳母由于缺乏维生素 D，会出现腰、背、腿部疼痛症状，活动时会加剧，该症状称为骨软化症；老年人缺乏维生素 D，易出现骨质疏松。维生素 D 摄取过量会引起中毒，症状主要有恶心、食欲下降、多尿等，严重者可危及生命。故在服用维生素 D 制剂时应当注意，尤其对婴幼儿更应慎重。

4）摄入量与食物来源。因皮肤形成维生素 D_3 的量变化较大，故维生素 D 的最低需要量尚难确定。维生素 D 的需要量还与钙、磷的摄入量有关，当钙、磷供给量合适时，维生素 D 的推荐摄入量为成人每日 10 μg。

植物性食品中几乎不含维生素 D，其主要存在于鱼肝油、黄油、动物肝脏、禽蛋及脂肪含量高的海鱼等食物中，奶类中也含有少量的维生素 D。以奶类为主食的六岁以下儿童，补充适量鱼肝油，对其生长发育有利。对于一般成年人而言，经常接受日照是获得维生素 D_3 的较好途径，婴幼儿适当进行日光浴也可促进其体内维生素 D_3 的合成。

（3）维生素 E

1）理化性质。维生素 E 又称生育酚，可溶于乙醇与脂溶剂，对热及酸稳定，但对碱不稳定，暴露在氧、紫外线的环境中，可以被氧化破坏，特别是光照、碱、铁、铜等可加速其破坏。在酸败的脂肪中，维生素 E 也容易被破坏。在正常烹调温度下维生素 E 的损失不大，但长时间高温加热会使其活性降低。

2）吸收与代谢。维生素 E 的吸收与肠道脂肪有关，影响脂肪吸收的因素也会影响维生素 E 的吸收。被吸收的维生素 E 大部分通过乳糜微粒运输到肝脏，为肝细胞所摄取。维生素 E 主要储存在脂肪组织中。

维生素 E 为脂溶性的维生素，必须借助于胆汁才能从油脂溶液中吸收，所以胆汁的分泌与正常的胰腺功能对其吸收极为重要。维生素 E 的吸收发生在小肠中，主要是通过淋巴进入血液循环。

3）生理功能。

①抗氧化作用。维生素 E 是很强的抗氧化剂，可在体内保护细胞免受自由基损害。维生素 E 抗氧化的机理是防止脂性过氧化物生成，是联合抗氧化作用中的第一道防线。这一功能与保持红细胞的完整性、抗动脉粥样硬化、抗肿瘤、改善免疫功能及延缓衰老等过程有关，尤其是在预防衰老、减少机体内脂褐质形成方面有很大作用。

②促进蛋白质的更新合成。维生素 E 促进蛋白质更新合成主要表现在促进人体新陈代谢，增强机体耐力，维持肌肉、外周血管、中枢神经及视网膜系统的正常结构和功能等方面。

③保持血红细胞的完整。维生素 E 具有保持血红细胞完整并促进血红细胞生物合成的作用。血红蛋白是一种含铁化合物，其生物合成依靠酶的调节，而这些酶的合成则受维生素 E 的影响。早产儿的维生素 E 水平低时，可见溶血性贫血。

④防治心血管疾病。维生素 E 能促进毛细血管增生，改善微循环，有利于防治动脉粥样硬化及其他心血管疾病。

⑤其他作用。维生素 E 与动物的生殖功能和精子的生成有关，但与性激素分泌无关。动物实验还发现，高浓度的维生素 E 可使多种免疫功能增强，包括抗体反应、吞噬细胞活性等。

4）摄入量与食物来源。人体对维生素 E 的需要量受多种因素的影响，随膳食中其他成分的多少而变化，如膳食中存在较多不饱和脂肪酸、酒精饮料、酸败脂肪、氧化物或过氧化物，以及口服避孕药、阿司匹林等药物时，都会增加机体对维生素 E 的需要量。

维生素 E 的推荐摄入量为成人每日 14 mg。

维生素 E 含量丰富的食物主要有各种油料种子（如麦胚油、棉籽油、玉米油）、某些谷物和各种坚果类食物（如核桃、葵花子、松子等）。

动物性食物（如奶油、鱼肝油、肉类）及蛋类食物中的维生素 E 含量通常不高，其含量与动物膳食关系密切。

（4）维生素 K

1）理化性质。维生素 K 是萘醌结构化合物的总称，因其具有促进凝血的功能，又名凝血维生素。维生素 K 常温下为黄色油状物，其衍生物在室温下为黄色结晶。维生素 K 溶于脂肪及脂溶剂而不溶于水，耐热，易被光和碱破坏。

2）吸收与代谢。维生素 K 经十二指肠和空肠吸收，然后进入人体淋巴循环，与乳糜微粒结合转运到肝脏。人体肝脏储存维生素 K 很少，更新较快。维生素 K 的储存部位主要是肝脏、肾脏、皮肤及肌肉。

3）生理功能。维生素 K 的生理功能主要是参与凝血过程，有助于血浆中一些凝血因子的产生。当人体缺乏维生素 K 时，会引起凝血功能异常，一旦出血，血液凝固时间就会很长，止血困难。因此医学上常将维生素 K 作为止血剂。

母乳中维生素 K 含量偏低时，易造成新生儿维生素 K 缺乏，严重时会引起小儿颅内出血。

4）摄入量与食物来源。维生素 K 的推荐摄入量为成人每日 80 μg。

维生素 K 在绿色蔬菜中含量丰富，特别是菠菜、苜蓿、白菜等，在动物肝脏、鱼类中的含量也较高，在肉类和乳制品中的含量一般，在水果和谷物中的含量较少。

（5）维生素 B_1

1）理化性质。维生素 B_1 又称硫胺素，或称抗脚气病维生素，为白色针状结晶，微带酵母咸味。维生素 B_1 在空气和酸性环境中较稳定，加热至 120 ℃仍不分解；在中性和碱性环境中遇热容易破坏，所以在烹调食用中，如果加碱过多就会造成维生素 B_1 的损失。维生素 B_1 易溶于水，因而易流失，也会被紫外线所破坏。

2）吸收与代谢。维生素 B_1 的吸收主要在空肠内进行，然后在小肠黏膜和肝脏中进行磷酸化，形成焦磷酸硫胺素。维生素 B_1 广泛分布于各种组织，心脏、肝脏、肾脏和脑组织中的含量较高。维生素 B_1 在肝脏中进行代谢，过量的维生素 B_1

从尿中排出，一般不会在体内造成蓄积中毒。

3）生理功能。

①形成焦磷酸硫胺素酶，参与体内代谢。维生素 B_1 在体内以焦磷酸硫胺素的形式构成重要的辅酶，参与糖代谢。由于所有细胞在其生命活动中的能量都来自糖类及脂肪代谢中间产物的氧化，特别是心脏、神经系统活动等所需的能量，因此，维生素 B_1 是体内物质代谢和能量代谢中的关键物质。

②促进胃肠蠕动，增强消化功能。焦磷酸硫胺素能够促进乙酰胆碱的合成，从而使神经传导性加强，促进消化液的分泌及增强肠道蠕动。当维生素 B_1 缺乏时，乙酰胆碱合成减少，神经传导受到影响，导致胃肠蠕动缓慢，消化液分泌减少，出现食欲不振、消化不良等症状。

维生素 B_1 在体内储存量极少，膳食中供给不足时，人体首先会感到体弱及疲倦，然后出现头痛、失眠、眩晕、食欲不振以及其他胃肠症状和心动过速，症状性质和程度与缺乏程度、急慢性等有关。维生素 B_1 缺乏症称为脚气病，一般将其分为以下三种。

a.干性脚气病。以多发性神经炎症状为主，可以出现烦躁、健忘、精神不集中、多梦、多疑等症状，稍后出现上行性周围神经炎症状，表现为指、趾麻木和肌肉疼痛、压痛，后期出现垂足、垂腕症状。

b.湿性脚气病。以心脏和水肿症状为主，由于心血管系统障碍出现水肿，右心室扩大，心动过速、心悸、气喘，也有厌食与便秘等症状；如处理不及时，常致心力衰竭。

c.婴儿脚气病。常发生于 2~5 月龄的婴儿，多为硫胺素缺乏的乳母所喂养的乳儿。其发病较成人急且重，症状涉及消化、泌尿、循环和神经系统。初期表现为食欲下降、呕吐、兴奋、心跳快、呼吸急促和困难，晚期有紫绀、水肿、心脏扩大、心力衰竭等症状。

4）摄入量与食物来源。维生素 B_1 的推荐摄入量为成年男性每日 1.4 mg，成年女性每日 1.2 mg；孕妇、乳母、老年人应适当增加。

维生素 B_1 广泛存在于天然食物中，含量较为丰富的有动物内脏（如肝、肾、心等）、瘦猪肉以及未精细加工的粮食、豆类、酵母及坚果等。糙米和带麸皮的面粉中，维生素 B_1 含量也较高。水果、蔬菜、蛋、奶中，维生素 B_1 的含量较低。

（6）维生素 B_2

1）理化性质。维生素 B_2 又称核黄素，为黄色粉末状结晶体，味苦，溶于水，不溶于脂肪。其在自然界分布虽广，但含量不多。维生素 B_2 在中性或酸性溶液中比较稳定，在酸性溶液中加热到 100 ℃时仍能保存，但在碱性溶液中加热则破坏较快；其在水中的溶解度较低，对热较稳定，故一般在食物加工与烹调过程中损失较小。

2）吸收与代谢。维生素 B_2 在食物中多与蛋白质形成复合物，即黄素蛋白，在消化道内经蛋白酶水解为核黄素，大部分在小肠吸收，然后通过特殊的转运进入血液。核黄素在血液中主要靠与白蛋白的松散结合及与免疫球蛋白的紧密结合在体内转运。

体内组织储存核黄素的能力有限，当人体摄入大量核黄素时，肝、肾中核黄素的量明显增加，并有一定量的核黄素以游离形式从尿中排泄。

3）生理功能。维生素 B_2 是机体许多重要辅酶的组成成分。在肝及肠上皮细胞中借核黄素催化酶和 ATP 转化成黄素单核苷酸，然后在肝脏中的黄素腺嘌呤二核苷酸焦磷酸化酶和 ATP 进一步磷酸化形成黄素腺嘌呤二核苷酸，参与体内的生物氧化过程。因此，维生素 B_2 在氨基酸、脂肪酸、碳水化合物的代谢过程中起着重要的作用。

维生素 B_2 缺乏一般称为口腔生殖综合征，主要表现为口角炎、唇炎、舌炎、睑缘炎、结膜炎、脂溢性皮炎、阴囊皮炎等。

①眼睛。主要表现为视力模糊、怕光、流泪、视力减退、易疲劳等症状，常伴有睑缘炎、结膜炎、角膜血管增生。

②皮肤。主要表现为脂溢性皮炎，好发于脂肪分泌旺盛的鼻翼两侧、眉间、耳廓后等；患处皮肤皮脂增多，轻度红斑，有脂状黄色鳞片。

③口腔。表现为口角炎，口角乳白及裂开以至渗血、结痂；唇炎，下唇微肿、脱屑及色素沉着；舌炎，舌中部出现红斑，舌肿胀，舌缘出现牙痕等。

4）摄入量与食物来源。维生素 B_2 是体内很多氧化还原酶的成分，与体内能量代谢有关，其摄入量与能量摄入成正比。我国成人膳食中维生素 B_2 的推荐摄入量为每日男性 1.4 mg，女性 1.2 mg，孕妇及乳母适当增加。

维生素 B_2 广泛存在于动、植物性食物中。动物性食物中的含量高于植物性食物，尤以动物内脏、蛋类、牛奶及其制品中的含量最为丰富，鱼类以鳝鱼中的含量最高。植物性食物中以豆类和绿叶蔬菜中的含量最高，其在谷类食物中的含量与碾磨程度和烹饪方法有关，一般蔬菜中的维生素 B_2 含量相对较低，但某些野菜中含有丰富的维生素 B_2。我国国民的膳食构成以植物性食物为主，所以，一般较

容易发生维生素 B_2 的缺乏。为满足机体的生理需要，要充分利用动物的内脏、蛋类、奶类等动物性食物，同时注意增加新鲜的绿叶蔬菜以及各种豆类、米和面的摄入。

（7）烟酸

1）理化性质。烟酸又称尼克酸，包括烟酸和烟酰胺。其溶于水及乙醇，对酸、碱、光、热稳定，一般烹调损失较小。

2）吸收与代谢。正常情况下，膳食中的色氨酸转化成尼克酸能部分满足机体对尼克酸的需要。食物中的尼克酸主要在小肠中被吸收，经血液入肝脏。

食物中的尼克酸以游离态存在时，很容易被机体吸收。但一些谷类食物（如玉米）中所含尼克酸大部分以结合态存在，在人体内难以解离出来，所以不能被人体所利用；只有在碱性环境中，尼克酸才能游离出来，从而提高其生物效价。

3）生理功能。尼克酸作为重要的辅酶成分，在细胞呼吸链中的能量释放和细胞生物合成过程中起着重要的作用，如在碳水化合物、脂肪和蛋白质的能量释放过程中参与氧化还原反应。

人体缺乏尼克酸时，会引起癞皮病，典型症状是皮炎、腹泻和痴呆，又称"三D症"。

①皮肤症状。表现为皮肤粗糙，有鳞屑状皮脱落，最后残留褐色素沉着。典型的皮肤症状为对称性，多发于身体暴露、经日晒、受热或有轻度外伤等部位，如脸、颈、手背、足背等。

②消化系统症状。表现为胃酸缺乏，肠绒毛消失，浸润，结肠、小肠也可受累，常导致食欲不振、吸收不良、腹泻等。也伴有口腔炎症，舌平滑、上皮脱落、色泽红如杨梅（杨梅舌），伴疼痛、水肿。

③神经系统症状。当严重缺乏烟酸时即发生神经系统症状，常表现为情绪变化无常、精神紧张、抑郁或易怒、失眠、注意力短暂或迟钝、幻觉，可进一步发展为痴呆等。

4）摄入量与食物来源。尼克酸的推荐摄入量为成人男性每日 15 mg，成人女性每日 12 mg。

尼克酸及其衍生物广泛存在于动、植物性食物中，含量较高的有肝脏、肾脏、瘦肉、鱼、坚果、豆类、谷类等；牛奶和蛋类中的尼克酸含量较少，但含有丰富的色氨酸，色氨酸在体内可转化为尼克酸，从而弥补尼克酸含量少的缺陷。玉米中的尼克酸都是以结合态存在的，所以不能被吸收利用，若用碱处理可使其游离出来，从而提高其生物效价。

（8）维生素 B_6

1）理化性质。维生素 B_6 包括吡哆醇、吡哆醛和吡哆胺，易溶于水与乙醇，在酸性溶液中耐热，在碱性溶液中不耐热，并对光敏感。

2）吸收与代谢。维生素 B_6 在小肠中被吸收，并迅速地通过门静脉进入身体大部分组织中，以肝内含量最高，肌肉次之。吸收后的维生素 B_6 在组织中首先氧化成吡哆醛，然后通过磷酸化形成磷酸吡哆醛，并与蛋白质结合存在于组织细胞中。

3）生理功能。维生素 B_6 与蛋白质和脂质代谢关系十分密切；磷酸吡哆醛作为体内很多酶的辅酶成分，参与一系列重要的生物转化。

由于摄入不足引起的维生素 B_6 缺乏往往同时伴有其他维生素的缺乏，主要表现为：眼、鼻与口腔周围发生皮肤脂溢性皮炎；颈项、前臂和膝部出现色素沉着；发生唇裂，出现舌炎等口腔炎症；易激动、忧郁、失眠、精神萎靡、步行困难等。维生素 B_6 缺乏对幼儿的影响较成人大。婴儿缺乏维生素 B_6 会出现烦躁、肌肉抽搐和惊厥症状。

4）摄入量与食物来源。许多因素可影响机体对维生素 B_6 的摄入。维生素 B_6 与氨基酸代谢的关系密切，因而其需要量应随着膳食蛋白质摄入量的增高而增高，并根据肠道细菌合成维生素 B_6 的量及人体利用程度而调整。正常情况下，维生素 B_6 不易缺乏，其推荐摄入量为成人每日 1.4 mg。

维生素 B_6 普遍存在于动、植物性食物中，但一般含量不高，含量最高的食物为白色肉类（如鸡肉和鱼肉），其次为动物肝脏、蛋类以及各种谷类、豆类。奶制品中维生素 B_6 含量相对较少，水果和蔬菜中维生素 B_6 含量较多，其中香蕉中的含量最为丰富。

（9）维生素 B_{12}

1）理化性质。维生素 B_{12} 结构复杂，因其含有钴和氰基，故又称氰钴胺素或钴胺素，是唯一一种分子中含有金属元素的维生素。维生素 B_{12} 在水溶液中的溶解度较大，不溶于有机溶剂，在强酸、强碱环境中易被破坏，在中性溶液中对热稳定，但在紫外线照射下易被破坏。

2）吸收与代谢。维生素 B_{12} 由小肠黏膜细胞吸收，但它的吸收需要有正常的胃液分泌；在胃酸和肠酶作用下，与胃底黏膜分泌的一种"内因子"糖蛋白结合成为复合物，从而避免肠道细菌的破坏。

3）生理功能。维生素 B_{12} 在体内参与多种生化反应，并可以提高叶酸的利用率，从而影响核酸和蛋白质的生物合成等。

当机体内缺少维生素 B_{12} 时，可影响骨髓的生血而产生巨幼红细胞，从而引起巨红细胞贫血，即恶性贫血，常见于婴幼儿、孕妇与乳母。

4）摄入量与食物来源。膳食维生素 B_{12} 的推荐摄入量为成人每日 2.4 μg。

维生素 B_{12} 的主要食物来源为动物性食物，如肝脏、奶类、肉类及其制品、海产品、蛋类、蛤及蚝等。植物性食物中几乎不含维生素 B_{12}，只能依靠微生物来合成；一些植物性食物如谷类、蔬菜和水果等被微生物污染后，可产生一部分维生素 B_{12}。在一定条件下，人类肠道微生物也可以合成一部分维生素 B_{12}。

（10）叶酸

1）理化性质。叶酸是含有蝶酰谷氨酸结构的一类化合物的统称，因最初于菠菜叶中分离出来而得名。叶酸为黄色结晶，在酸性溶液中对热不稳定，在中性和碱性环境中稳定。

2）吸收与代谢。食物中的叶酸大多为谷氨酸的形式，在小肠中被吸收，由尿及胆汁排出。

3）生理功能。叶酸在体内许多重要的生物合成中发挥重要作用，对于 DNA 和 RNA 的合成起到促进作用。

叶酸缺乏可使同型半胱氨酸向蛋氨酸转化出现障碍，可能引起动脉粥样硬化及心血管疾病。此外，叶酸缺乏会导致新生儿神经管畸形的发生率明显提高。

4）摄入量与食物来源。叶酸推荐摄入量为成人每日 400 μg。

叶酸广泛存在于动、植物性食物中，其良好来源有肝、肾、绿叶蔬菜、土豆、豆类、麦胚等。

（11）维生素 C

1）理化性质。维生素 C 又称抗坏血酸，是一种白色结晶状的有机酸，易溶于水，不溶于脂肪，对热、碱、氧都不稳定，特别是与铜、铁金属元素接触时更容易被破坏。维生素 C 是所有维生素中最不稳定的一种，烹调维生素 C 含量丰富的食材时应采用急火快炒。

2）吸收与代谢。维生素 C 在小肠中吸收。其分布于人体各个组织器官，以肾上腺、脑、胰、脾、唾液腺等中的含量最高。维生素 C 的代谢产物主要通过肾脏随尿液排出。

3）生理功能。

①促进生物氧化还原过程，维持细胞膜的完整性。维生素 C 是一种活性很强的还原性物质，可参与氧化还原过程，保护组织细胞免遭氧化破坏。

②促进组织细胞间质的形成。维生素 C 可维持皮肤、骨骼、牙齿、肌肉、血管的正常生理功能，并能够促进人体创伤口的愈合。

③促进类固醇的代谢。维生素 C 在体内参与肝脏中胆固醇的羟化，使其转变为能溶于水的胆酸，降低血中胆固醇的含量，防止和缓解动脉粥样硬化。

④其他。维生素 C 可将难以吸收的三价铁还原成二价铁，促进肠道内铁的吸收。维生素 C 对铅、苯等化学毒物和细菌性毒素具有解毒作用，能够增加机体抗体的形成、提高白细胞的吞噬作用、增强对疾病的抵抗力。

如果膳食中的维生素 C 不能满足机体的需要，就可引起维生素 C 不足或缺乏。维生素 C 的缺乏症称为坏血病，早期症状大多是非特异性的，如全身无力，食欲减退，牙龈疼痛出血，皮肤干燥粗糙、伤口愈合不良，容易出血，由于血管脆性增加，全身可出现出血点。严重缺乏时，可由于体内大量出血导致死亡。

4）摄入量与食物来源。维生素 C 的推荐摄入量为成人每日 100 mg。

维生素 C 广泛存在于新鲜蔬菜和水果中，水果中以鲜枣、山楂、柠檬、柑、橘、柚等中的含量较多；蔬菜中以辣椒、菜花、苦瓜、雪里蕻、青蒜、甘蓝、油菜、芥菜、番茄等中的含量较多。谷类和干豆类不含维生素 C；豆类发芽后如黄豆芽、绿豆芽中则含有维生素 C，是冬季或缺乏新鲜蔬菜地区维生素 C 的主要来源。

五、矿物质

人体内的各种元素中，除了碳、氢、氧、氮以有机化合物的形式存在外，其他各种元素统称为无机盐。目前已经发现有 20 种左右的元素是构成人体组织、维持生理功能、生化代谢所必需的，按它们在人体内的含量可分为常量元素和微量元素。

常量元素：在人体内的含量大于体重的 0.01%。常量元素有 7 种，即钙、磷、钠、钾、氯、镁与硫。

微量元素：在人体内的含量小于体重的 0.01%。微量元素有 10 种，即铜、钴、铬、铁、氟、碘、锰、钼、硒和锌。还有硅、镍、硼、钒为可能必需元素。

矿物质的生理功能主要表现在构成身体组织与调节生理机能两个方面。矿物质是构成身体组织的重要组成部分，如钙、磷、镁是骨骼、牙齿的重要成分，铁是血红蛋白的主要成分，碘是甲状腺的重要成分。某些蛋白质含磷，磷是神经、大脑磷脂的重要成分。矿物质（如钾、钠、钙、镁离子）能调节多种生理功能，如维持组织细胞的渗透压，调节体液的酸碱平衡，维持神经肌肉的兴奋性等。矿物质又是体内活性成分如酶、激素、抗体等的组成成分或激活剂。

由于新陈代谢，每天都有一定数量的矿物质通过各种途径排出体外，而矿物质又与产热营养素不同，在体内不能合成，因而必须通过膳食予以补充。矿物质广泛存在于动、植物性食物中，故一般不易缺乏，但在特殊生理条件下或膳食调配不当，抑或生活环境特殊等原因，都会造成缺乏。我国人民膳食中比较容易缺乏的矿物质主要有钙、铁、碘等。

1. 钙

（1）在人体内的分布

钙是人体内含量最多的一种无机元素，正常成年人体内的钙含量为 850～1 200 g。人体内 99% 的钙以磷酸钙的形式存在于骨骼和牙齿中；其余的钙，一半与柠檬酸、蛋白质螯合，另一半以离子状态存在于软组织、细胞外液和血液中，称为混溶钙池。

（2）生理功能

1）构成骨骼和牙齿。混溶钙池的钙与骨骼钙维持着动态平衡，从而维持着人体正常的生理功能。

2）维持神经与肌肉的兴奋性。钙离子能降低肌肉的兴奋性，若血钙下降，则神经肌肉的兴奋性增高，可引起抽搐。

3）调节体内某些酶的活性。钙离子为多种酶的激活剂，调节参与细胞代谢的大分子的合成和转运。

4）参与血液凝固。人体血液的凝固靠凝固酶，必须有钙离子参与。

儿童时期如果长期钙摄入不足，就会引起生长迟缓、新骨结构异常、骨钙化不良甚至骨骼变形，患上佝偻病。成年人及中老年人膳食中钙缺乏时，骨骼会逐渐脱钙，可发生骨质软化和骨质疏松。

（3）影响吸收的因素

影响钙吸收的因素很多，主要有以下几个方面：

1）脂肪供给过多会影响钙的吸收。因为由脂肪分解产生的脂肪酸在肠道未被吸收时与钙结合形成皂钙，从而使钙吸收率降低。

2）年龄和肠道状况与钙的吸收也有关系。钙的吸收随年龄的增长而逐渐减少，所以老年人多有骨质疏松症，易骨折，骨折后也难愈合。若腹泻和肠道蠕动太快，导致食物在肠道停留时间过短，对钙的吸收也不利。

3）某些蔬菜中的草酸和谷类中的植酸分别会与钙结合为不溶性的草酸钙和植酸钙，影响钙的吸收。含草酸较多的蔬菜有菠菜、茭白、竹笋、红苋菜、厚皮菜等。

4）膳食纤维与钙结合会降低钙的吸收。故在强调每日膳食中应有一定数量的纤维素的同时，也应该注意不能过量。

5）食物中的维生素 D、乳糖、蛋白质都能促进钙盐的溶解，有利于钙的吸收。

6）乳酸、醋酸、氨基酸等均能促进钙盐的溶解，有利于钙的吸收。醋能促进钙的溶解，如糖醋鱼、糖醋排骨等菜肴，均有利于钙的吸收。

7）胆汁有利于钙的吸收。钙的吸收只限于水溶性的钙盐，但非水溶性的钙盐因胆汁作用可变为水溶性的，从而帮助钙的吸收。

（4）摄入量与食物来源

钙的推荐摄入量为成人每日 800 mg。处于生长发育期的儿童和孕妇、乳母、老年人均可适当增加钙的摄入量。

钙的食物来源，以奶制品最为理想，不仅含量丰富，而且利于吸收和利用；其次是绿色蔬菜和豆类，如甘蓝、青菜、大白菜、小白菜及豆制品，特别是芝麻酱、虾皮是较经济且有效的钙的来源。此外，螃蟹、蛋类、核桃、红果、海带、紫菜等都含有丰富的钙。

2. 铁

（1）在人体内的分布

铁是人体内含量最多、最容易缺乏的一种必需微量元素。按其功能分为主要存在于血红蛋白、肌红蛋白中与蛋白质结合的功能性铁和以铁蛋白及含铁血黄素形式存在于肝、脾、骨髓的储存铁两类。

（2）生理功能

1）参与氧的转运与组织呼吸。铁是体内合成血红蛋白、肌红蛋白、细胞色素及一些呼吸酶的重要组成成分，参与人体的生物氧化过程。

2）维持正常的造血功能。铁在骨髓造血的幼红细胞内与卟啉、珠蛋白结合生成血红蛋白。

3）其他。铁参与促进 β-胡萝卜素转化成维生素 A，并有助于胶原的形成、抗体的产生等。

膳食中铁缺乏可引起缺铁性贫血，影响儿童的生长发育、身体体质和机体的抵抗能力。铁缺乏对人体的影响还包括工作效率降低、学习能力下降、情绪变得冷漠呆板；儿童表现为易烦躁、抗感染能力下降。

（3）影响吸收的因素

铁主要以血红素铁和非血红素铁两种形式存在于食物中，二者在小肠内的吸收率有着很大的差异。

血红素铁是血红蛋白、肌红蛋白中与卟啉结合的铁，其吸收率较高，不容易受膳食因素的影响。非血红素铁是植物性食物中的铁，吸收率较低，容易受膳食中其他因素的影响，如谷类、蔬菜中的磷酸盐、植酸、草酸、鞣酸等会与非血红素铁形成难溶性的铁盐而减少铁的吸收，膳食纤维也会干扰非血红素铁的吸收。

我国人民膳食多以谷类、蔬菜为主，铁的吸收率低，容易引起缺铁。在膳食中适当增加动物性食品及富含维生素 C 的食品能促进铁的吸收利用，防止缺铁性贫血症的出现。

（4）摄入量与食物来源

铁的推荐摄入量为成年男性每日 12 mg，成年女性每日 20 mg，孕妇、乳母可适当增加。

日常膳食中，动物的肝脏、动物全血、畜禽肉类、鱼类为铁的良好来源，豆类、蔬菜中的铁吸收利用率不高。

3. 碘

（1）在人体内的分布

成年人体内的碘含量为 20 ~ 50 mg，主要分布在甲状腺，其余分布在皮肤、骨骼、内分泌腺及中枢神经系统。

（2）生理功能

碘在体内主要参与甲状腺素的合成，其功能是通过甲状腺素的作用体现的。甲状腺所分泌的甲状腺素对机体具有重要的生理作用，其最显著的作用是增加组织细胞的氧化率，增加氧的消耗和热量的产生，促进生长发育和蛋白质代谢。

体内缺碘时，甲状腺素合成困难，血液中甲状腺素浓度下降；此时通过中枢神经系统的作用，垂体分泌出更多的甲状腺素，使甲状腺细胞增生和肥大，民间常称之为"大脖子病"。我国西南地区、西北地区及山区人群因摄碘不足，极易引发地方性甲状腺肿及克汀病（呆小病）的流行。地方性甲状腺肿的症状，除甲状腺肿大外，还有心慌、气短、头痛、眩晕等症状，劳动时还可加重，严重时发生全身性黏液性水肿。这种病还有明显的遗传倾向，严重缺碘的妇女所生下一代就会有呆小病，患者生长迟缓，发育不全，智力低下，聋哑痴呆，即痴、傻、呆、小、瘫。

碘的强化是防治碘缺乏的重要途径，我国改善缺碘地区人群的营养状况，主要是采取食盐中加碘的方法，已取得良好的效果。

碘摄入过量可造成高碘甲状腺肿。常见于摄入含碘高的水、食物以及在治疗甲状腺肿等疾病中使用过量的碘制剂等情况。只要限制高碘食物，即可防治。

（3）摄入量与食物来源

碘的推荐摄入量为成人每日 120 µg。

食物中碘含量的高低取决于各地区土壤及土质等背景中的含量。甲状腺肿流行地区的食物碘含量常低于非流行地区的同类食物。

海产品含碘量丰富，是碘的良好食物来源，如海带、紫菜、海鱼、干贝、淡菜、海参、海蜇、龙虾等。

4. 锌

（1）在人体内的分布

正常成年人体内的锌含量为 2.0 ~ 2.5 g，主要存在于肌肉、骨骼和皮肤中。

（2）生理功能

1）酶的构成成分。锌是人体内很多酶的组成成分或酶的激活剂，已知人体内含锌的酶有 200 多种，它们是人体正常代谢不可缺少的。

2）促进人体的生长发育。锌参与的酶在体内可调节蛋白质的合成过程，从而维持机体的生长发育。

3）维持正常味觉，促进食欲。锌在体内参与构成唾液蛋白而影响味觉与食欲。

4）维持正常性发育。锌能促进性器官和性功能的正常发育，这是因为锌与垂体分泌性激素有关。

膳食中长期锌摄入不足，可引起锌的缺乏，主要表现为生长发育停滞、性成熟延迟、第二性征发育不良、性功能减退、味觉迟钝、食欲不振，甚至发生异食癣等。

（3）摄入量与食物来源

锌的推荐摄入量为成年男性每日 12.5 mg，成年女性每日 7.5 mg。

贝壳类海产品如牡蛎、扇贝等是锌的主要食物来源，肉类、内脏、鱼类、蛋类等也含有丰富的锌，蔬菜、水果中锌的含量较少。

5. 硒

（1）在人体内的分布

人体内的硒含量为 14～20 mg。硒广泛分布于人体各组织器官和体液中，肾中浓度最高，肝脏中次之，血液中相对较低，脂肪组织中含量最低。

（2）生理功能

1）硒是谷胱甘肽过氧化物酶的重要组成成分。

2）硒在体内能特异地催化还原型谷胱甘肽，与过氧化物发生氧化还原反应，从而保护生物膜免受损害，维持细胞正常功能。

3）硒与金属有很强的亲和力。硒与重金属如汞、镉、铅等在体内结合形成金属硒蛋白复合物，并使其排出体外，从而具有解毒功能。

4）保护心血管、维护心肌的健康。在我国发现的以心肌损害为特征的克山病中，硒缺乏是其重要的发病因素。

5）促进生长、保护视觉器官。

6）抗肿瘤作用。有研究表明，补硒对降低肝癌、肺癌、前列腺癌和结直肠癌的发生率具有积极作用。

（3）摄入量与食物来源

硒的推荐摄入量为成人每日 60 μg。动物性食物如肝、肾、肉类及海产品是硒的良好来源。

六、水

人体对水的需要仅次于氧气，因为水是人体重要的组成部分，也是人体内含量最多的一种化合物。水在人体内的含量随年龄、性别而异。新生儿体内水占总体重的 75%～80%，成年男性约占 60%，成年女性约占 50%。对人的生命而言，断水比断食的威胁更为严重。

1. 生理功能

（1）构成人体组织的重要成分

成年人体重的 2/3 是由水组成的，血液、淋巴的含水量高达 90% 以上，肌肉、神经、内脏、细胞、结缔组织等的含水量为 60% ~ 80%。

（2）良好的溶剂

水作为营养素的溶剂，有利于营养素的消化、吸收和利用。水作为代谢物的溶剂，有利于将其及时排出体外。

（3）调节体温、润滑机体

水有较高的比热容，因而人体可通过出汗来调节体温，使其基本恒定，而不会由于内外环境的改变发生显著的变化。

2. 代谢与平衡

人体在正常情况下，经皮肤、呼吸道以及尿、粪等将一定数量的水排出体外，因此应当及时补充相应数量的水，使排出的水和摄入的水保持基本相等，即"水平衡"。

影响人体需水量的因素很多，如年龄、体重、气温、劳动强度及其持续时间等都会使人体需水量产生差异。建议成年人每天喝 7 ~ 8 杯水（1 500 ~ 1 700 mL）。当有口渴感时，需及时补充水分，维持体内代谢的正常进行。人体中水的来源主要包括代谢水（三大营养素代谢中产生的水）、食物水（食物中含有的水）和饮用水（茶、汤、各种饮料等）。代谢水及食物水的变动较小，人体的含水量一般多以饮用水进行调节，饮用水以饮用到无口渴感为适量。

七、膳食纤维

膳食纤维是指不能被人体消化道分泌的消化酶消化，且不能被人体吸收利用的一类多糖。膳食纤维有很强的吸水能力（或与水结合的能力），可使肠道中粪便的体积增大，加快其转运速度，减少其中有害物质接触肠壁的时间。

1. 分类

膳食纤维按其溶解性分为可溶性膳食纤维和不溶性膳食纤维两类。前者主要是指存在于细胞壁的纤维素、半纤维素和木质素，后者是指存在于细胞间质的果胶、树胶、豆胶、藻胶等。

2. 生理功能

（1）促进胃肠道蠕动，防止便秘

膳食纤维可使大肠内容物增加，刺激胃肠道的蠕动，缩短代谢产物、废物在大肠中停留的时间，起到通便、防癌的作用。

（2）降低血脂

膳食纤维中的果胶、木质素与胆酸、胆固醇结合，能减少胆固醇的重吸收，促进肠道中胆固醇的排出，从而降低血浆中胆固醇的浓度，预防动脉粥样硬化的发生。

（3）预防肥胖

膳食纤维可增加食物的体积，使人体产生饱腹感，从而减少食物的摄入量；同时，膳食纤维含量高的食物一般脂肪含量较少，所以对因摄食过多引起能量过剩而导致肥胖者有一定的意义。

3. 摄入量与食物来源

我国膳食纤维的推荐摄入量为成人每日 25 ~ 35 g。

膳食纤维主要来自植物性食物，谷类、薯类、豆类、蔬菜和水果中都含有丰富的膳食纤维。

培训项目 2

热能知识

热能是人类赖以生存的基础，人们为了维持生命、生长、发育、繁衍后代和从事各种活动，必须每天从外界获取热能，这些热能通常由食物提供。碳水化合物、脂肪和蛋白质是人体所需热能的主要来源。

一、热能单位

国际单位中以焦耳（J）为能量计量单位，营养学上是以焦耳的1 000倍，即千焦（kJ）作为计量单位，有时也用焦耳的100万倍，即兆焦（MJ）表示。

热能常用单位还有千卡（kcal），其换算关系为：1千卡（kcal）= 4.184千焦耳（kJ），1千焦耳（kJ）= 0.239千卡（kcal）。

二、热能系数

1 g营养素在体内完全氧化所产生的热能值称为热能系数，也称生理卡价。

蛋白质、碳水化合物、脂肪，这三类物质被人体吸收后，1 g蛋白质能够提供16.74 kJ（4 kcal）、1 g碳水化合物能够提供16.81 kJ（4 kcal）、1 g脂肪能够提供37.56 kJ（9 kcal）的热能，因而将它们称为三大产能营养素。

计算食物中所含热量时，通常是用食物中所含三大产能营养素的克数乘以各自的热能系数。

三、人体的热能消耗

1. 基础代谢

基础代谢消耗的热能是维持生命的最低热能消耗，可利用身高、体重等指标计算出每天的基础代谢热能消耗。人体的基础代谢不仅存在着个体之间的差异，而且个体自身的基础代谢也常有变化。体表面积大者，散发热能也多，所以同等体重者，瘦高者的基础代谢高于矮胖者。儿童和孕妇的基础代谢相对较高，成年后，随年龄增长，基础代谢水平不断下降。炎热或寒冷、过多摄食、精神紧张等情况都可使基础代谢水平升高。尼古丁和咖啡因也可以刺激基础代谢水平升高。

2. 体力活动

体力活动所消耗的热能占人体总热能消耗的 15%~30%，是人体热能消耗变化最大，也是人体控制热能消耗、保持能量平衡和维持健康最重要的部分。体力活动所消耗热能的多少与肌肉发达程度、体重、活动时间及活动强度等因素有关。

3. 食物特殊动力作用

食物的特殊动力作用又称为食物的热效应，是指由于摄取食物引起的热能消耗额外增加的现象。

4. 生长发育

机体生长发育所需要的热能，包括机体在生长发育中形成新的组织所需要的热能和新生成的组织新陈代谢所需要的热能。

四、热能的食物来源和摄入量

粮谷类、薯类含有丰富的碳水化合物，是能量最经济、最主要的来源；动物性食物含有较多的蛋白质和脂肪，大豆、坚果类食物也含有较丰富的蛋白质和脂肪。

人体的能量来源于食物中的蛋白质、脂肪和碳水化合物这三大热能营养素。中国营养学会推荐，蛋白质、脂肪和碳水化合物占总热能的适宜比例分别为 10%~15%、20%~30% 和 50%~65%。

培训项目 ③

各类烹饪原料的营养特点

　　烹饪原料按其性质和来源分为植物性原料和动物性原料。前者包括谷类、豆类、蔬菜和水果类等，后者包括畜禽肉类、水产类、奶类、蛋类等。烹饪原料不同，所含的营养素也各不相同，其营养价值也存在着很大的差异。

　　烹饪原料的营养价值是指某原料中所含的营养素和能量满足人体需要的程度。原料营养价值的高低与原料中所含营养素的种类、数量、相互之间的组成比例以及是否容易被消化吸收等，都有密切关系。但它又是相对的，除了母乳对出生后4~5个月的婴儿是比较全面的食物之外，可以说，自然界中没有一种单一的食物是含有人体需要的各种营养素，且数量满足机体需要的。如动、植物性原料所含的营养素的种类、数量都具有一定的特点，因而它们的营养价值显示出相对的特殊性。如果进一步分析，即使同一种原料，不同的品系、产地、成熟程度等，其营养素的含量都有差异，也会影响其营养价值。

　　烹饪原料营养价值的评价是对其所含营养素的种类进行分析，并确定其含量，但营养素的质量也是非常重要的。如评价一种食物蛋白质的营养价值时，不仅要求其具有一定的蛋白质数量，同时还取决于蛋白质中所含氨基酸的组成及被消化利用的程度。

一、谷类

　　谷类包括大米、小麦、玉米、小米、高粱、莜麦、荞麦等，是人体能量的主要来源，我国人民膳食中约66%的能量和58%的蛋白质来自谷类。

1. 谷类的构造与营养素的分布

　　谷类食物主要来源于谷类植物的种子，各类谷物的种子都有相似的结构，其最外层是谷壳，谷粒去壳后即为谷皮、糊粉层、胚乳、胚芽等部分。

（1）谷皮

谷皮为谷粒最外层覆膜，约占谷粒质量的6%，主要由纤维素和半纤维素组成，含有一定量的蛋白质、脂肪和维生素，一般不含淀粉。

（2）糊粉层

糊粉层位于谷皮下层，占谷粒质量的6%~7%，纤维素含量较多，蛋白质、脂肪、B族维生素和无机盐的含量也较高。此层营养素含量相对较高，但在碾磨加工时，容易与谷皮同时被分离下来而混入糠麸中，这会对谷物的营养价值产生较大影响。因此，米面加工过细会使大部分营养素损失。糙米即为带有糊粉层的米。

（3）胚乳

胚乳为糊粉层所包裹部分，是谷粒的主要组成部分，约占谷粒质量的87%，大部分为淀粉，有一定量的蛋白质、脂肪和无机盐，维生素含量极少，这一部分容易被消化吸收。

（4）胚芽

胚芽是种子发芽的部分，位于谷粒的一端，占谷粒质量的2%~3%，富含蛋白质、脂肪、维生素和无机盐，其中维生素 B_1 和维生素 E 的含量特别丰富，具有较高营养价值。胚芽质地松软而柔韧性强，所以不易被粉碎，在碾磨加工过程中容易与胚乳分离而混入糠麸中，造成营养的损失。

2. 谷类的营养成分及特点

（1）碳水化合物

谷类中的碳水化合物主要为淀粉，含量可达全谷营养成分的70%以上。淀粉主要有直链淀粉和支链淀粉。直链淀粉易溶于水，较黏稠，易消化；支链淀粉糊化后黏性较大，且难消化。谷类淀粉是人体最经济最重要的能量来源，其提供的能量占人体摄入总能量的50%~70%。

（2）蛋白质

谷类中蛋白质的含量因品种、气候及加工方法的不同而有较大差异，一般来说，蛋白质的含量占全谷营养成分的8%~15%。谷类蛋白质中因必需氨基酸组成不平衡，尤其是赖氨酸含量低，因此其蛋白质营养价值不高。但谷类在膳食中所占比例较大，所以也是膳食蛋白质的重要来源。

（3）无机盐

谷类中的无机盐主要分布在糊粉层、谷皮中，占全谷营养成分的1.5%~3.0%，其主要成分为钙、铁，多以植酸盐的形式存在，因而不易消化吸收。

（4）脂肪

谷类脂肪含量少，一般占全谷营养成分的 1%~2%，玉米、小麦胚芽含大量油脂，不饱和脂肪酸占 80%，具有降低胆固醇和防止动脉粥样硬化的作用。

（5）维生素

谷类为膳食中 B 族维生素，尤其是维生素 B_1 的重要来源。因其主要分布在糊粉层和胚芽中，所以谷类的加工精度越高，维生素的损失越多。谷类几乎不含维生素 A、维生素 C 和维生素 D，只有黄玉米和小米中含有少量的类胡萝卜素。

3. 谷类原料的合理利用

各种谷类原料所含的营养素不完全相同，因此应提倡粮食的混合食用，使得蛋白质互补。如小麦面粉的第一限制氨基酸为赖氨酸，燕麦和荞麦却含有丰富的赖氨酸，如果在日常膳食中将它们混合食用，则可使小麦面粉的蛋白质营养价值提高。此外，还应注意合理烹调，如水溶性维生素及无机盐均易溶于水，因此淘米时要避免过分揉搓；要尽可能蒸饭及焖饭，捞饭会损失大量营养素，米汤及煮汤应尽量设法利用。另外，把适当的营养强化剂加到食品中可以弥补食物固有的不足，提高谷类营养价值。

二、豆类

豆类是我国膳食中优质蛋白质的重要来源。按豆类的营养特点可分为大豆、其他豆及豆制品。

1. 大豆的营养特点

大豆主要包括黄豆、黑豆和青豆。

（1）蛋白质

大豆中蛋白质含量为 35%~40%，除蛋氨酸含量略低外，其他必需氨基酸的组成与比例符合人体的需要，是优质的植物蛋白质。

（2）脂类

大豆中脂类含量为 18%~20%，其中不饱和脂肪酸占 85%，尤以亚油酸含量为最高，约占不饱和脂肪酸总量的 51.5%。大豆中还含有较多的卵磷脂，一般不含胆固醇。大豆脂肪在体内的消化率高达 97.5%，因此大豆油是优质的植物油。

（3）碳水化合物

大豆中碳水化合物的含量约为 25%，其中一半可被人体消化吸收，主要包括蔗糖、糊精、淀粉等；另一半为人体不能吸收利用的膳食纤维，这些物质常被体内肠道中的细菌发酵产生气体，而引起腹胀。

（4）无机盐与维生素

大豆中含有比较多的 B 族维生素、维生素 E 等，还含有丰富的钙、磷、铁，但由于抗营养因子的存在，会影响钙与铁的吸收利用。

2. 其他豆的营养特点

其他豆主要包括豌豆、蚕豆、绿豆、芸豆、刀豆等，其营养素的组成和含量与大豆有着一定的差异，蛋白质含量约为 25%（低于大豆），碳水化合物含量比较高、为 50% ~ 60%，脂类的含量不高、约为 1%。但因其种类广、品种多，是膳食中重要的一类食物。

3. 豆制品的营养特点

豆制品在加工过程中经过浸泡、加热、碾磨等工序，减少了大豆中的抗营养因子，提高了营养素的利用率。如干炒大豆中的蛋白质消化率只有 50% 左右，整粒煮食大豆的蛋白质消化率也仅为 60%；而制成各种豆制品，如豆腐、豆腐干等，其蛋白质的消化率可高达 92% ~ 95%。

大豆经浸泡后制成豆芽，在发芽过程中各种水解酶的作用使大分子物质或以复合物形式存在的各种营养素分解成可溶性小分子有机物，有利于人体吸收。这个过程尤其可以增加维生素 C 的吸收率。

4. 豆类食物的合理利用

（1）煮熟后食用

大豆中含有的胰蛋白酶抑制因子和植物血凝素对热不稳定，加热后可破坏它们的活性。生大豆细胞壁含有的纤维素可阻止大豆蛋白与消化酶的接触而影响蛋白质的消化，熟大豆可使细胞壁的纤维素软化，容易消化吸收。

（2）提倡粮豆混食

大豆中蛋氨酸含量较低，谷类食物中含有丰富的蛋氨酸但缺乏赖氨酸，如果将两种食物混合食用，就可起到蛋白质的互补作用，提高两种食物蛋白质的营养价值。日常饮食中常见的有赤豆粥、绿豆粥、豆沙包等。

三、蔬菜和水果类

蔬菜和水果种类繁多，在我国居民膳食中占重要地位，因其大多数品种水分含量较高，一般不作为热能的主要来源，但却是维生素、无机盐和膳食纤维的重要来源。

1. 维生素

新鲜蔬菜和水果是胡萝卜素、维生素 C、维生素 B_2 及叶酸的主要来源。蔬菜中维生素 C 的含量与叶绿素含量均衡，代谢旺盛的花、叶、茎等维生素含量丰富，深色蔬菜含维生素 C 较多，叶菜中维生素 C 含量高于瓜果类。

2. 蛋白质与脂类

多数蔬菜和水果的蛋白质含量均不超过 2%，鲜豆类蛋白质含量略高一些，而水果中蛋白质的含量更低。蔬菜和水果中脂肪的含量极少，一般均不超过 0.5%。

3. 碳水化合物

根茎类蔬菜含有较多的淀粉，如土豆、山药、芋头等。苹果、梨以含果糖为主，桃、李子、柑橘以含蔗糖为主。叶菜中含有丰富的纤维素、半纤维素、木质素等膳食纤维，水果中还含有较多的果胶。

4. 无机盐

蔬菜和水果是无机盐的重要来源，其富含钙、磷、铁、钾、钠、镁、铜等多种元素，对维持身体酸碱平衡有着重要意义。此外，水果中含有比较多的有机酸，如苹果酸、柠檬酸、酒石酸、琥珀酸等，这是水果特有的性质，对促进消化液的分泌、帮助食物的消化及吸收有着积极的意义。

四、畜禽肉类

膳食中常用的畜禽肉类主要包括猪、牛、羊、鸡、鸭、鹅等的肌肉，肝、肾、胃等内脏及其制品。

1. 畜禽肉的营养特点

（1）蛋白质

畜禽肉中的蛋白质含量一般为 10% ~ 20%，主要为肌纤维蛋白、肌浆蛋白和结缔组织蛋白。牛、羊肉的蛋白质含量高于猪肉，瘦肉中的蛋白质含量高于肥肉。肉类蛋白质中含有人体需要的各种必需氨基酸，且各氨基酸之间的数量比例符合人体的需要，营养价值较高。但其结缔组织含有丰富的胶原蛋白和弹性蛋白，缺乏色氨酸、蛋氨酸、酪氨酸等必需氨基酸，属于不完全蛋白质。

（2）脂类

畜禽肉中的脂类含量为 10% ~ 60%，主要是中性脂肪和胆固醇，因品种和肥瘦程度不同含量也会有较大的差异，肥肉中胆固醇的含量约为瘦肉中胆固醇含量的 2 倍，内脏中胆固醇的含量约为瘦肉中胆固醇含量的 4 ~ 5 倍。

（3）无机盐

畜禽肉含有较多的无机盐，如磷和铁，但含钙量少。同时，畜禽肉还是锌、铜、锰、铁等微量元素的良好来源，而且容易被人体消化吸收，特别是铁。

（4）碳水化合物

畜禽肉中含有少量的碳水化合物，主要为糖原，还有少量葡萄糖和微量果糖。动物宰杀后由于酶的分解作用，糖原的含量下降，乳酸含量增加。畜禽肉的碳水化合物含量与生长周期有关，老畜禽肉的碳水化合物含量高于幼畜禽肉。

（5）含氮浸出物

畜禽肉中含有较多含氮浸出物，包括肌酸、肌酐、肌肽、尿素、嘌呤碱等一类溶于水的含氮物质。它们能够增加肉香味，刺激胃液的分泌，促进人体的食欲。

2. 畜禽肉制品的营养特点

畜禽肉制品种类较多，其营养价值与鲜肉相近，但在加工过程中，部分营养素会损失、变性而影响其营养价值。如热加工使一部分维生素被破坏，温度过高或加热持续时间过长使蛋白质中的赖氨酸发生化学反应而降低其利用率。

烹饪加工对畜禽肉的蛋白质影响不大，且经烹饪后的蛋白质更易消化吸收。在炖、煮时无机盐和大多数维生素损失较少，在高温制作过程中 B 族维生素损失较多，而高温油炸时还会产生对人体有害的热聚合物。

五、水产类

水产类原料的种类繁多，主要包括鱼、虾、蟹及部分软体动物，并因生长周期、生长环境、捕捞时间及取样部分不同，其营养价值也存在着一定的差异。

1. 蛋白质

水产类原料的蛋白质含量为 18%~20%，其中必需氨基酸的种类与数量均接近人体的需要，是人体优质蛋白质的重要来源。鱼肉结缔组织含量较少，肌纤维细短，水分含量较多，容易被人体消化吸收。

2. 脂类

水产类原料的脂肪含量较低，一般为 1%~3%，主要分布在皮下和内脏器官周围。鱼类脂肪中，不饱和脂肪酸含量高、熔点低，容易被人体消化，且必需脂肪酸的含量也较丰富。大多数鱼类中胆固醇含量不高，但虾子、蟹黄中胆固醇含量较高。鱼脑、鱼卵中富含的脑磷脂和卵磷脂，是构成神经组织的重要成分，对儿童及青少年的大脑发育和智力发展具有积极的促进作用。

3. 维生素

鱼类的肝脏中含有丰富的维生素 A 和维生素 D，也是硫胺素的良好来源，但某些鱼类含有硫胺素酶，可影响硫胺素的吸收，硫胺素酶经加热后可被破坏。螃蟹、鳝鱼中含有较多的核黄素和尼克酸。

4. 无机盐

鱼肉中的无机盐含量为 1%～2%，主要为磷，其次为钙、钠，还有较多的钾、镁、铁、锌、硒。海产鱼中含有丰富的碘、钴，虾、蟹及贝类中含有多种微量元素，如牡蛎富含锌、铜。

5. 含氮浸出物

鱼肉中含氮浸出物为 2%～5%，主要为游离氨基酸、氧化三甲胺、肌酸、肌酐、肌肽、牛磺酸、尿素等。鱼被捕获后，氧化三甲胺在微生物的作用下生成三甲胺，这是引起鱼腥臭的主要原因。

六、奶类

奶类含有人体需要的蛋白质、脂肪、碳水化合物、无机盐、维生素等营养素，常见的有牛奶及各种奶制品。

1. 牛奶的营养特点

（1）蛋白质

牛奶中的蛋白质含量约为 3.5%，主要为酪蛋白、乳清蛋白、乳球蛋白，其必需氨基酸含量与组成符合人体的需要，因而利用率高，为优质蛋白质食物。因牛奶中蛋白质的含量比母乳高近 3 倍，且酪蛋白与乳清蛋白的构成比与母乳相比恰好相反，所以，一般可通过乳清蛋白来调整其构成比，使之近似母乳蛋白质的构成，从而满足婴幼儿生长发育的需要。

（2）脂类

牛奶中的脂类又称乳脂，含量为 3.4%～3.8%，以微粒状的脂肪球呈乳融状分布在乳浆中，含有较多的不饱和脂肪酸，容易消化吸收。此外，牛奶的脂类中还有少量的卵磷脂和胆固醇。

（3）碳水化合物

牛奶中所含的碳水化合物主要为乳糖及少量的葡萄糖，含量低于母乳，可调节胃酸、促进消化腺分泌及胃肠道蠕动。乳糖能促进肠道内乳酸菌的生长繁殖而抑制腐败菌的生长，增加钙的吸收利用。有的人出生后膳食中长期缺乏奶类食物，随着年龄的增长，肠道内乳糖酶的活性降低，不能分解乳糖，食用牛奶后会出现腹胀、腹痛、腹泻等症状，称为乳糖不耐症。

（4）维生素

牛奶中含有人体需要的多种维生素，其中脂溶性维生素有维生素 A 和维生素 E，水溶性维生素有维生素 B_1、维生素 B_2、维生素 B_6、维生素 B_{12}、尼克酸等，其含量与饲养方式有关。牛奶中的维生素 D 含量不高，但作为婴儿食品时可进行强化。

（5）无机盐

牛奶中的无机盐主要有钙、磷、钾、钠、硫等，微量元素主要有铜、锌、铁等，含量占牛奶的 0.7% ~ 0.75%。每 100 g 牛奶含 120 ~ 125 mg 钙，且吸收率较高。但牛奶中铁的含量较低，属于高钙低铁食物。

2. 奶制品的营养特点

（1）奶粉

奶粉在加工过程中须经过杀菌、浓缩、干燥等处理，因而对热不稳定的营养素有不同程度的损失。奶粉按其应用目的可分为全脂奶粉、脱脂奶粉、调制奶粉等。全脂奶粉的营养较为丰富，脂肪和蛋白质的含量类似于鲜牛奶，糖类物质含量高于鲜牛奶，维生素的含量低于鲜牛奶，特别是维生素 C 遭到较大破坏。脱脂奶粉的脂肪含量低，脂溶性维生素极少甚至完全没有，营养价值较全脂奶粉低。调制奶粉在市场上主要是分段婴幼儿配方奶粉，其以牛奶为基础，参照母乳的组成模式和特点并在营养成分上进行调整和改善，以满足婴幼儿不同时间段的生理特点和需要。

（2）酸奶

酸奶是以鲜奶或脱脂奶为原料，经加热消毒，接种选定的细菌发酵而成的。在发酵过程中，牛奶中的乳糖被发酵为乳酸和其他有机酸，蛋白质凝固，脂肪发生部分水解。发酵制品中的钙、磷、铁的吸收率提高，乳酸和其他有机酸可促进胃肠道蠕动，新鲜的酸奶还可改善乳糖不耐症者对乳糖的吸收。酸奶中的乳酸菌在肠道繁殖可抑制一些腐败菌的生长而起到调节肠道菌群的作用。

（3）炼乳

炼乳是一种浓缩的奶制品，按其在加工过程中是否加蔗糖分为甜炼乳和淡炼乳。甜炼乳中糖含量可达 40% 以上，但蛋白质、维生素、脂类、无机盐等营养成分的含量相对较低，不适合作为喂养婴幼儿的食品。淡炼乳是经均质化处理，在一定的压力和温度下浓缩而成的产品。因经高温杀菌，其维生素 B_1、赖氨酸等有少量损失。

七、蛋类

蛋类主要是指鸡、鸭、鹅、鹌鹑等禽鸟的蛋及各种蛋制品，一般以鸡蛋为主。各种禽蛋的结构相似，由蛋壳、蛋清和蛋黄组成。蛋壳质量的96%为碳酸钙，其余成分为碳酸镁和蛋白质。

1. 蛋的营养特点

（1）蛋白质

蛋中蛋白质的含量一般为13%～15%，含有人体需要的全部必需氨基酸，且各种必需氨基酸的数量、比例接近人体的需要，容易被人体消化吸收和利用，是食物中最理想的天然优质蛋白质来源之一。因而在评价食物蛋白质的营养价值时，常以全蛋作为参考蛋白或标准蛋白。

（2）脂类

蛋中脂肪的含量为11%～15%，主要存在于蛋黄中，呈细小颗粒状，容易被消化吸收。脂肪中含有较多的不饱和脂肪酸，其中必需脂肪酸含量丰富。蛋黄中含有较高的卵磷脂和胆固醇。

（3）维生素

蛋中含有较多的维生素，其主要存在于蛋黄中，主要是维生素A、维生素D、硫胺素、核黄素和尼克酸，但维生素C含量很少。蛋清中只有少量的核黄素。

（4）无机盐

蛋中的无机盐主要是钙、磷、铁等元素。蛋黄中含有一定量的铁，但由于其含有的卵黄磷蛋白可与铁结合而妨碍其吸收，吸收率约为3%。

2. 蛋制品的营养特点

我国传统的蛋制品主要有松花蛋、咸蛋、糟蛋等。蛋制品经过加工后具有特殊的风味，是膳食中常用的一种食品。蛋制品在营养成分上与鲜蛋相似，但加工后的蛋白质更容易被消化、吸收和利用。如松花蛋制作过程中加入的烧碱能使蛋白质变性、易于消化，但同时也破坏了蛋中的硫胺素；而糟蛋在加工过程中，因醋酸软化蛋壳，使蛋中的钙不仅含量增加，而且容易被人体所吸收和利用。

3. 蛋类食品的合理利用

（1）不宜生食蛋类

生蛋清中含有抗生物素和抗胰蛋白酶，前者可影响生物素的吸收，后者会抑制胰蛋白酶的活力，影响蛋白质的消化作用。生鸡蛋的外壳往往受微生物的污染，若蛋壳破损，蛋的内容物也会随之被污染。经过高温加工处理，不仅可以杀灭蛋类食品中的微生物，而且能使抗生物素和抗胰蛋白酶失去活性。

（2）合理选择烹饪加工方法

蛋类常用的烹饪加工方法有整蛋水煮、煮荷包蛋、油煎、油炒、蒸蛋羹等，在加工中维生素 B_2 少量损失，对其他营养素的影响较小。加热也可使蛋白质结构变软而松散，容易被人体消化吸收。

培训项目 4

营养素在烹饪中的变化

在烹饪过程中，食物会发生一系列物理变化和化学变化，食物中所蕴含的营养素也会发生相应的变化。

一、蛋白质在烹饪中的变化

1. 蛋白质的变性

蛋白质具有变性作用，会因环境改变而丧失原有的生物功能。烹饪中最常见的是热变性，表现为蛋白质的凝固、脱水及动物胶的生成等，例如鸡蛋由生变熟的过程。烹饪过程中随着蛋白质的凝固，亲水胶体体系受到破坏而失去保水能力，发生脱水现象使食物原料的总质量减少。如果持续高温加热，就会使原料过度脱水，影响菜肴的品质和口感。

胶原是皮、骨、肌腱等结缔组织中的主要蛋白质，当富含胶原的食物在烹饪中加热到一定温度时，胶原中的结晶区域会溶出，使汤汁变得黏稠。

肌肉中所富含的肌红蛋白使肉类呈现诱人的红色，但伴随着加热过程，肌红蛋白会因为变性作用变为灰白色。蛋白质发生变性后的凝固过程及颜色变化是判断蛋白质是否成熟的重要标志。

2. 胶体性质

蛋白质具有溶胶性质和凝胶作用，溶胶性质使蛋白质在水中形成均匀的溶液，如豆浆的形成；凝胶作用主要体现为烹饪中许多蛋白质以凝胶状态存在，具有一定的弹性、韧性和可加工性，如豆浆点卤（氯化镁）或石膏（硫酸钙）后形成豆腐脑及压去水分后形成豆腐。

3. 蛋白质的水解

蛋白质在持续加热时常常会出现水解现象，如在制作鸡、鱼等肉汤过程中部分蛋白质就会水解为蛋白胨、氨基酸等含氮浸出物，形成鲜美的滋味。

4. 蛋白质高温分解

高温下蛋白质分解变性后会产生香气物质，这是油炸食品香味浓郁的原因。但过度加热时，蛋白质也会产生有害物质甚至致癌物，所以应尽量少食用油炸食品。

二、脂类在烹饪中的变化

1. 高温加热油脂的变化

高温加热会使得油脂出现黏稠度增加、色泽变暗等现象。油脂中富含的脂溶性维生素被大量破坏，还会产生大量挥发性的产物，如油烟中的刺激性物质，对身体健康不利。

2. 乳化作用

磷脂是良好的乳化剂，如许多烹饪原料中富含的卵磷脂。卵磷脂分子一端具有亲水性，另一端具有亲油性，它能使原本互不相溶的油和水形成均匀而稳定的乳状液体，具有乳化作用。烹饪中常见的用法有制作沙拉酱及吊制奶汤等。

三、碳水化合物在烹饪中的变化

1. 淀粉糊化

淀粉与水一同加热到 60 ℃左右时，会在水中溶胀分裂形成均匀糊状溶液，该作用称为淀粉的糊化。烹饪中常见的用法有勾芡。

2. 淀粉老化

淀粉溶液经缓慢冷却或淀粉凝胶经长期放置，会变得不透明甚至产生沉淀，该现象称为淀粉的老化现象。烹饪中，粥静置一段时间后出现米、汤分离，上浆、勾芡菜肴久置后脱浆、脱芡的现象都是由淀粉老化所引起的。

3. 焦糖化反应

糖类在加热到熔点以上的温度时，会发生脱水与降解，并产生褐变反应，这种现象称为焦糖化反应。烹饪中常用的炒制糖色、走红等即利用了糖的焦糖化反应。

四、矿物质在烹饪中的变化

矿物质元素及其化合物大多可溶于水，食材在清洗及加工过程中常需与水接触，矿物质即会经过渗透和扩散作用进入水中，造成矿物质流失。使用铁锅烹调的过程中，锅身会有不同程度的铁离子溶出，少量的铁离子溶出能够增加菜肴中铁的含量。

五、维生素在烹饪中的变化

烹饪加工中，损失最大的是维生素，其中水溶性维生素较脂溶性维生素更容易损失。维生素的实际损失量与烹调时用水量的多少、原料表面积的大小、烹调时间长短、烹调温度高低等均相关。

培训项目 **5**

平衡膳食与科学配餐

一、合理营养的概念

随着经济的发展，人们生活条件不断改善，食物的种类、数量也随之增加，饮食结构失衡的可能性提高，从而导致严重威胁人类健康的慢性非传染性疾病的发病率不断上升。所以，人们对营养的需求已超出单纯满足生存或防止营养缺乏病症的范畴。

合理营养是一个综合性的概念，它一方面是指通过膳食调整提供人体需要的各种营养素和能量，满足机体的生命活动及从事各种体力活动的需要，从而维持人体的正常生理功能；同时又意味着要注意合理的膳食制度和选择适宜的烹饪加工方法，以利于各种营养素的消化、吸收和利用，并尽量避免或减少烹饪加工过程中营养素的破坏和损失以及有害物质对人体健康的影响。

二、膳食模式

1. 膳食模式的概念

膳食模式即平时所说的膳食结构，指的是膳食中各类食物的种类、数量及其比例。它是衡量一个国家或一个地区经济发展和文明程度的重要标志之一。

2. 膳食模式的分类

膳食模式受到经济收入、食物生产、消费状况、饮食习惯、营养知识的教育普及程度等因素的制约。因各个国家国情不同，膳食模式也必然会有差异；一般按动、植物性食物在膳食中所占的比例，能量、蛋白质、脂肪、碳水化合物的摄入量来概括当今世界各国的膳食模式，大致分为三种类型。

（1）"三高一低"类型

这是以发达国家和地区为代表的膳食结构，又称经济发达国家模式。此类膳食结构中粮谷类食物过少，而动物性食物和糖占有较大的比例，主要以高能量、高脂肪、高蛋白质、低膳食纤维为特点。其优点是动物性食物摄入量高，优质蛋白质的比例高，同时动物性食物中无机盐数量多且利用率高，脂溶性维生素和B族维生素含量丰富。其不足是食糖过多，谷类食物过少，能量供给过剩，膳食纤维严重不足，是导致"富裕型"疾病多发的重要因素。

（2）"两低一高"类型

此类膳食结构是以发展中国家和地区为代表，又称东方型模式。膳食结构中动物性食物过少，而以植物性食物为主，谷类所占比例过大。其优点是脂肪的摄入量偏低，膳食中能量的来源主要是碳水化合物，基本满足人体的需要，还含有一定数量的膳食纤维，不会引起"富裕型"疾病。其缺点是动物性食物所占比例小，优质蛋白质在膳食中的比例低，因而蛋白质的数量、质量不能满足人体的需要，某些无机盐、维生素的摄入量也低于标准。膳食营养素的供给不足，容易引起营养不良、体质低下。

（3）合理膳食类型

此类膳食结构又称日本模式，相对而言，它是以日本为代表的，融合东、西方膳食结构的特点，使能量、蛋白质、脂肪的摄入量及其他营养素基本上符合人体的需要，接近合理的膳食结构类型。它是以大米为主食，以蔬菜、海产品、肉类等为副食，加上大豆、蛋类、奶类、瓜果等，以酱和酱油为主要调味品，丰富、多样地平衡摄取人体需要的各种营养素为特点的膳食结构。

三、平衡膳食

1. 平衡膳食的概念

平衡膳食也称合理膳食或健康膳食，是指一定时间内膳食组成中的食物种类和比例可以最大限度地满足不同年龄、不同能量水平的健康人群营养和健康需求的膳食模式。

平衡膳食强调日常饮食中食物种类和品种应丰富多样，营养素和能量水平达到适合水平。

2. 平衡膳食的要求

（1）满足人体各种营养需求

1）食物原料选择多样化。目前自然界除了母乳能满足4～6个月的婴儿对营养的全部需求外，还没有一种食物能满足人体对所有营养素的需求。任何一种食物都具有其自身的营养特点，如肉类食物含有丰富的优质蛋白质和饱和脂肪酸以及一些脂溶性维生素，但它缺少碳水化合物、水溶性维生素，特别是维生素 C、维生素 B_1、无机盐和膳食纤维。所以进行食物选择时，为满足人体对各种营养素的需求，最基本的要求是食物原料的选择应多样化。除选择肉类外，还应选择蔬菜水果类、豆类及其制品、禽蛋类、奶类、食用菌类等食物。

2）营养素比例合理。平衡膳食要求营养素之间在功能和数量上保持平衡。如三种产热营养素的平衡，由于供给充足的碳水化合物或脂肪能提供人体所需的足够的能量，就可以减少蛋白质分解产能而有利于改善氮平衡状态，增加体内氮的储存；相反，若膳食中碳水化合物或脂肪供给不足，人体将分解蛋白质供给能量以维持最基本的生理功能，因而碳水化合物和脂肪对蛋白质具有节约作用。又如维生素与产热营养素之间的平衡，二者之间的关系表现在能量的代谢上，硫胺素、核黄素、尼克酸在体内以辅酶的形式参与能量代谢过程，因而它们的供给量与能量的供给密切相关。此外，饱和脂肪酸和不饱和脂肪酸之间也需保持平衡，一般来说，不饱和脂肪酸熔点低、容易消化吸收，还含有人体需要的必需脂肪酸，故其营养价值较高；而饱和脂肪酸熔点高、不易消化吸收，所以营养价值较低，且摄入过多会增加动脉粥样硬化的风险。因此烹饪时提倡以使用植物油为主，减少动物油的使用量。

（2）合理的膳食制度

合理的膳食制度是指合理地安排每日的餐次、每餐的数量与质量，使其与日常生活制度和生理状况相适应，并使进餐和消化过程协调一致，使膳食中的营养素得到充分的消化、吸收和利用，以提高劳动效率、工作效率和学习效率。

1）餐次及间隔。按照我国人民的生活习惯，正常情况下一日安排三餐比较合理。两餐之间的间隔时间不应太长，间隔太长会引起过度饥饿感，影响人体的耐劳力和工作效率；也不应间隔太短，因为上餐食物在胃中尚未排空便进食，消化器官会得不到适当的休息，消化功能不易恢复，而影响食欲和消化能力。一般混合食物在胃中停留时间为 4～5 h，所以两餐间隔以 4～6 h 为宜。

2）数量的分配。每餐数量的分配也要适应体力活动和生理状况。比较合理的分配是：早餐占全天总热能的 25%～30%，午餐占全天总热能的 40%，晚餐占全天总热能的 30%～35%。吃早餐时，因为人们刚起床，食欲较差，易将其忽略，但为了满足上午工作、学习的需要，不应忽略早餐，最好吃体积比较小、热量比较高的食物，处在生长发育阶段的儿童、青少年应特别注意早餐的质量。午餐，既要补充上午的能量消耗，又要满足下午工作、学习的需要，所以占全天热能的比例应最多，并应多安排一些富含蛋白质、脂肪的食物。晚餐的热能要稍低，因夜间活动少，热能消耗不大，进食过多易影响睡眠。有研究表明，夜间被人体吸收的胆固醇更容易在血管壁沉积，故晚餐应以清淡为宜。但须注意，不同的人群有不同的生理状况，每餐的营养分配应具体分析和考虑。

（3）促进食欲

1）良好的饮食习惯和生活卫生习惯。人体的食欲受很多因素的影响，除了与机体的饥饿程度、消化系统功能、情绪的好坏有关外，还与饮食习惯、生活和卫生习惯密切相关。如一日三餐定时、定量，用餐时细嚼慢咽，充足的睡眠，适当的户外活动，正常的排泄，良好的用餐环境以及愉快的情绪等，都可影响人体的食欲。

2）妥善地编制食谱和合理地进行烹调制备。编制食谱和进行烹调制备时，要考虑食物的色、香、味、形和多样化。因为人类具有高度发达的中枢神经系统，所以在食物中任何可以影响大脑兴奋与抑制的因素都可以影响食欲。在选择原料和进行搭配时应注意这一特点，使就餐者保持旺盛的食欲，例如，菜肴的色泽搭配，无论是顺色搭配还是异色搭配，都要把菜肴的主料、辅料的色泽搭配协调，使其美观大方。

3）保证清洁卫生，防止食物被污染，并注意减少营养素的损失。食物是否清洁卫生、是否被污染，也是影响食欲的因素。这就要求必须重视食品卫生教育和营养知识的普及工作，尤其对从事饮食营养工作的各类人员，均须具有食品卫生和合理烹饪的基础知识，从而保证膳食计划、配餐、制备各个环节都能达到要求。

培训项目 6

中国居民膳食指南（2016）

一、《中国居民膳食指南（2016）》的特点

1. 核心推荐更简洁

《中国居民膳食指南（2016）》较 2007 版膳食指南，核心推荐更加精简，由原来的 10 条建议变为 6 条建议，每条建议 8 个字，共计 48 个字。

（1）食物多样，谷类为主。

（2）吃动平衡，健康体重。

（3）多吃蔬果、奶类、大豆。

（4）适量吃鱼、禽、蛋、瘦肉。

（5）少盐少油，控糖限酒。

（6）杜绝浪费，兴新食尚。

2. 覆盖人群更广

《中国居民膳食指南（2016）》较 2007 版膳食指南，在特定人群膳食部分的孕妇、乳母、婴儿、儿童、老年人的基础上增加了素食人群。一般人群年龄由大于 6 岁扩至大于 2 岁以上健康人群，涵盖的人群更广。

3. 更加强调"平衡膳食、均衡营养"

每一版的膳食指南都有其侧重点，《中国居民膳食指南（2016）》较前版更加突出"平衡膳食、均衡营养"这个概念，如图 3-1 所示。

4. 更加强调"健康体重"

近年来中国居民的肥胖率不断攀升，与之相关的慢性病发生率也在逐年上升。目前我国居民普遍存在身体活动不足或缺乏运动锻炼而能量摄取相对过多，导致超重和肥胖发病率逐年增加的情况。所以健康体重的概念更需引起国人重视，在

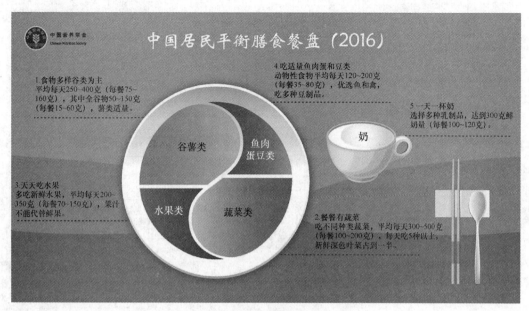

图 3-1　中国居民平衡膳食餐盘（2016）

新版膳食指南中更加强调了这个概念，并将其放在了核心推荐的第二条。

5. 首次提出"控糖"概念

2015 年，世界卫生组织（WHO）公布了糖摄入指南，更新了对糖摄入量限制的建议。该指南强烈推荐将儿童和成年人的糖摄入量都控制在总能量摄入的 10%以下，以预防肥胖、龋齿等健康问题。

近年来调查发现，我国居民，特别是儿童、青少年摄入含糖饮料明显增加，继而导致肥胖率明显升高，而肥胖是多种慢性病的根源。为了遏制这一发展趋势，新版膳食指南着重强调"控糖"的问题，提醒大众，特别是儿童及青少年少喝含糖饮料、少吃含糖点心、控制膳食中添加糖的摄入。

6. 膳食宝塔推荐摄入量发生变化

"中国居民平衡膳食宝塔"在形式上未做变动，仍是宝塔的形式，只是在食物的建议摄入量上做了细微的调整。主要变化是四降一升，即水果、动物性食品、大豆和盐的摄入量下降，饮水量上升。具体如图 3-2 所示。

二、《中国居民膳食指南（2016）》的应用

1. 食物多样，谷类为主

食物多样是实现平衡膳食的基本途径，每天的膳食应包括水、谷薯类、蔬菜类、水果类、畜禽肉、水产品、蛋类、奶及奶制品、大豆及坚果类、油脂类等食物。

图 3-2　中国居民平衡膳食宝塔（2016）

建议成人平均每天摄入 12 种以上食物，每周 25 种以上。按照三餐食物种类进行分配，建议早餐摄入 4 ~ 5 种，午餐摄入 5 ~ 6 种，晚餐摄入 4 ~ 5 种，加上零食 1 ~ 2 种。为了保证摄取食物的丰富性，建议选择多种小份食物，并且尽量做到有粗有细、有荤有素，避免单一。

应每天摄入谷薯类食物 250 ~ 400 g，其中全谷物和杂豆 50 ~ 150 g，薯类 50 ~ 100 g。

2. 吃动平衡，健康体重

食物摄取量和身体活动量是保持能量平衡，维持健康体重的两个主要因素。各年龄段人群都应每天运动、保持健康体重。体质指数常用 BMI 表示，其计算方法为体重（kg）除以身高（m）的平方，成人健康体重的体质指数一般应在 18.5 ~ 23.9 之间。

食不过量，控制总能量摄入，保持能量平衡。"管住嘴，迈开腿"，努力保持健康体重，促进身体健康，降低各类疾病的发生风险。

坚持日常身体活动，建议成人每周进行 5 天中等强度身体活动，每次至少 30 min，累计 150 min 以上。规律运动不但能够增强体质，而且可改善健康状况。

减少久坐时间，每小时起来动一动，避免成为久坐族。日常还应多增加走路、骑车和爬楼梯的机会。

3. 多吃蔬果、奶类、大豆

蔬菜水果是平衡膳食的重要组成部分，大部分蔬菜具有含水量高、能量低的特点，是维生素、矿物质的重要来源。奶类富含钙，也是优质蛋白质和 B 族维生素的来源。大豆富含优质蛋白质、维生素 E、大豆异黄酮等。

应保证每天摄入 300～500 g 蔬菜，且每餐都有蔬菜，深色蔬菜应占 1/2。深色蔬菜是指红色、橘红色、紫红色、深绿色等蔬菜，其中 β-胡萝卜素、花青素、番茄红素等含量丰富。蔬菜在烹调中应遵循先洗后切、开汤下菜、急火快炒、炒好即食的原则。

应保证每天摄入 200～350 g 新鲜水果，果汁不能代替鲜果。水果和蔬菜的营养价值各有特点，水果可以补充蔬菜摄入不足，但不能代替蔬菜。

建议每日摄入液态奶 300 g 或等量的奶制品。喝牛奶后会出现腹胀、腹泻、腹部不适等症状的乳糖不耐症人群建议选择酸奶、奶酪等发酵型奶制品。

常吃各类豆制品可以为机体提供各类优质蛋白，并且大豆蛋白质中富含谷类较为缺乏的赖氨酸，可以起到粮豆互补的作用。

坚果富含多种不饱和脂肪酸、矿物质、维生素 E 等，每周进食 50～70 g 坚果，有助于保持心脏的健康。但坚果富含油脂，不建议过多食用，否则会造成能量摄入过多。

4. 适量吃鱼、畜禽肉、蛋类

鱼、畜禽肉和蛋类均富含优质蛋白、脂溶性维生素、矿物质等，建议适量摄入。每周应吃鱼 280～525 g、畜禽肉 280～525 g、蛋类 280～350 g，平均每天摄入总量 120～200 g。在食物选择上建议优先选择鱼肉和禽肉。蛋黄中含有丰富的磷脂，一般人群吃鸡蛋不需要丢弃蛋黄。应少吃肥肉和烟熏、腌制类肉制品。

5. 少盐少油，控糖限酒

食盐是烹饪中主要的调味品，也是人体钠和氯的主要来源，但是过多地摄取食盐会造成血压升高。因此，应培养清淡的饮食习惯，少吃高盐食品。烹调中所使用的各种动植物油脂，既为菜肴赋予了风味，又能够促进脂溶性维生素的吸收。但我国居民日常烹调用油摄入量远远大于推荐值，摄入油脂过多会令其变成脂肪存储在体内，如果未被消耗，那么日积月累会引起体重增加，增加高血压、糖尿病等慢性病发生的风险。因此，应减少烹调用油，尽量少吃油炸食品，建议成人每天食盐不超过 6 g，烹调油 25～30 g。

应控制添加糖的摄入量，成人每天摄入不超过 50 g，最好控制在 25 g 以下。

应尽量少吃由人造奶油、起酥油等制作的食品，避免反式脂肪酸的过多摄入。有研究表明反式脂肪酸摄入过多会增加患动脉粥样硬化和冠心病的风险，并可能影响儿童的生长发育及神经系统的健康。

建议成年人每天饮用 7～8 杯水（1 500～1 700 mL），饮水方式应少量多次，提倡饮用白开水和淡茶水，不喝或少喝含糖饮料。

儿童、青少年、孕妇、乳母不应饮酒。成人如饮酒，男性一天饮用酒的酒精量不应超过 25 g，女性不超过 15 g。

6. 杜绝浪费，兴新食尚

我们要从自身做起，珍惜食物，按需备餐，提倡分餐不浪费。

尽量选择当地当季或储存期较短的新鲜食物，其水分含量高，营养素也较充足。食物应干净、卫生并选择适宜的烹调方式。

食物制备要做到生熟分开、避免交叉污染。熟食和未及时食用的食物二次加热时应充分热透，避免细菌性食物中毒的发生。

平时生活中要学会阅读食品标签，充分了解食品的生产日期、保质期、配料、营养标签、质量等级等，充分了解其中的油、盐、糖等含量，根据自身需要合理选择食品。

多回家吃饭，享受食物和亲情。传承优良文化，兴饮食文明新风。

2021 年 2 月，中国营养学会发布了《中国居民膳食指南科学研究报告（2021）》，为修订《中国居民膳食指南（2016）》提供了重要的科学依据。该报告的具体内容见附录。

职业模块 四
食品安全知识

培训项目 ① 食品污染及其控制、预防措施

食品污染是近年来人们普遍关心、关注的热点问题，随着科技、经济的进步，食品污染现象更加受到重视。食品未受污染时一般不含有毒、有害物质，或其含量微乎其微，不会导致人体发生病变或对人体产生危害。

食品污染的诱因很多，可通过生态系统或食物链污染食品，也可直接或间接污染食品。食品污染影响到了食品的安全和卫生，不同程度的污染都会对人体产生危害。

一、食品污染的概念

食品污染是指食品在生产、加工、储存、运输和销售过程中受到有毒、有害物质的侵袭，并超过规定标准，使食品的安全性、营养价值或感官性质发生改变的过程。摄入被污染的食品有可能引起急性中毒或感染症状，长期摄入也会导致有害物质在体内沉积形成慢性中毒。

对人体产生危害的物质称为污染物。污染物是构成食品不安全的主要因素，如何避免食品被污染物污染，是食品安全工作的重要内容。

二、食品污染的分类

食品污染根据污染物性质的不同，可分为三大类，即生物性污染、化学性污染和物理性污染。

1. 生物性污染

生物性污染是指由微生物或其有毒的代谢产物、病毒、寄生虫及其虫卵、昆虫等生物对食品的污染，其中以微生物污染范围最广、危害最大，是危害食品安全的首要因素。由于生物性污染具有不确定性和控制难度大的特点，因此受到了

食品安全监管部门的高度重视。

随着食品工程科技的进步，新技术（基因工程技术）对食品的影响也越来越受到人们的关注。目前，世界上已有十余个国家种植转基因农作物，种植的物种包括大豆、玉米、棉花、马铃薯等。基因工程技术对农作物产量的增长提供了帮助，但人类目前对基因工程改造食品安全性的了解还不够全面，这类食品对人体是否真正安全仍需要进一步的研究证实。

微生物是指体型微小、结构简单的生物，它们具有生长繁殖快、易变异、数量多、分布广等特性。微生物必须借助电子显微镜或光学显微镜的帮助才能看到，有的需要放大几百、上千倍，有的甚至需要放大上万倍。

微生物污染主要包括细菌与细菌毒素污染、霉菌与霉菌毒素污染、寄生虫与虫卵污染、昆虫与有害动物污染等。

（1）细菌与细菌毒素污染

单个细菌体积微小，以微米为测量其尺寸的单位，60个大肠杆菌并排的长度相当于头发丝的直径。细菌以个体形态划分，可分为球菌、杆菌、螺旋菌。如果细菌是以群体形式存在的，则称为菌落，一个菌落由大量细菌组成，肉眼是可见的。

食品中可能存在的细菌种类繁多，一般来说，食品易在原料的生产、采集过程中，以及加工、储存、运输及销售过程中受到细菌污染。如卫生管理的缺失使食品被环境、设备、器具上的细菌污染；食品从业人员不按规定操作造成食品污染；烹调过程中食物未烧熟、煮熟，生、熟食材未分开切割造成食品污染。

判断食品是否被细菌污染有两个指标：一个是细菌总数，又称菌落总数；另一个是大肠菌群的数量。食品中的细菌总数能够反映出食品的一般卫生质量，根据细菌总数的多少，可以推测出食品在生产、加工、储存、运输、销售等过程中的卫生管理情况。细菌总数低，表明食品卫生符合标准；反之则表明在上述环节中的某个或多个环节出现了食品污染的问题。大肠杆菌是评价食品卫生安全的另一个重要指标，若食品中检出大肠菌群，则表明食物受到了粪便的污染，有可能存在肠道致病菌。大肠菌群的数量，表明了食物受粪便污染的程度。

细菌与细菌毒素主要包括致病菌、条件致病菌和非致病菌。

1）致病菌。致病菌即指可致病的微生物，其对食品的污染分为两种。第一种是食物原料在生产前即被感染，如在动物生产前即感染致病菌且在生产过程中未有效杀灭，导致生产出的食品污染。这种污染模式主要的致病菌有肠炎沙门菌、猪霍乱沙门菌等；此外，还有引起人畜共患的结核病的结核杆菌、布氏病的布鲁杆菌属、炭疽病的炭疽杆菌。第二种是致病菌来自外部环境，与食物原料本身是否被感染无关。这种污染模式主要的致病菌有痢疾杆菌、副溶血性弧菌、致病性大肠杆菌、伤寒杆菌、肉毒梭菌等。这些致病菌通过粪便、分泌物、昆虫、器具、容器、接触食物的手等，造成食品污染。

2）条件致病菌。条件致病菌指一般情况下不致病，但在特殊条件下会使人体致病的细菌，常见的有葡萄球菌、链球菌、变形杆菌、韦氏梭菌、蜡样芽孢杆菌等。

3）非致病菌。非致病菌在自然界分布极广，在土壤、水体、食物中最为常见。食品中的细菌绝大部分是非致病菌，这些非致病菌不会对人体产生危害，如假单胞菌属、革兰氏阴性无芽孢杆菌。多数的非致病菌会造成食品的腐败变质，一般称之为腐败菌，是非致病菌中种类最多的一类病菌。某些非致病菌会分解食物中的各种成分并产生色素。

（2）霉菌与霉菌毒素污染

霉菌是菌丝体较发达的小型真菌的俗称。其在自然界分布很广，种类繁多，已知的霉菌有4万余种，而致病的霉菌毒素有200余种。有些霉菌是对人类有益的，在发酵酿造工业、医药行业等起着重要的作用。但有些霉菌污染食品后会迅速繁殖，导致食品腐败变质，失去食用价值，甚至在一定条件下会产生毒素。

霉菌毒素与细菌毒素不同，它不是复杂的蛋白质分子，不会产生抗体。它的生长受环境、气候、菌粒等多方面的影响，而且具有地区性和季节性。对人和动物危害最大的霉菌毒素有黄曲霉毒素、展青霉素及其他霉菌毒素。

1）黄曲霉毒素。黄曲霉毒素（Aflatoxin，简称AF），是由黄曲霉和寄生曲霉产生的一类结构类似的代谢物，具有极强的毒性。其1962年被命名为黄曲霉毒素，衍生毒素有20余种。

黄曲霉毒素的毒性与其结构有一定的关系，常见的有黄曲霉毒素 B_1、黄曲霉毒素 G_1、黄曲霉毒素 M_1。黄曲霉毒素 B_1，主要污染粮油食品，其毒性和致癌性最强。因此，食品卫生监管部门以检测黄曲霉毒素 B_1 作为污染食品的指标。

黄曲霉毒素在自然界分布十分广泛，调查表明，易发生黄曲霉毒素污染的地区广泛分布于长江流域以及长江以南的高温高湿地区，北方各省污染程度较轻。

其污染的食物包括花生、花生油、玉米、大米、小麦等，尤以玉米最为严重，甜薯、胡桃、杏仁等也会受到污染。黄曲霉毒素耐热，在一般的烹调加工中很难被破坏掉，在280 ℃时发生裂解，毒性被破坏。国内外调查结果显示，人类肝癌的发病率与该地区粮油作物中黄曲霉毒素 B_1 的污染程度呈平行关系。

具体应参照《食品安全国家标准食品中真菌毒素限量》（GB 2761—2017）对黄曲霉毒素 B_1 的限量指标。

2）展青霉素。展青霉素（Patulin）是一种可由多种霉菌产生的有毒代谢产物，如扩展青霉、荨麻青霉、细小青霉、棒曲霉、土曲霉、巨大曲霉、丝衣霉等。

展青霉素会存在于霉变的面包、香肠、香蕉、梨、菠萝、葡萄等水果中，以及苹果汁、苹果酒或其他产品中。

具体应参照《食品安全国家标准食品中真菌毒素限量》（GB 2761—2017）对展青霉素的限量指标。

3）其他霉菌毒素。

①玉米赤霉烯酮。该毒素主要由禾谷镰刀菌、黄色镰刀菌、木贼镰刀菌等产生，主要污染玉米，也会污染小麦、大麦、大米等粮食作物。

②伏马菌素。该毒素主要由串珠镰刀菌产生，可分为伏马菌素 B_1 和伏马菌素 B_2 两类，主要污染玉米和玉米制品。

③3-硝基丙酸。该毒素是曲霉属和青霉属等少数菌种产生的有毒代谢产物，主要污染甘蔗。

（3）寄生虫与虫卵污染

生物界中，有一些动物不具备在外界自生的能力，必须暂时或永久寄生在其他生物的体表或体内以获取营养，这些生物称为寄生生物；被寄生生物寄生的生物称为宿主。如在人体的小肠内可能会有蛔虫，则蛔虫是寄生虫，人体是宿主。由寄生生物中的寄生虫引起的人畜疾病称为寄生虫病。

寄生虫中的囊虫、旋毛虫主要的宿主是畜类，华支睾吸虫、阔节裂头绦虫主要的宿主是鱼贝类，水生植物表面的寄生虫有姜片虫，瓜果表面会寄生有蛔虫虫卵。

1）囊虫。其病源在牛体内为无钩绦虫，在猪体内为有钩绦虫，牛、猪均是绦虫的中间宿主。绦虫的幼虫在猪和牛的舌肌、咬肌、臀肌、深腰肌、颈肌和膈肌内形成囊尾蚴。囊尾蚴是一种白色半透明的水泡状包囊，包囊一端为乳白色、不透明的幼虫头节。猪囊尾蚴的包囊呈圆形或椭圆形，透明或灰白色，米粒至豌豆大小，充满透明液体，囊壁的一边凹入，为白色点，即囊尾蚴的头节。有大量囊尾蚴的猪肉，称为"米猪肉""豆猪肉"。

人吃了含有囊尾蚴的猪肉时，囊尾蚴会在肠液及胆汁的刺激下，头节从包囊中破出，以吸盘或钩子附着于肠壁而逐渐成长为成虫。囊尾蚴会通过血液循环到达全身，如果寄生在肌肉内，会使人感到肌肉酸痛、僵硬；如果寄生于脑内，会令脑组织受压迫而出现精神症状，造成抽搐、癫痫、瘫痪甚至死亡；如果寄生于眼部，可影响视力，甚至使人失明。这种寄生虫长期寄生于人体肠道内，并通过粪便不断排出节片或卵，使人成为终宿主。成虫可长期寄生，有的长达25年以上。

2）旋毛虫。旋毛虫是一种很细小的线虫，长3~4 mm，一般肉眼不易看出。其成虫寄生在宿主的十二指肠内，幼虫寄生在宿主的横纹肌内，卷曲成螺旋形，外面有一层包囊，呈柠檬状。旋毛虫病是人畜共患的疾病，猪、狗、野生动物都有可能感染旋毛虫病，人若吃了患有旋毛虫病的动物制品，也可能患此病。

人吃了含有旋毛虫幼虫的肉制品后，幼虫由囊内破出进入十二指肠，迅速生长发育为成虫。成虫经繁殖后，产出幼虫，幼虫穿过肠壁，随血液循环被带到全身各部位的横纹肌内，生长发育到一定阶段，开始卷曲成螺旋形，周围逐渐形成包囊。人体患旋毛虫病后，可能出现头晕、头痛、腹痛、腹泻、发烧等症状。轻者会出现肌肉酸痛，眼睑和下肢浮肿，短期内不会消失；严重者可出现呼吸、咀嚼困难和语言障碍。

3）华支睾吸虫。华支睾吸虫又称肝吸虫，是寄生于人体胆道系统中的一种常见寄生虫。成虫呈灰白色或微黄色，虫卵在水中可存活，需在第一宿主螺蛳体内孵出幼毛蚴，再发育为尾蚴。尾蚴在水中进入第二（中间）宿主，即淡水鲤科鱼类或虾类，经20余天发育成熟后，形成囊蚴。人（即终宿主）生食或半生食含有活囊蚴的水产品后，幼虫在十二指肠内破壁而出，成为童虫，童虫经胆总管、肝胆管至肝内胆管分支内寄生，约1个月后，童虫在胆管内发育为成虫并开始排卵。

人体感染后主要表现为慢性消化机能紊乱，如不规则腹泻或便秘、食欲不振、上腹部胀满、肝肿大、胆囊炎。若有肝吸虫寄生于儿童体内，则会影响其生长发育。人体感染此病多是因为食用生鱼或未煮透的淡水鱼、虾。囊蚴也可通过砧板、菜刀等用具污染食品，造成疾病的传播。

4）阔节裂头绦虫。阔节裂头绦虫是一种鱼类绦虫。成虫寄生在人、猪、猫、犬等动物体内，人是此虫的主要宿主。虫卵随人的粪便排出，进入水体后，被水蚤吞食，成长为原尾蚴，水蚤被鱼吞食后，进入鱼的脏腑或肌肉内，逐渐发育成熟。人或动物吃下含有这种幼虫的鱼肉后，就有可能被感染。

人体感染后主要表现为腹痛、消瘦、乏力，严重者可出现贫血。

5）姜片虫。姜片虫是人体最大的寄生吸虫，体长 30~70 mm，寄生于小肠内。猪是其主要的宿主，成虫在小肠内经 3~4 个月发育成熟。其尾蚴在各类水生植物的块茎、球根和果实中发育为囊蚴，荸荠、水莲、茭白、水百合等是囊蚴的寄居处。人或畜类生食含有游离囊蚴的植物或饮用被污染的水后便会被其感染。

人体感染后，成虫会损害小肠黏膜，其附着的肠壁可能形成深层溃疡，重度感染可使肠道梗阻。虫体产生的有毒代谢产物，会引起腹痛、脸部浮肿、肝肿大、恶心、呕吐等症状。

6）蛔虫。蛔虫是寄生于人体小肠内的一种常见寄生虫。蛔虫是一种大型线虫，形如蚯蚓，虫体黄白色或乳白色，雌雄异体，圆柱状，长 15~40 cm。蛔虫不需要中间宿主，虫卵会随粪便排出。人体常因生食未洗净的食物而导致感染。

其成虫寄生在小肠上段，雌虫可每天产卵 20 万个，随粪便排出，带虫卵的粪便灌溉的蔬菜上普遍带有虫卵。虫卵被人或动物摄食后，在大肠上段孵出幼虫，幼虫侵入肠壁通过静脉到达肺部，然后沿气管移至咽部，经吞咽入食道，再返回肠道内发育为成虫。从经口感染到成虫产卵，共需 10~11 周。

人体感染蛔虫后，其幼虫在体内移行时，可引起呼吸道症状，如咳嗽、肺炎等；成虫在小肠内寄生时，可引起腹痛等肠道功能紊乱；幼虫有时还会移至胆道，引起胆道阻塞等症状。

（4）昆虫与有害动物污染

苍蝇、蟑螂、老鼠等是造成食物污染和疾病传播的重要媒介，是对食品安全的严重威胁，在食品加工、储存、销售等过程中应避免食品受到这些有害生物的侵害。

1）苍蝇。苍蝇是传播肠道传染病的重要媒介，同时也会散布病菌，造成食品污染，引起食物中毒。苍蝇的繁殖发育过程属于完全变态，可分为卵、幼虫（蛆）、蛹、成虫 4 个时期。苍蝇多将卵产于粪便、垃圾、腐烂植物及动物的尸体中，其寿命一般为 1~2 个月，越冬苍蝇可存活 4 个月以上。

苍蝇身上粘满各种微生物，其中可能会有伤寒、痢疾、结核、炭疽、肝炎等病原微生物。苍蝇往返于人畜的粪便与食物之间，常把病原微生物、寄生虫卵带到食物上。苍蝇有边吐、边吃、边排泄的习性，在吃东西时也会吃进大量病菌，因而它的肠道内也充满了病菌。它是各种肠道传染病、寄生虫病的重要传播者。

2）蟑螂。蟑螂是饮食业最为普遍的一种害虫，也称蜚蠊。蟑螂分为两大类，一类生活在野外，全世界有 3 000 多种，我国有 200 多种，这一类对食品不会造成危害。另一类称为家栖蟑螂，生活在人类活动场所，全世界发现有 16 种，我国有 7 种，常见的是美洲大蠊、德国小蠊和日本大蠊。

蟑螂一般喜欢生活在阴暗、温暖、潮湿又有食物和水的场所。家栖蟑螂一般都在夜里出来活动，活动的高峰时期在半夜，天亮前就停止活动隐藏起来。它是一种杂食性的昆虫，能吃各种食品、垃圾、粪便、痰液、血液、动物尸体等，最喜欢吃的是带有香味的含糖食品和各种发酵食品。

蟑螂的体表和腔肠极易携带多种致病菌和寄生虫卵，除造成食品、食具的污染外，还可以传播肠道疾病和寄生虫病。

3）老鼠。老鼠是厨房中较为常见的有害动物之一，是哺乳动物中繁殖迅速、生存能力强的种类，全世界约有 3 000 种。老鼠的食性很杂，可进食所有人类的食物，尤其是谷物类、瓜子、花生和油炸食品。

老鼠常出没于下水道、厕所、厨房、杂物及垃圾堆放处等，在带菌场所与干净场所来回行动，经由鼠脚、体毛及胃携带并传播病原菌。老鼠咬过的食品原料应丢弃，以防止疾病传播。

2. 化学性污染

化学性污染主要是指化学物质对食品的污染，包括农药与其他污染，即农药、兽药、化肥在食品中残留造成的污染；有毒金属（如汞、铅、铬、砷）、食品添加剂对食品的污染；食品加工不当造成的污染，如多环芳烃类、丙烯酰胺、氯丙醇等对食品的污染；食品容器和包装材料污染，如金属包装物、塑料包装物及其他包装物可能含有的有害化学成分和工业废弃物等造成的食品污染。这些污染食品的化学物质，有的来源于食品所处的环境，有的来源于食品加工烹饪的过程。

（1）农药与其他污染

在动植物的生长过程中，可能会受到病毒、病菌及害虫的侵害，引起动植物减产或死亡。所以，在培育动植物的过程中，会或多或少地使用一些农药、兽药或化肥，当用量在规定的标准使用范围内时，是不会对食品安全造成危害的。但如果过量或违规使用，就会使食品中存在残留，危害食品安全，威胁人体健康。

1）农药污染。全世界使用的农药已有 2 000 余种，频繁使用的有 100 余种。农药按化学结构可分为有机氯、有机磷、有机氮、氨基酸酯、有机硫、拟除虫菊酯、有机砷、有机汞等多种类型。按用途可分为杀虫剂、杀菌剂、除草剂、杀线虫剂、杀螨剂、杀鼠剂、落叶剂、植物生长调节剂等，其中广泛使用的是杀虫剂、杀菌剂和除草剂三大类。

农药残留是指农药使用不当时，对环境和食品造成的污染，使食品表面及食品内残存农药及其代谢物、降解物或衍生物。农药污染的途径包括直接污染、间接污染、生物富集作用与食物链污染。

有机磷农药是目前使用最多的一种杀虫剂，常用产品包括敌百虫、敌敌畏、乐果、马拉硫磷等。有机磷农药大多属于神经毒剂，可通过消化道、呼吸道和皮肤进入体内。进入人体后可引起急性中毒，出现出汗、震颤、神经错乱、语言失常等症状，严重者可导致死亡，孕妇有机磷中毒可导致流产、胎儿畸形等。

拟除虫菊酯农药一般用作杀虫剂和杀螨剂，具有高效、低毒、低残留、用量少的特点。一般慢性中毒较为少见，急性中毒多是由于误服或生产接触所导致。

2）兽药污染。兽药污染是指畜禽及水产品的可食部位含兽药或其代谢物，以及与兽药有关的杂质残留过量对食品引起的污染。兽药中毒可引发急性症状，也可引发慢性症状，经常食用兽药残留过量的食物，可使人体内的病菌产生耐药性。

造成食品中兽药残留过量的原因有两个，一是不遵守休药期规定，休药期是指屠宰畜禽及其产品允许上市前的停药时间，如畜禽类刚使用过抗生素就上市销售，肉中就会有抗生素残留；二是不按规定使用或滥用兽药，从而增加药物在食品中存留的时间。

3）化肥污染。化肥是化工产品，种类很多，如氮肥、磷肥、钾肥、微量元素肥料以及复合肥等。复合肥是指将化工化肥与天然肥料混合制成的肥料。合理使用化肥，可以为植物生长提供必要的营养，提高作物的产量和品质。但是，若过量使用化肥，则会导致食品中硝酸盐等含量过高，引起食物中毒。

（2）有毒金属污染

人体在饮水、摄入食物及参加生产、生活等活动的过程中，有可能接触和摄入金属元素，一般情况下不会对人体产生影响，但摄入量过多，会导致对机体的潜在危害。工业生产过程中产生的"三废"，即废水、废气、废渣中含有汞、镉、铅、砷等有毒元素，这些元素会随水体、大气、生物富集作用进入人体，造成危害。

1）汞。受到汞污染的食物主要有鱼、虾、贝类等。水体中的汞通过食物链和生物富集作用，在生物中聚集，有的鱼类中，汞的浓缩系数可达数千倍以上。灌溉用水中的汞也可污染农作物。一般来说，微量的汞不会对人体产生危害，但如果汞长期在人体内存积，会对中枢神经系统造成损伤，影响大脑和小脑。

2）镉。镉在生物体中蓄积性强，一般来说，蔬菜类食物易受其污染，谷类也会储蓄较多的镉。人体急性或慢性镉中毒主要是因为使用镀镉容器储存食物从而导致镉进入人体，在肝脏、肾脏等器官中蓄积，引起骨痛病、骨骼畸形或骨折等。

3）铅。污染食品的铅主要来源于含铅的食品容器、含铅农药、废水等，大气中的铅主要来自工业废气和汽车尾气。铅中毒主要引起神经系统、造血器官和肾脏的损伤，表现为食欲不振、失眠、头昏、腰痛、腹泻、贫血等症状，铅对人体产生的毒性是不可逆的。

4）砷。污染食品的砷主要来源于含砷的食品添加剂、过量使用的含砷农药、工业"三废"等。水生生物对砷有富集作用，特别是海洋生物对砷有很强的富集能力。慢性砷中毒主要损伤神经细胞，表现为食欲下降、体重减轻、胃肠道功能障碍、多发性神经炎等症状。

（3）食品添加剂污染

食品添加剂是指食品生产、加工、保存等过程中添加和使用的少量化学合成物质或天然物质。食品添加剂不是食品，有些具有毒性，所以在使用上尽可能不用或少用，必须使用时应严格控制使用范围和使用量。

食品添加剂包括防腐剂、抗氧化剂、发色剂、增稠剂、疏松剂、漂白剂、甜味剂、凝固剂、品质改良剂、香精、香料等。食品添加剂使用过量会破坏和降低食品的营养价值，有些还会造成食物中毒。

（4）食品加工不当造成的污染

1）多环芳烃类。多环芳烃类目前已发现有 200 余种，其中多数具有致癌性。苯并芘是多环芳烃类化合物中一种重要的食品污染物，其致癌性最强，在加工过程中不易被破坏。

熏烤食物时使用的熏烟中含有多环芳烃类物质。滴于火上的食物脂肪的焦化产物发生聚合反应，形成苯并芘并附着于食物表面，食物炭化时脂肪热聚合也会生成苯并芘。苯并芘通过食物或饮水进入人体后，在肠道被吸收并进入血液中，很快分布于全身，可通过肝脏、胆道随粪便排出体外。

食物中多环芳烃化合物的主要来源有：

①食物在烘烤或熏制时直接被污染。

②食物中的脂肪经高温发生热分解或热聚合。

③农作物吸收被污染的土壤、水中存在的多环芳烃。

④食品包装材料。

⑤水产品被工业废水污染。

2）硝基化合物。硝基化合物包括硝酸盐、亚硝酸盐。硝酸盐广泛存在于环境中，如水、土壤、植物等。在一定条件下硝酸盐会转变为亚硝酸盐。使用硝酸盐化肥过多会导致蔬菜中含有较多的硝酸盐，蔬菜腌渍时，若时间过长或盐分不够，蔬菜容易变质，腐败菌可将硝酸盐转变为亚硝酸盐。肉、鱼类食品加工时，常用硝酸盐作为防腐剂和发色剂，食品中的硝酸盐在细菌硝基还原酶的作用下，可形成亚硝酸盐。

硝基化合物具有较强的致癌性，可使动物器官组织产生肿瘤，少量长期摄入或一次大量摄入，均具有致癌及致畸作用。其较易引发肝癌、食管癌及胃癌。

（5）食品容器和包装材料污染

食品容器和包装材料是指盛放、包装食品用的纸、竹、木、金属、陶瓷、塑料、橡胶、天然纤维、化学纤维、玻璃等。这些容器或材料在与食品接触中可能会将有害成分转移到食品中，造成食品污染。

1）塑料。塑料是以单体为原料，通过加聚或缩聚反应聚合而成的高分子化合物。我国允许使用的塑料食品包装材料有聚乙烯、聚丙烯、聚苯乙烯、聚氯乙烯、聚碳酸酯等。

①聚乙烯与聚丙烯。聚乙烯简称 PE，聚丙烯简称 PP，这两种塑料的毒性很低，对人体无害。

聚乙烯分为高密度聚乙烯与低密度聚乙烯。高密度聚乙烯质地柔软，多制成薄膜，其特点是透气性好、不耐高温。低密度聚乙烯坚硬、耐高温，可以煮沸消毒。

聚丙烯具有防潮性、耐热性且透明度好，可制成薄膜、编织袋、食品周转箱等。

②聚苯乙烯。聚苯乙烯简称 PS，分为透明聚苯乙烯与发泡聚苯乙烯。透明聚苯乙烯较脆、无弹性，用于制作透明盒、小餐具、食品包装用膜等。发泡聚苯乙烯的制品为一次性发泡餐具，该制品难降解且具有一定毒性，一些地区已禁止使用。

③聚氯乙烯。聚氯乙烯简称 PVC，具有透明度高、易分解及老化的特性。一般制成工业用的薄膜或盛装液体的瓶子，还可制成管道。其本身无毒，但可与人体内的 DNA 结合产生有毒物质，引发神经系统病变、骨髓和肝脏损伤等。

其成品中要使用大量的增塑剂，有些增塑剂的毒性较大，会对人体产生危害。其中添加的稳定剂和紫外线吸收剂等助剂，也会污染食品，从而影响人体的健康。

④聚碳酸酯。聚碳酸酯简称PC，具有无味、无毒、耐油的特点，广泛使用于食品包装，可用于制造水壶等。

2）橡胶。橡胶分为天然橡胶和合成橡胶。天然橡胶无毒，但其中的一些添加剂有毒。橡胶若长期接触食品，在高温、水蒸气、酸性条件下，其中的有毒添加剂可能向食品迁移造成食品污染。

3）涂料。在进行食品容器、工具及设备的防腐处理时，需要在其表面涂覆化学合成物质及涂料。如在食品工业中使用环氧树脂涂料，罐头内壁涂抹环氧酚醛涂料等。

4）陶瓷容器。陶瓷容器在制作时，会加入铅、镉以降低釉的熔点，从而使其容易定型。如果用含铅、镉的陶瓷容器长期盛装醋、果汁等酸性食品，铅、镉就会渗透入食品中，引起慢性食物中毒。

5）包装纸。包装纸是以纸浆及纸板为主要原料的包装制品，其需要满足无毒、抗油、防水、防潮、密封等要求，且符合食品包装安全要求。

3. 物理性污染

食品的物理性污染根据性质可以分为两类，一类是食品的杂物污染，另一类是食品的放射性污染。

（1）食品的杂物污染

食品的杂物污染是指在生产、储存、运输、销售过程中，受到来自外界杂物的污染。如，在生产加工时，车间密闭性较差，受到灰尘和烟尘的污染；动物宰杀后，沾染动物的血污、毛发或粪便造成的污染；在储存的过程中，食品没有密封，受到苍蝇、昆虫、老鼠、鸟类的毛发或粪便污染。除此以外，在运输过程中运输车辆的卫生、装载用具的清洁、遮盖物的洁净与否，都会引起食品的污染；在销售过程中，头发、指甲、纸屑、抹布、布头、线头等也会对食品造成污染。

（2）食品的放射性污染

食品放射性污染是指食品被放射性物质污染。

食品放射性污染的来源主要有：

1）核爆炸实验。一次空中的核爆炸可产生几百种放射性物质，这些放射性物质污染空气、土壤和水并通过食物链向动、植物体内转移，从而使食品遭受污染。

2）核废物排放。核废物一般来自核工业中的原子反应堆、原子能工厂、核动力船舶等。如处理不当或储存废物的钢罐、混凝土箱等出现裂痕，都可能造成核废物的泄漏，对环境和食品造成污染。

3）意外事故污染。如果原子反应堆发生意外事故，可使大量放射性物质泄漏，污染环境，影响到食物及农作物。

三、食品污染的危害

食品污染会对人体的健康和安全造成危害，其污染源相对广泛。如食用被微生物污染的食品，微生物在食品中大量繁殖并产生毒素，会引起食源性疾病或食物中毒；如长期连续食用被某些有毒有害化学物质污染的食品，会使人体产生急性或慢性中毒，甚至会有致畸、致癌、致突变等潜在性的危害。食品污染物的种类、数量、性质及人体的摄入量等，都会不同程度地影响人体的健康。

1. 腐败变质

除食品本身的因素外，生物性污染及环境因素是引起食品腐败变质的主要原因。食品腐败后，细菌会大量生长繁殖，并产生代谢物及毒素，如动物性食品的腐臭、粮豆的霉变、油脂的酸败、果实的腐烂等现象。若食用出现腐败后的食品，可引起腹泻、腹痛等食物中毒症状。

2. 急性中毒

中毒是指机体受到有毒物质作用后引起人体发生暂时或持久性损害的过程。毒性是指某些物质所具有的，对机体造成损伤的能力。在短时间内一次或多次吸收大量毒物所引起的急性疾病称为急性中毒。食用被细菌毒素、霉菌毒素污染的食品，一般会引起急性中毒，如沙门氏菌食物中毒、亚硝酸盐食物中毒等。

3. 慢性中毒

长期摄入少量被有毒有害物质污染的食品，致使毒素在体内储积所引起的疾病或对机体造成的永久损伤状态，称为慢性中毒。如长期摄入含有少量铅的食品，可致疲倦、消化不良、头痛以及贫血、腹绞痛等；长期食用含有大量人工合成色素或香精等食品添加剂的食品，可能引起呼吸系统疾病；长期摄入微量黄曲霉毒素污染的粮油食品，可能引起肝脏病理变化及肝功能异常等。慢性中毒在职业接触中较为常见，其原因较难发现，容易被人们忽视。

4. 致畸作用

致畸作用指食用有毒有害物质或受到污染的食品，有可能通过母体传递给胚胎，引起其形态或结构上的异常，导致胎儿畸形、死胎或胚胎发育迟缓。如摄入被亚硝胺、甲基汞、黄曲霉毒素等污染后的食品，可能引起胎儿畸形或病变。

5. 致癌作用

致癌作用是指某些因化学、物理、生物性因素污染的食品进入人体后，引发人体出现恶性肿瘤，增加肿瘤发病率和死亡率。如果污染物的剂量小、毒性不强，致癌作用通常是慢性的；如果污染物剂量大、毒性剧烈，则可急性致癌。如亚硝胺可慢性致癌，黄曲霉毒素可慢性或急性致癌。

6. 致突变作用

致突变作用是指生物细胞在某些诱变因子的作用下，遗传物质发生改变，并在细胞分裂过程中传递给后代细胞，使新的细胞获得新的遗传特性。突变会使细胞活力减弱，胚胎早期死亡，后代出现畸形和先天性遗传缺陷。例如，有些农药可影响正常妊娠，或加快骨髓细胞增殖，进而引发白血病。

四、食品污染的控制和预防措施

1. 食品生物性污染的控制和预防

（1）细菌污染

预防和控制食品的细菌污染，需要对食品原料进行严格的筛选，并加强卫生管理。应注意在食品的生产、销售、运输、储存等过程中防止食物被细菌污染，做好清洗、消毒工作，保证食品质量安全。食品生产加工人员必须严格遵守食品卫生法律法规及相关制度。食物在烹调时，必须烧熟煮透，彻底杀灭细菌；再次烹调时，要充分加热。食品在加工、储存时必须做到生熟分开，防止交叉污染。

（2）霉菌污染

防止食品被霉菌污染，关键是控制好食品储存的温度及湿度。粮食在储存时，可采用低温保藏法，也可使用惰性气体或防霉剂防霉。食品和粮食被霉菌毒素污染后，如果超过规定的限量标准，必须经过相应处理使毒素降低到限量标准以下方可食用。去除毒素的方法包括物理法（挑拣、精碾、去皮、高温、紫外线等）、化学法（精炼、提取）、生物法（发酵）等。

（3）寄生虫与昆虫

寄生虫与昆虫危害控制的主要环节包括食品种植、养殖和生产加工过程。在防治时，必须建立完善的卫生管理制度和监督检查制度。应杀灭传播寄生虫病的各种媒介，切断传播途径，消灭传染源。应加强牲畜屠宰检验检疫，严禁采购或食用病死畜禽，严格控制生食水产品、蔬菜、水果等。应对从业人员加强卫生教育，改善环境卫生，督促其严格遵守操作规范等。

2. 食品化学性污染的控制和预防

（1）农药污染

应选用高效、低毒、低残留的农药品种，积极推广使用无害生物制剂农药。应按农药安全使用标准量，合理使用农药。农作物使用农药时，应严格按照品种、施药期、施药量执行；未经登记或没有生产许可的农药，不得生产、销售和使用。

（2）有毒金属污染

必须贯彻、执行《中华人民共和国环境保护法》，加强环境治理，严格执行工业"三废"的排放标准，加强监管，控制工业"三废"对食品的污染。

（3）食品添加剂污染

严格依法管理食品添加剂的生产经营和使用，采用新品种食品添加剂应按规定的程序进行食品安全性评价，并经全国食品添加剂标准技术委员会评审后报卫生健康委批准。必须按照食品添加剂使用卫生标准规定的品种及使用量，在规定的使用范围内使用添加剂。

（4）烹调加工不当造成的污染

防止多环芳烃类的污染，应主要改进食品熏烤工艺。如使用纯净的食品用石蜡作包装材料，在熏烤时防止肉中的油脂滴落到炭火、明火上；改进烘烤设备，采用电炉、远红外线烤炉；改变不良烹调方式和饮食习惯，注意不要使烹调温度过高，不要烧焦食物，避免过多食用烧、烤、煎、炸等方法烹饪的食物。防止硝基化合物污染，应严格执行食品中硝酸盐、亚硝酸盐的使用量及残留标准，阻断亚硝胺合成；易腐败的含蛋白质丰富的肉类、鱼类应低温储存，减少胺类及亚硝酸盐的生成；食用含维生素 C、维生素 E 的食品以及新鲜的水果等，也可阻断亚硝基化合物的形成。

（5）食品容器和包装材料污染

禁止使用有可能游离出有害物质的塑料包装食品。选购食具和食品包装材料时，应注意选择符合国家卫生标准的塑料制品，不得使用再生塑料。食品用橡胶中，不得使用防老剂。不使用带有荧光剂、增白剂的包装纸包装食品。不使用彩色纸或印有图案的油墨纸包装食品，以防止废品纸造成化学污染和微生物污染。

3. 食品物理性污染的控制和预防

（1）杂物污染

加强食品生产、储存、运输、销售过程的监督管理，把住产品的质量关，执行好生产规范。通过采用先进的加工工艺设备和检验设备，如筛选、磁选和风选去石，除去杂草籽及泥沙、石灰等异物，定期清洗专用池、槽。尽量采用食品小包装。此外，还应制定仪器卫生标准。

（2）放射性污染

预防食品放射性污染及其对人体危害的主要措施分为两方面。一方面，防止食品受到放射性物质的污染，即加强对放射性污染源的管理；另一方面，防止已经污染的食品进入体内，即加强对食品放射性污染的监督。

培训项目 ② 食品的腐败变质及其控制、预防措施

一、食品腐败变质的概念

在一定的环境因素影响下，因微生物代谢分解作用和自身组织酶氧化作用而导致食品组成成分和感官状态的变化称为食品腐败变质。简单地说，食品腐败变质即食品失去食用及营养价值，如鱼类、肉类的腐臭，油脂的酸败，水果、蔬菜的腐烂，粮食的霉变等。

二、食品腐败变质的原因

食物腐败变质的原因有很多，最为主要的是微生物的作用、酶的作用、其他化学作用以及一些物理性的损伤（如挤压、磕碰等）。

1. 微生物的作用

微生物在食品中存在广泛，来源众多。在食品中有许多营养物质，例如蛋白质、糖、脂肪等都是微生物的"粮食"，这些营养物质会使微生物在食品中长久生存；而且在食品的加工制作过程中，甚至在加工前后的保存过程中都可能会将微生物引入到食品中。食品腐败变质的程度和特征主要取决于细菌菌相、细菌菌种以及细菌的作用形式。重要的是，细菌菌相会因细菌的污染来源、食品理化性质、所处环境条件、细菌间共生、细菌间抗生等关系而发生变化，因此可以从环境和食品种类以及食品的理化性质中预测其菌相，方便估算食品可能的腐败程度和特征，从而对食品的腐败变质采取预防措施。

霉菌和酵母菌会使粮食、花生、辣椒等食品发生腐败变质，称之为霉变。在食品霉变之前往往有曲霉属菌和青霉属菌出现，当食品中出现根霉和毛霉菌时，表示该食品已经霉变。

2. 酶的作用

大部分酶的本质是蛋白质，是一种催化剂，即能加快化学反应的速率而自身却不发生改变。无论是动物还是植物，其自身都含有数量丰富的酶，当被采摘或宰杀制成食品后，其中富含的酶依然会存在一段时间并持续发挥作用，使得食品中某些化学反应加速，从而使其性状发生各种改变，例如蔬菜和水果的腐烂、牛奶的变质、肉类的腐败等。

3. 氧化作用

在食品中含有某些物质，它们因自身性质而难以维持稳定，例如色素、芳香族物质、维生素、不饱和脂肪酸等。这类物质与空气中的氧接触，就会发生化学反应，从而引起食品感官性质和营养成分的改变。

4. 其他因素作用

除以上原因外，还有一些其他因素也会引起食品的腐败变质。不适当的保存方式会使食品受到损伤，如在进行冷冻储藏时，食品表层结构受损，食品本身的结构发生改变，从而在解冻过程中被微生物侵袭，引起腐败变质。当食品被切割、挤压或被昆虫咬伤后，保存难度会明显提升，因为在受损的同时会加速微生物对食品的侵染，进而加速其腐败变质的进程。

三、食品腐败的控制和预防措施

食品发生腐败变质会造成经济亏损，更重要的是会对食用者的健康造成影响。为了减少和尽量避免食物腐败变质的情况发生，应采取必要的控制措施。防止食品发生腐败变质的主要措施有两大类，一是抑菌防腐，二是灭菌防腐。

1. 抑菌防腐

抑菌防腐是采用延缓或停止微生物生长繁殖的方法，使食品在长时间内维持自身的新鲜度。常见的抑菌防腐方法有低温储藏法、干燥脱水储藏法、充氮储藏法以及真空储藏法等。

（1）低温储藏法

低温储藏法也称低温处理、冷加工，分为冷藏和冷冻两种。冷藏是把食品温度降至冰冻点以上，冷冻是把食品温度降至冰冻点以下。

1）冷藏。一般食品冷藏的温度是 $0 \sim 4$ ℃。因为在这个温度范围中，有害微生物繁殖速度较低，能够在短时间内保持食品的新鲜度。

2）冷冻。当食品处于冷冻状态时，食品中微生物的活动相对受限，同时微生物细胞内的冰晶体会对细胞质的胶体状态进行破坏，还会使菌体细胞本身受到机械性损伤。由于冷冻使微生物细胞体内可用水分丧失，使微生物进入生理干燥状态，细胞质浓缩，黏度增大，最终引起蛋白质变性使微生物死亡，从而达到长期储藏食品的目的。

（2）干燥脱水储藏法

干燥脱水储藏法是一种使食物脱水的加工处理方法，对于抑制微生物的生长十分有效。通过干燥脱水的食品，其营养成分被浓缩，渗透压提高，水分减少，水分活度降低，最终使微生物细胞失水停止代谢，其生长受到抑制或是直接死亡。运用干燥脱水储藏法的食品有很多，例如速溶饮料、葡萄干、柿饼等。

（3）充氮储藏法

充氮储藏法是将密封包装食品中的空气排出，并按一定的比例充填氮气的处理方法。其可相应减少包装中的含氧量，减少氧化作用的产生，同时破坏微生物的生存环境条件。

（4）真空储藏法

真空储藏法也是抑菌方法的一种，是指在包装食品密闭之前抽真空，使密封后的容器内达到预定真空度的一种方法。它通过降低容器内的氧分压，抑制微生物的生长繁殖，抑制氧化作用，从而达到防腐、防菌的效果。

2. 灭菌防腐

（1）高温储藏法

高温储藏法是利用高温加热处理食品，杀灭食品中的微生物并破坏酶的活性，防止酶的催化作用和微生物作用，从而对食品进行保护储藏。高温储藏法应与其他储藏方法一起使用，例如密封、真空、冷却等，可有效保证食品的长期储存。

1）高温灭菌。高温灭菌的主要目的在于灭杀所有微生物，其温度一般在120℃以上，多用于罐头类食品的杀菌。高温灭菌对食品中的营养物质损害较大，如使食品中的蛋白质变性。

2）巴氏消毒法。在储藏牛奶、果汁、啤酒、酱油等一些特殊食品时通常采用巴氏消毒法，该消毒法一般将食品加热至65℃，持续30 min进行消毒；也有将食品加热至80～90℃并持续30 s或1 min的消毒方式，杀菌效果与高温灭菌法相同。巴氏消毒法虽然能消灭大部分繁殖型微生物，但无法完全灭菌，所以在巴氏消毒后应注意包装方式及储存条件。

（2）盐腌糖渍储藏法

盐腌糖渍储藏法的原理是利用盐水或糖液在食品表面形成高渗透压的作用使食品内所含水分析出，造成微生物生理干燥，细胞原生质收缩、脱水，使微生物停止活动或死亡；食品存在高渗透压也可以减少其中含氧量并降低酶的活性，借此来达到保存食品的目的。运用盐腌糖渍储藏法储存的食品应注意防潮问题，防止食品含水量增加。当食品含水量增加，盐或糖的浓度降低，便会影响到盐腌糖渍储藏法的效果，进而影响到食品的质量，引起食物腐败变质。

（3）酸渍法

大多数细菌在酸性环境中难以生存，因此可利用提高食物中氢离子浓度的方法来提高食品储存环境的酸度，借此来抑制微生物的生长和繁殖，达到防止食品腐败变质的目的。一般食品中 pH 值低于 4.5 时，绝大部分腐败菌和致病菌受到抑制，若想灭杀微生物，可再降低 pH 值。运用该法时一般向食品中添加醋酸来达到降低 pH 值的效果，常用浓度为 1.7% ~ 2%（pH 值为 2.3 ~ 2.5），这种浓度可以抑制大部分腐败菌，日常生活中常见的酸渍黄瓜、萝卜就是运用这种方法；另一种方法为酸发酵法，是利用乳酸菌和醋酸菌发酵产酸，可以灭杀蔬菜中的致病菌和寄生虫卵。

（4）电离辐射储藏法

放射性同位素放出的射线通常有 3 种，即 α 射线、β 射线和 γ 射线，而在食品储藏中应用广泛的是 γ 射线照射。电离辐射储藏法的原理是食品在受到辐射照射时会产生离子，而离子会杀死食品中的微生物。在食品被射线照射时，其本身温度不升高，故能够保证食品本身的营养成分不被破坏，从而保证菜品的食用性。

（5）化学防腐剂储藏法

化学防腐剂储藏法具有效果稳定、用量小、防腐力强等特点。运用较多的防腐剂有苯甲酸、苯甲酸钠、山梨酸、山梨酸钾、丙酸钙、丙酸钠等。除上述人工合成的防腐剂外，一些天然防腐剂，如乳肽链、壳聚糖等也具有较好的防腐效果。

在实际运用中，防腐剂很少单独使用，大多与其他防腐措施一起使用，从而提高防腐效率。例如饮料在经过高温灭菌后再添加少量防腐剂，最后进行包装。

培训项目 ③

食物中毒及其控制、预防措施

一、食物中毒的概念

1. 概念

食物中毒是指人们摄入被细菌或细菌毒素污染的食物或含有毒素的食物而引起的急性中毒性疾病。

食物中毒不包括已知的肠道传染病、人畜共患寄生虫病、食物过敏和暴饮暴食所引起的急性胃肠炎等疾病。

2. 特点

（1）潜伏期较短

从有毒食物进入人体到最初症状出现的这一过渡时期称为潜伏期。食物中毒潜伏期较短，往往在食用食物后突然发病。

（2）症状相似

中毒病人的症状会因摄入有毒食物的多少以及体质的强弱而有所不同，但同种毒物引起的中毒一般会有相似的临床表现，最常见的为急性胃肠炎，如腹痛、腹泻、恶心、呕吐等。

（3）有共同的饮食史

患者都是由于吃了一种或几种有毒食物而产生中毒现象。在餐饮业，往往在一个饭店、一个食堂、一个地区，在同一时间内或同一餐中吃了有毒食物后发生集体食物中毒事件。

（4）呈暴发性

在餐饮业，食物中毒的发生往往来势凶、时间集中、发病率高，少则几十人，多则数百人、上千人突然发病。这是由于餐饮业食品供应量大且集中所造成的。

（5）不直接传染

中毒病人与正常人之间不会发生传染，只要及时送病人抢救治疗，并停止进食有毒食物，病情就可以迅速得到控制。

3. 分类

（1）按性质类别分类

1）感染型。因伴随食物摄入大量致病菌而引起的食物中毒，称为感染型食物中毒，如沙门氏菌中毒、变形杆菌中毒等。

2）毒素型。因进食含细菌毒素的食物引起的食物中毒称为毒素型食物中毒，如葡萄球菌肠毒素中毒。

3）过敏型。因某些细菌分解食品中的一些成分，使食品产生有毒或致敏物质进而引起的食物中毒称为过敏型食物中毒。如莫根氏变形杆菌可分解鱼类食品中的蛋白质，产生组氨酸，进而分解为组胺，食用含有组胺的鱼类可引起组胺中毒。

（2）按病源物质分类

1）细菌性食物中毒。细菌性食物中毒是指因摄入被致病菌或其毒素污染的食物引起的急性中毒，其发病率高、病死率低。常见的有沙门菌属食物中毒、葡萄球菌肠毒素食物中毒、副溶血性弧菌食物中毒、肉毒梭菌毒素食物中毒、变形杆菌食物中毒等。

2）有毒植物食物中毒。有毒植物食物中毒是指误食有毒植物食物或摄入因加工、烹调不当，未除去有毒成分的植物食物而引起的中毒，如毒蕈、四季豆、马铃薯等引起的中毒。

3）有毒动物食物中毒。有毒动物和有毒植物的中毒性质相同，如河豚、有毒鱼贝类、牲畜腺体等引起的中毒。

4）化学性食物中毒。化学性食物中毒主要是指食用含有化学性有毒污染物的食物引起的食物中毒，如有机磷农药、某些金属或类金属化合物引起的中毒。

5）真菌霉素和霉变食物中毒。真菌霉素和霉变食物中毒是指食用被真菌及其毒素污染的食物而引起的中毒，如黄曲霉素、霉变甘蔗等引起的中毒。

二、细菌性食物中毒

细菌性食物中毒是最常见的一类食物中毒，由活菌引起的食物中毒称为感染型食物中毒，由菌体产生的毒素引起的食物中毒称为毒素型食物中毒，也有的是感染型与毒素型同时发生的混合型食物中毒。

1. 沙门氏菌

沙门氏菌在自然界分布极广，特别是在动物体内，不仅带菌面广，而且带菌率高。沙门氏菌主要污染各种肉、乳、蛋类及水产品等，其生长繁殖的最适宜温度为 20 ~ 37 ℃，在水中可生存 2 ~ 3 周，在粪便中可生存 1 ~ 2 个月。当加热至 100 ℃时，可立即致其死亡。

大量活的沙门氏菌进入人体后，会在小肠等部位繁殖，致使肠黏膜发生炎症，抑制水和电解质的吸收。若沙门氏菌在肠道内被破坏，则可放出大量的毒素，引起机体中毒。故沙门氏菌食物中毒具有先感染后中毒的特点。

沙门氏菌食物中毒一般分为 5 个类型，即胃肠炎型、类伤寒型、类感冒型、类霍乱型和败血症型。多数病人 3 ~ 5 天可恢复健康。

2. 副溶血性弧菌

副溶血性弧菌又称嗜盐菌，广泛存在于海水中，在适宜的温度、湿度、含盐量 3% 左右的环境中可迅速生长、繁殖，海鱼、虾、蟹、贝类等海产品中该菌的带菌率很高。该菌对热的抵抗能力较弱，加热到 60 ℃保持 5 min 或加热到 80 ℃保持 1 min，均可杀灭该菌。

该菌中毒主要是由食用海产品引起的，如吃了被该菌严重污染的生拌鱼片、生拌螃蟹肉、咸蛤蜊肉等，或烹调时加热不充分未能将活菌杀死或生熟不分造成严重污染等，均可引起中毒。该菌对醋或植物杀菌素敏感，大蒜液对其有较强的致死作用。

副溶血性弧菌食物中毒的潜伏期一般为 6 ~ 10 h，最短者只有 1 h。中毒症状主要表现为上腹部阵发性绞痛；继而出现腹泻，为水样、糊样水便，每日 5 ~ 6 次，多者 20 次以上；同时伴有恶心、呕吐等；体温一般在 37.5 ~ 39.5 ℃。病程 2 ~ 4 天即可痊愈。

3. 大肠杆菌

大肠杆菌主要侵犯人体小肠远端和结肠，引起肠黏膜水肿出血，还可引起肾脏、脾脏和大脑的病变。该菌耐低温，不耐高温，加热到 60 ℃保持 20 min 即可被杀灭；该菌耐酸，不耐碱。

按对人体肠道的病原性，大肠杆菌一般分为 3 个类型，即致病性大肠杆菌、产毒性大肠杆菌和侵袭性大肠杆菌。其中，以致病性大肠杆菌最为多见，以侵袭性大肠杆菌的毒性最强。病原性大肠杆菌中毒的潜伏期短则 2 h，长则 20 ~ 48 h，一般在食用污染食品后 4 ~ 10 h 发病；症状多表现为腹泻、腹痛、发热、头痛等。

4. 肉毒梭菌

肉毒梭菌是一种革兰氏阳性厌氧菌，具有芽孢，主要存在于土壤、江河湖海的淤泥及人畜粪便中，可通过农作物、水果、蔬菜、海产品、昆虫、家禽、鸟类等传播。引起肉毒梭菌中毒的主要食物为家庭自制谷类或豆类发酵制品，如臭豆腐、豆酱、面酱、豆豉等。

肉毒梭菌食物中毒属于毒素型细菌性食物中毒，主要作用于神经系统及肌肉，以中枢神经系统症状为主。该毒素潜伏期短则 6 h，长则 8 ~ 10 天。发病初期表现为全身无力、头晕、头痛、呕吐等胃肠炎症状；然后出现视力模糊、瞳孔散大、语言障碍等症状；继续发展则出现呼吸肌麻痹、胸部有压迫感、呼吸困难等症状，严重者引起呼吸功能衰竭而死亡。患者一般体温正常，意识清楚。

5. 葡萄球菌

葡萄球菌在空气、土壤、水、粪便、污水及食物中广泛存在。易被其污染的食品主要为乳及乳制品、蛋及蛋制品以及各类熟肉制品。健康人的咽部带菌率达 40% ~ 70%，手部达 56%。葡萄球菌可产生多种毒素和酶类，引起食物中毒的主要是能产生肠毒素的葡萄球菌，其中以金黄色葡萄球菌致病力最强。此菌耐热性较差，最适宜的生长温度为 37 ℃。

葡萄球菌毒素中毒潜伏期短，一般为 2 ~ 3 h，最短为 1 h，最长不超过 10 h。中毒表现为典型的胃肠道症状，如恶心、剧烈而频繁的呕吐、腹痛、腹泻等，病程较短，一般在 1 ~ 2 天内痊愈。

6. 变形杆菌

变形杆菌广泛分布于自然界，生肉类及内脏带菌率较高。烹饪加工过程中食品容器、工具的交叉污染，污染后的食物储存不当，细菌大量繁殖，食用前未经加热或加热不彻底均可引起变形杆菌中毒。引起中毒的食物以动物性食物为主，特别是熟肉及内脏熟制品，其次为豆制品、凉拌菜、剩饭、水产品等。

变形杆菌食物中毒潜伏期为 5 ~ 18 h，主要表现为上腹部绞痛和急性腹泻，可伴有恶心、呕吐、头疼、发热，体温一般在 38 ~ 39 ℃，病程较短，1 ~ 3 天可痊愈，很少有死亡案例。

三、植物性食物中毒

1. 毒蕈

蕈是一类高等真菌，通常包括蘑菇、木耳等，有多种可食用种类，多数味道鲜美，具有一定的营养价值和食疗作用；但也有一些有毒种类，不可食用。蕈中毒往往是因为误食野生毒蕈，多发生于夏、秋两季。毒蕈的有毒成分比较复杂，发生毒蕈中毒时，往往是几种毒素的联合作用，故症状多样。若不及时抢救，死亡率较高。

2. 发芽马铃薯

马铃薯又称土豆、洋芋等，由于品种、储存季节、制作方法、食用部位及食用量的不同，常引发食物中毒，其中尤以食用带芽土豆、有薯体赘生的仔薯以及蒸煮青皮或紫皮土豆等引起的中毒为多见。土豆中所含毒素主要是龙葵素，这种毒素对热稳定，不溶于水，有腐蚀性及较强的黏膜刺激作用，可使运动及呼吸中枢麻痹，并对红细胞有溶血作用，可引起脑充血和水肿。

3. 菜豆

菜豆又称扁豆，其中含有皂素，它是一种甙类物质，对消化道黏膜有强烈的刺激作用，可引起消化道充血、胀肿及出血性炎症，所以中毒后有恶心、呕吐、腹泻等症状。皂素还可以破坏红细胞，有溶血作用。另外在其种子里均含有外源凝集素（又称植物血球凝集素），有一定毒性。此外，下霜前后的菜豆皮中含有胰蛋白酶抑制物，对胰蛋白酶的活性有抑制作用，对胃、肠道也有一定的刺激作用，并可抑制动物的生长、发育。

4. 其他植物性食物

（1）含氰甙植物

有些果仁中含有氰甙，如苦杏仁、苦桃仁、枇杷仁、梅仁、李子仁、苹果仁等。误食或食用过量都可引起中毒。

（2）鲜黄花菜

鲜黄花菜又称金针菜，食用后是否中毒与食用方法和食用量有关。黄花菜中毒主要是因大量进食未经煮泡去水或急炒加热不彻底的鲜黄花菜所致。鲜黄花菜中含有秋水仙碱，秋水仙碱本身无毒，但在胃肠中吸收缓慢；若食用过量，待其在体内被氧化成剧毒的二秋水仙碱之后便会造成中毒。

（3）生豆浆

未经煮沸的豆浆含有胰蛋白酶抑制素，它会抑制胰蛋白酶的活性，对消化道产生刺激作用而引发中毒。煮豆浆时，要防止把"假沸"溢锅误认为已煮开，避免食用未煮开的生豆浆而引起中毒。

四、动物性食物中毒

1. 河豚

河豚中毒是指食用了含有河豚毒素的鱼类引起的食物中毒。该类中毒在我国主要发生在沿海地区，即长江、珠江等河流入海口。河豚的有毒成分为河豚毒素，其是一类神经毒素，引起中毒的河豚毒素分为河豚素、河豚酸、河豚卵巢毒素及河豚肝脏毒素。该类毒素对热稳定，加热到 220 ℃以上才能被分解。中毒特点是发病急，患者先是手指、口唇、舌尖麻木或有刺痛感，随后出现恶心、呕吐、腹泻等肠胃症状；严重者眼球运动迟缓，瞳孔扩散，呼吸困难。

2. 高组胺鱼类

组胺含量高的鱼类，主要是海鱼中的青皮红肉鱼类，如金枪鱼、秋刀鱼、竹荚鱼、沙丁鱼、青鳞鱼、金线鱼等。当鱼不新鲜或腐败时，鱼体中游离组胺酸经脱酸酶作用产生组胺，当组胺积蓄至一定量时，食用后便可引起中毒。中毒表现为面部、胸部及全身皮肤潮红，出现刺痛、灼烧、头晕、心跳加速、胸闷、呼吸急促、血压下降等症状，有时会伴有荨麻疹，个别患者还会出现哮喘症状。

3. 贝类

贝类中毒主要是石房蛤毒素引起的，潜伏期一般为 20 min，中毒表现为唇、舌、指尖麻木，随后四肢末端和颈部麻木，并有眩晕、发音困难、流涎、头痛、恶心等症状，严重者可因呼吸困难导致窒息死亡。

4. 其他动物性食物

（1）甲状腺

甲状腺中毒是由甲状腺素引起的，中毒表现为头晕、头痛、烦躁、乏力、抽搐、震颤、脱皮、脱发、多汗、心悸等症状。

（2）鱼胆

鱼胆中毒的毒素为胆汁毒素，中毒表现为恶心、呕吐、腹泻等症状，随后出现黄疸、肝大、肝功能变化、尿少或无尿、肾衰竭等症状，严重者可导致死亡。

五、化学性食物中毒

1. 亚硝酸盐

亚硝酸盐食物中毒是指食用了含硝酸盐及亚硝酸盐的蔬菜或误食亚硝酸盐后引起的一种高铁血红蛋白血症，也称肠源性青紫症。常见的亚硝酸盐有亚硝酸钠和亚硝酸钾。蔬菜中常含有较多的硝酸盐，特别是当大量施用含硝酸盐的化肥或土壤中缺乏钼元素时，都可增加植物中的硝酸盐含量。

新鲜的叶菜类，如菠菜、芹菜、大白菜、小白菜、圆白菜、生菜、韭菜等都含有硝酸盐，低摄入量对人体无碍，如大量摄入，会在肠道内硝酸盐还原菌的作用下转化为亚硝酸盐，从而引起中毒。

刚腌制不久的蔬菜含有大量的亚硝酸盐，尤其是在加盐量少于 12%、气温高于 20 ℃的情况下，可使菜中亚硝酸盐的含量增加，第 7 ~ 8 天达高峰，一般在腌制 20 天左右降至最低。若新鲜蔬菜煮熟后存置过久或蔬菜本身就不新鲜，其中的亚硝酸盐含量会明显升高。

2. 砷化物

砷本身毒性不大，而其化合物一般有剧毒，特别是三氧化二砷（俗称砒霜）的毒性最强。

砷化物中毒后，表现为口腔和咽喉部有灼烧感，口渴及呼吸困难，口中有金属味，常伴随有剧烈的恶心、呕吐（甚至吐出血液和胆汁）、腹绞痛、腹泻（排泄物呈水样、汤样，有时混有血）。由于剧烈吐、泻而脱水，血压下降，严重时会引起休克、昏迷或惊厥，并可发生中毒性心肌病或急性肾功能衰竭，若抢救不及时，常因呼吸系统、肝肾功能衰竭于 1 ~ 2 日内死亡。

六、真菌毒素和霉变食物中毒

1. 赤霉病麦

赤霉病麦中毒一般是由误食被赤霉菌侵染的麦类所引起的，是以呕吐为主要症状的一种急性中毒，在我国多发生于长江中下游地区，也见于东北、华北地区，潜伏期为 10 min ~ 5 h。症状多为头晕、恶心、胃部不适、有灼烧感、呕吐、乏力，少数伴有腹痛、腹泻、颜面潮红等。重者出现呼吸困难、脉搏、血压不稳，四肢酸软，步态不稳似醉酒的症状。一般停止食用病麦后 1 ~ 2 天即可恢复。

2. 霉变甘蔗

由于储存环境条件不良，使甘蔗上微生物大量繁殖引起霉变。食用此种甘蔗后可引起中毒，发病者多为儿童，且病情较严重，甚至可危及生命。引起中毒的有毒成分是霉变甘蔗中含有的 3-硝基丙酸，它是节菱孢霉产生的神经毒素，主要损害中枢神经。霉变甘蔗毒素的潜伏期通常在 15～30 min，最长可达48 h，潜伏期越短，症状越严重。中毒初期表现为头晕、头痛、恶心、呕吐、腹泻、腹痛等症状，部分患者还会出现复视或幻视。重者可能很快出现阵发性抽搐，四肢强直或屈曲，手呈鸡爪状，大小便失禁，牙关紧闭；严重者很快进入昏迷状态，体温升高，甚至因呼吸衰竭而死亡。幸存者常因中枢神经损害而导致终身残疾。

七、食物中毒的急救

1. 急救处理

（1）排除未被吸收的毒物

催吐、洗胃、灌肠或导泻在非细菌性食物中毒的抢救中极为重要，应及时进行。但应特别注意，禁止对肝硬化、心脏病、胃溃疡等患者进行催吐或洗胃。

（2）防止毒物的吸收并保护胃肠道黏膜

食物中毒后应尽快使用拮抗剂，有些可与催吐或洗胃的液体结合使用，有些应在催吐洗胃后使用。因为催吐洗胃后，可能仍有一部分毒物在胃中残留，现场处理给予拮抗剂可以作用于胃部，中和这部分毒物，达到防止毒物吸收并保护胃肠道黏膜的作用。

（3）促进毒物排出

一般毒物或毒素进入人体后，多由肝脏解毒，经肾脏随尿排出，或经胆管与肠道随胆汁混入粪便排出。因此大量输液促进毒物排出是抢救食物中毒病人的重要举措之一。

2. 现场处理

（1）细菌性食物中毒的剩余食品及患者排泄物的处理

引起食物中毒的残留食品应在煮沸 15 min 后销毁，液体食品可与漂白粉混合消毒。患者的排泄物可用 20% 的石灰乳或漂白粉乳状液等消毒。饮食器具应用1%～2% 的碱水或肥皂水煮沸或用漂白粉溶液进行消毒。被污染的家具、墙壁、地板也应擦洗消毒。

（2）及时处理污染源

对肠道传染病患者、带菌者以及患上呼吸道感染或化脓性皮肤病的炊事人员，应暂时将其调离食品加工制作等相关岗位。

（3）及时报告

食物中毒如果是因购买的食品带菌或含有毒物质所致，应及时报告当地卫生防疫部门，并采取必要措施以防止食物中毒的继续发生。此外，还应针对此次食物中毒事件，找出食物中毒的原因，并制定有关卫生制度、规章，落实防范措施，杜绝食物中毒事件再次发生。

八、食物中毒的控制、预防措施

1. 细菌性食物中毒的控制和预防措施

（1）沙门菌

1）严禁食用任何病死家畜禽肉。

2）严格执行生熟食品分开存放制度。

3）暂不烹调的肉类应当立即储存。

4）加工后的熟肉制品应当在 10 ℃以下低温或通风良好处存放，且放置时间不宜过长。

5）烹饪时合理掌握火候，对肉类制品要充分加热，使其煮熟、煮透。

6）禁止活畜、禽进入厨房或切配间。

7）注意厨房环境卫生，治理好排污水系统，防蝇、灭鼠、灭蟑螂，杜绝污染源。

8）注意个人卫生，尤其是便后和工作前要用消毒液和流动水洗手。

（2）副溶血性弧菌

1）海产品在加工前应用淡水充分冲洗干净，接触过海产品的厨具、容器、手以及水池等均应洗刷冲净，以避免交叉污染。

2）水产品应以低温冷藏保鲜，因为副溶血性弧菌在 2 ~ 5 ℃即停止生长，在 10 ℃以下不能繁殖。

3）副溶血性弧菌不耐酸性，如凉拌海蜇时，将洗切后的海蜇在食用醋中浸泡 10 min 左右，便可将副溶血性弧菌杀死。

（3）大肠杆菌

1）停止食用疑似受污染的食品。

2）不食用生的或加热不彻底的牛奶、肉类等动物性食品，不食用不干净的水果和蔬菜。剩饭剩菜在食用前要彻底加热。防止生、熟食品交叉感染。

3）养成良好的个人卫生习惯，饭前、便后洗手，避免与患有传染病的患者密切接触。

4）食品加工生产企业尤其是餐饮企业应严格保证食品在加工、运输及销售环节的安全性。

（4）肉毒梭菌

1）不食用生酱及可能被污染的食品。

2）自制发酵酱类时，原料应清洁新鲜，腌制前必须充分冷却，用盐量要达到14%以上，并提高发酵温度。要经常日晒，充分搅拌，使氧气供应充足。

3）肉毒梭菌毒素不耐热，加热至80 ℃经30 min或加热至100 ℃经10～20 min可使毒素被破坏。

（5）葡萄球菌

1）对患有疮疖、化脓性创伤、皮肤病、上呼吸道炎症、口腔疾病的员工，应暂时调换其工作，并及时治疗。

2）各种易腐食品应在较低温度储存或冷藏。

3）对剩饭剩菜的处理，应将其翻搅开，不紧压，放在阴凉通风处，以避免污染。保存时间尽量缩短在4 h以内，且食用前必须充分加热。

（6）变形杆菌

注意食堂卫生，严格做到生、熟用具分开。

2. 植物性食物中毒的控制和预防措施

（1）毒蕈

在野生蘑菇大量生长的季节，卫生部门应制定本地区毒蕈和可食蕈的图谱，向群众广为宣传，以增强群众对毒蕈的识别能力。

（2）发芽马铃薯

处理发芽马铃薯时，应把龙葵素含量较多的芽及芽眼周围0.2～0.5 cm、皮和肉的结合部分全部切除，并把青、紫土豆皮全部削掉。若发芽较多，则不可食用。

（3）菜豆

将菜豆长时间煮熟、焖熟，使其含有的皂素被破坏。

（4）其他植物性食物

1）含氰甙植物。利用氢氰酸遇热易挥发的特点，可通过加热的方法除去果仁中的有毒物质。

2）鲜黄花菜。在食用鲜黄花菜时，必须将其用开水烫后捞出并沥干水分再加以烹调；或先用水浸泡，过滤几次，再加热。

3）生豆浆。在食用生豆浆时，必须将其升温至 100 ℃，泡沫自然消失，胰蛋白酶抑制素被破坏。一般情况煮 10 min 左右即可。

3. 动物性食物中毒的控制和预防措施

（1）河豚

1）鱼类捕捞时应将河豚剔除。

2）水产部门必须严格执行《水产卫生管理方法》，严禁出售鲜河豚，其烘干制品必须严格按规定程序操作。

3）加强宣传活动的力度，向大众普及河豚的毒性及危害。

（2）高组胺鱼类

冷冻、冷藏、腌制时，应将鱼体较厚者切开，腌制时盐量不低于 25%。烹调时应注意鱼类鲜度，加醋烧煮、油炸等可减少组胺。

（3）贝类

赤潮时应禁止对贝类的捕捞和销售。贝类在食用前应清洗漂养，去除内脏；食用时宜采用水煮后捞肉弃汤等方法，以防止中毒。

（4）其他动物性食物

1）甲状腺。对于甲状腺，一般烧煮方法不能去毒，因此屠宰畜类时应严格去除其甲状腺。

2）鱼胆。对于鱼胆，无论用什么烹调方法都不能去毒，故在前处理时应仔细将其去除。不能滥用鱼胆治病，若要食用，必须遵从医嘱，严格控制鱼胆种类和数量。

4. 化学性食物中毒的控制和预防措施

（1）亚硝酸盐

1）保持蔬菜新鲜，禁食腐烂变质蔬菜，短时间不要进食含大量硝酸盐的蔬菜。勿食用大量刚腌制的菜类，至少腌制 20 天以上再食用。

2）在肉制品中，硝酸盐和亚硝酸盐的用量应严格遵守国家卫生标准规定，不可过量使用。

3）不喝苦井水，不用苦井水煮饭、煮粥。勿直接食用存放过夜的菜品。

4）妥善保管好亚硝酸盐，防止错把其当成食盐或碱投入食物中。

（2）砷化物

严格保管好砷化物、砷制农药，实行专人、专库管理。盛放砷化物的容器严禁存放粮食和食品。蔬菜、水果收获前半个月内停止使用含砷农药，防止蔬菜、水果中砷化物的残留量过高。

5. 真菌毒素、霉变食物中毒的控制和预防措施

（1）赤霉病麦

防止粮食作物在田间晾晒或封闭储存，分拣时应去除病麦粒。

（2）霉变甘蔗

甘蔗应成熟后再收割，不成熟的甘蔗易霉变。在收获、运输、储存过程中，应注重甘蔗的防伤、防冻、防霉变。严禁销售和食用不成熟或霉变的甘蔗。

培训项目 4

烹饪原料的安全

一、畜、禽、蛋类原料的安全

1. 畜类原料的安全

（1）畜肉类食品的卫生

牲畜宰杀后，从新鲜至变质要经过僵直、后熟、自溶和腐败四个过程。

1）僵直。刚宰杀的畜肉呈弱碱性（pH值为 7.0 ~ 7.4），在组织酶作用下，肌肉中的糖原和含磷有机化合物分解为乳酸和游离磷酸，使肉的酸度增加，蛋白质开始凝固，肌纤维硬化出现僵直。此时肉会产生令人不愉快的气味，肉汤浑浊，不鲜不香。

2）后熟。肉内糖原分解酶继续活动，pH值进一步下降，肌肉结缔组织变软，具有一定弹性，表面因蛋白质凝固而形成有光泽的膜，组织微生物侵入内部。此时的肉具有一定弹性，松软多汁，滋味鲜美。后熟过程与畜肉中糖原含量、温度有关，疲劳的牲畜肌肉中糖原少，后熟过程延长，环境温度越高后熟速度越快。

3）自溶。如在常温下存放，畜肉内的组织酶会分解蛋白质、脂肪，使组织发生自溶，在肌肉的表层或深层形成暗绿色，脂肪层出现黑的斑点。内脏组织发生自溶较快，因为内脏是含酶较多的组织结构，适于自溶现象的发生。此时肉的质量降低，肌肉纤维松弛。这一阶段肉的变化与一般细菌性腐败变质相似，变质程度不严重时须经高温处理才可食用。

4）腐败。自溶为细菌的侵入及繁殖创造了条件，细菌中的酶使蛋白质等含氮物质分解，pH值上升，此时肉已腐败变质。不适当的生产加工和储藏条件，病畜宰前就有细菌侵入，牲畜因劳累过度导致宰后肉的后熟力不强、产酸少、难以抑制细菌生长，均可导致肉的腐败变质。

畜肉处在僵直和后熟过程时为新鲜肉。

此外，动物使用的抗生素、饲料中添加的动物激素等都容易残留在动物体内，人食用后可能引发过敏、畸变、癌变，影响畜肉类食品的卫生安全。

（2）肉制品的卫生

肉干、肉松等干制品，咸肉、火腿、腊肉等腌制品，卤肉、酱肉等熟制品及各种烧烤制品统称肉制品。它们风味独特、保存期长，但也可能存在一些卫生问题，如用未检疫肉、病死肉、毒死肉制成肉制品等。

2. 禽类原料的安全

（1）禽类微生物污染源

1）病原微生物。如沙门菌、金黄色葡萄球菌侵入肌肉深处，而食用前未充分加热即会引起食物中毒。

2）腐败菌。假单胞菌等在低温下生长繁殖，引起禽类感官性状改变甚至腐败，使禽类表面产生色斑。

（2）增强禽类卫生的方法

1）加强卫生检验。禽类宰杀前必须经卫生检验，发现病禽应立即隔离、宰杀并处理，宰后检验发现的病禽肉品应作相应无害化处理。

2）合理宰杀。宰杀前24 h应停止喂食，充分喂水以清洗胃肠道。宰杀过程一般包括吊挂、击昏、放血、浸烫、拔毛等环节，并应通过排泄腔取出全部内脏。宰杀过程还应注意多次用水冲洗禽体，尽量减少污染。

3）宰后冷冻保存。禽肉在 −30 ～ −25 ℃、相对湿度80% ～ 90% 的条件下可保存半年。

3. 蛋类原料的安全

（1）微生物的污染

蛋的主要卫生问题是由致病菌（沙门菌、金黄色葡萄球菌）引起的，主要因产蛋前家禽患有的疾病所导致。为防止微生物污染并提高鲜蛋卫生质量，一般应做到以下几点。

1）加强禽类饲养、产蛋场所的卫生管理，蛋类出库时应先在预暖室放置一段时间，防止冷凝水引起微生物污染。

2）制作蛋制品时不得使用变质蛋，制作皮蛋时应注意铅的使用量，制作冰蛋和蛋粉时应严格遵守国家相关的卫生制度，并采取有效防止沙门菌污染的措施。

3）工作人员应遵守卫生制度。

（2）化学污染

激素、抗生素、霉菌毒素、农药及饲料中的部分有害物质均可造成蛋品污染。

二、水产类原料的安全

1. 鱼类原料的安全

（1）腐败变质

鱼类离开水后很快死亡，其死亡后的肉质与宰杀后的畜肉相似，随酶的作用和蛋白质的分解，其肌肉逐渐变软失去弹性，出现自溶；随后微生物侵入鱼体，导致其腐败变质，此时食用会造成食物中毒。

（2）水域污染

水域中的农药、水产养殖药物、重金属极易在水产品中蓄积，从而危害人体健康。

2. 虾类原料的安全

虾类死后，虾体容易腐败变质，节间的连接变得松弛，虾头易脱落，并产生虾红素使虾体泛红，体表有黏液，触之有滑腻感，此时食用会造成食物中毒。

3. 蟹类原料的安全

自溶后，蟹体呈松弛状，腹面、脐部出现黑印。蟹体尸僵时蟹黄呈凝固状，蟹体变质时蟹黄变得稀薄，鳃丝开始腐败和粘连。这种变质蟹不能食用。工业三废污染水源会造成蟹类对金属汞、镉等的蓄积，人类食用后可能引发慢性中毒。

4. 贝类原料的安全

（1）死后的贝类不能食用，可作饲料等利用。

（2）含镉工业三废污染水源和土壤，会造成镉在贝类体内的蓄积，人类食用后可能引发慢性中毒。

（3）贝类摄入有毒藻类可产生麻痹毒素，人类食用受污染的贝肉后，毒素将在人体内迅速被释放而导致中毒。

三、粮食谷物及豆制品原料的安全

1. 粮食谷物类原料的安全

（1）有毒植物种子

麦角、毒麦、槐籽、毛果洋、茉莉籽等含有有毒物质，会对机体产生一定毒性；此外，若收割不及时，麦粒在穗上发芽常会引起赤霉病麦中毒。

（2）无机夹杂物

谷物中夹杂入来自田园、晒场、农具和加工器械的泥土、砂石和金属，不仅影响其感官性状，而且还会损伤牙齿和胃肠道组织。

（3）有害毒物

含有重金属汞、镉、砷、铅、铬和氰化物等的工业废水及生活污水对农田的灌溉会造成作物污染（其有害成分一般经生物、物理及化学方法处理后，可减弱或消除毒性）。

2. 豆制品原料的安全

（1）粮豆霉变与霉菌毒素污染

粮豆长期处在湿度大、温度高的环境下，易诱发霉菌的生长繁殖、产酸、产气，进而发生霉变，不仅会降低粮豆的感官性状，使其丧失营养价值，而且霉菌毒素会危害人体健康。

（2）粮豆作物中农药残留

直接使用农药对粮豆作物进行防虫除草时，会造成污染；环境中的农药通过水、空气、土壤等途径进入粮豆作物，也会造成污染，危害人体健康。

（3）仓储害虫

甲虫、蛾虫及蛾类等 50 余种常见仓储害虫在环境温度、相对湿度适宜时，可在原粮和半成品粮豆上孵化、繁殖、生长，使其变质，进而降低或丧失食用价值。

四、果蔬类原料的安全

1. 蔬菜类原料的安全

（1）使用人畜粪便或生活污水灌溉菜地，会使蔬菜受到肠道致病菌、寄生虫卵的严重污染。

（2）水生植物如红菱、茭白、荸荠等易遭姜片虫囊蚴的污染，生吃可导致姜片虫病。

（3）农药尤其是化学性质稳定的有机氯、有机汞及有机磷，会严重污染蔬菜。

（4）工业废水若不经处理直接灌溉菜地，其有毒成分如酚、汞、镉、铅、铬等会随蔬菜进入人体，产生危害。

（5）生长时遇到干旱或收获后被不恰当地存放、储藏和腌制的蔬菜，其硝酸盐和亚硝酸盐含量会增加，对人体产生不利影响。

（6）微生物会促进蔬菜中的硝酸盐还原为亚硝酸盐，加速蔬菜的腐烂，食用后可能引起食物中毒。

（7）蔬菜被采收后仍进行着呼吸作用，会发生腐败变质。

2. 水果类原料的安全

（1）水果在运输、存储、销售过程中会受到肠道致病菌污染，其污染程度与表皮损伤情况有关。

（2）农药尤其是化学性质稳定的有机氯、有机汞及有机磷，会严重污染水果。

（3）生长时遇到干旱或收获后被不恰当地存放、储藏和腌制的水果，其硝酸盐和亚硝酸盐含量会增加，对人体产生不利影响。

（4）水果被采收后仍进行着呼吸作用，会发生腐败变质。

五、奶及奶制品的安全

1. 奶的安全

正常的乳汁为均匀的白色混悬体，无凝块和沉淀，略有甜味且具特有的芳香味。

（1）奶的腐败变质

奶的营养成分不仅可以供人体所需，也适宜微生物的生长繁殖，若储存不当，微生物可大量繁殖并分解营养成分造成奶的腐败变质。

（2）致病菌对奶的污染

若乳牛患有结核、布氏杆菌病及乳腺炎，其体内的致病菌可通过乳腺排出到奶中，使食用者患病。

（3）抗生素等药物残留

饲料中的动物激素、奶牛患病后滥用的各种抗生素或药物残留都会造成奶的污染，影响人体健康。

（4）其他

饲料霉变产生霉菌毒素、有毒化学物质造成的污染，鲜奶掺假、掺杂导致的安全问题等。

2. 奶制品的安全

（1）全脂奶粉

正常奶粉应为浅黄色、无结块、颗粒均匀的干燥粉末，冲调后无团块、杯底无沉淀物并具有牛奶的纯香味。若有苦味、腐败味、霉味、化学药品和石油产品等气味，应当作废品处理。

（2）甜炼乳

甜炼乳为乳白或微黄色、均匀、有光泽、黏度适中、无异味、无凝块、无脂肪漂浮的黏稠液体，凡有苦味、腐败味、霉味、化学药品气味、石油产品气味或者胀瓶的甜炼乳，都应当作废品处理。

（3）淡炼乳及无糖炼乳

淡炼乳及无糖炼乳是消毒牛奶浓缩到原体积的 1/2 ~ 2/5 后，经装罐密封和一次灭菌制成的，其感官与甜炼乳相同，制品中不得含有任何杂菌。

（4）酸牛奶

酸牛奶是以牛奶为原料，加入适量砂糖，经消毒和冷却后，加入纯乳酸菌发酵剂，经保温发酵制成的。其呈乳白色或微带黄色，有纯正乳酸味，凝块均匀细腻、无气泡，允许少量乳清析出。储存时，应将其放在 2 ~ 8 ℃的仓库或冰箱内，时间不应超过 72 h。当酸奶表面生霉、有气泡或大量乳清析出时，应当作废品处理，不得出售和食用。

（5）奶油

正常奶油呈均匀一致的浅黄色，有特有的纯香味。凡有霉斑、腐败、异味的奶油，都应作废品处理。

六、调味品和食用油脂的安全

1. 调味品的安全

调味品是指能调节食品味道并赋予食品特定风味的天然或加工制品。

（1）酱油

正常酱油应无不良气味、不浑浊、无沉淀、无霉化浮膜。

1）微生物污染。若生产过程中卫生条件差，酱油除易受到腐败菌的污染外，还易受到大肠杆菌、沙门菌、痢疾杆菌等致病菌的污染。在春秋季节，如果保存不当还易受到产膜酵母菌的污染。

2）添加剂污染。为加速反应，在酱油生产过程中加入的硫酸铵可以产生致惊厥物质，应严格禁止使用。

（2）食醋

正常食醋应无异常气味，不涩、不混浊，无悬浮物及沉淀物，无霉化浮膜。未经发酵直接用冰醋酸配制的醋，含有可能对人体有害的物质。

（3）食盐

食盐的主要成分为氯化钠。食盐中硫酸（钠）含量较高时，会发苦、发涩，且影响人体消化吸收；重金属、氟等含量过高时，可导致中毒。

2. 食用油脂的安全

油脂是油和脂的总称。常温下，油呈液体状态，脂呈固体状态。

（1）油脂酸败

若长期在不适宜的条件下储存，油脂会产生令人不愉快的气味，这种现象称为油脂酸败。油脂自身的氧化是油脂酸败的主要原因，铜、铁、锰等金属离子及紫外线和氧气对此过程有促进作用。

（2）油脂污染及其有害物质

1）霉菌毒素污染。这种污染是由于油料种子储存不当造成的。

2）多环芳烃类化合物污染。这类污染包括油脂生产及使用过程中受环境中多环芳烃类化合物的污染，油料种子直接用火烘干产生的污染，反复使用的油脂在高温下热聚合产生的污染。

3）食用油脂中天然存在的有毒物质包括芥酸、芥子甙、棉酚等。

4）高温加热时，油脂产生的一系列化学变化不仅使其营养价值降低、热能利用率下降，还会对机体产生毒害作用。在烹调煎炸食物时，应减少反复用油的次数并随时添加新油、控制油温，以防止聚合物的形成。

七、酒类和罐头食品的安全

1. 酒类的安全

（1）蒸馏酒的卫生

蒸馏酒是以粮食、薯类和糖蜜为原料，经糖化、发酵、蒸馏而成的白酒，主要成分为乙醇（即酒精），其含量一般为 40%～60%，是一种烈性酒。但在生产过程中也可产生多种少量或微量有害产物，如甲醇、杂醇油、醛类、氰化物等。

1）甲醇。甲醇具有一定毒性，人体摄入过量（一次摄入 4～10 g）可引起中毒，主要表现为头痛、恶心、呕吐、胃痛和视力模糊，严重者还会出现呼吸障碍、昏迷甚至死亡。

2）杂醇油。杂醇油是在制酒过程中，由原料中的蛋白质、氨基酸及糖类分解产生的有强烈气味的高级醇类。杂醇油在机体内氧化速度比乙醇慢且存留时间较长，所以饮用杂醇油含量高的酒类后，易头痛及大醉。

3）醛类。醛类主要来自糠麸、谷壳等原料，是相应醇类的氧化产物，沸点低但毒性比相应的醇类强。如醛类中的甲醛，其毒性是甲醇毒性的 30 倍，摄入 10 g

甲醛即可致死。

（2）发酵酒的卫生

发酵酒以糯米、大麦、水果等为原料，经糖化、发酵、压榨而成，乙醇含量较低，一般在 20% 以下。其根据原料和加工工艺不同，可分为果酒、啤酒和黄酒。

1）发酵酒无蒸馏工序，原料的所有成分均保留且酒精含量较低，特别是生啤酒仅在煮麦汁时有一次消毒过程，易造成微生物污染。

2）发酵酒在酿制过程中需使用一些食品添加剂，如防腐剂、甜味剂、着色剂、酸味剂等，所用食品添加剂应符合食品卫生要求。

（3）配制酒的卫生

配制酒常用发酵酒或蒸馏酒作为酒基，添加香精、色素、食用糖、水果汁等配制而成。配制酒所使用的食品添加剂应严格遵照《食品添加剂使用卫生标准》（GB 2760—2014）的规定。

2. 罐头食品的安全

罐头食品是指将食品或食品原料装在密封容器内经处理、装罐密封等步骤而制成的一种携带方便、保存时间较长的食品。

（1）重金属污染

1）罐内壁的锡层易受内容物的腐蚀而发生缓慢溶解，大量溶出的锡会引起食物中毒。

2）焊接罐体缝时使用的焊锡含有一定量的铅，食品装罐过程中容易溶出铅，过量食用后易引起铅中毒。

3）金属罐的内容物与罐壁接触的部位会产生硫化铁或硫化锡等有害物质。

（2）过量添加硝酸盐和亚硝酸盐的污染

硝酸盐和亚硝酸盐常用作发色剂，但亚硝酸盐与胺类生成的亚硝胺，是强致癌性物质，应严格控制其用量。

（3）微生物污染

1）装罐前加热杀菌不彻底引发微生物污染。

2）装罐时密封不良使外界微生物侵入。

培训项目 **5**

烹饪过程的安全

一、初加工安全

1. 初加工一般要求

初加工是指在正式切配前对原料进行的择洗、宰杀、分类、改刀等一系列操作。

（1）不同类型原料分开操作

在对原料进行初加工的过程中，不同类型原料应分开操作。比如生的原料在一起加工，熟的原料在一起加工。清洗时也要注意将原料分开进行清洗，因为蔬菜类原料大多附着有寄生虫卵并沾有泥土，而肉类表面比较黏，会使虫卵或泥土黏附在肉品表面，难以清除，因此不可将肉类和蔬菜一同清洗。洗菜池、解冻池、砧板等也要进行分类，避免交叉污染。

（2）原料检查

在对原料进行初加工之前，要将其表面附着的污染物清洗干净，并按照相应的标准进行质量检查。一旦发现有腐败、霉变现象，或者已被农药、霉菌、化学毒物等污染，则不得使用。

（3）注意环境卫生

进行初加工时，保持环境卫生尤为重要。应安排相应人员对烹饪区域进行经常性、有规律的清扫；砧板、菜刀等易滋生细菌的工具应经常进行消毒；操作中所产生的废弃物应及时处理，不可积压。

2. 初加工间设计

初加工间应设有专门的洗菜池、生菜砧板、熟菜砧板、半成品放置架。这样不仅便于操作，还有利于清洁和保持卫生。同时，初加工间禁止堆放有毒有害物质，并且应建设专用下水道并将水平地面改成有倾斜度的地面，以便排水。初加工间不能漏水渗水，且装修不应烦冗，应以实用性为准。

二、鲜活类原料初加工

1. 禽类原料初加工

在对禽类原料进行初加工时，要进行相应的检查，确保禽类健康且未受污染。处理禽类原料时，须去其内脏等不可食用部分，具体操作时要小心，不可碰破胆囊和肠道，避免造成污染。在清洗时应格外注意，可用多种方法彻底清洗以确保卫生安全。

2. 畜类原料初加工

在进行畜类原料的加工时，应将其洗涤干净以去除污物和异味。由于畜类原料内脏异物较多且油腻（尤其是肠道），需彻底洗净，并及时处理内脏中的污染物。畜类内脏不能长时间放置，处理后应尽快烹调。

3. 水产类原料初加工

在进行水产类原料初加工时，首先去掉其表面黏液，其次去其鳞片、鳃、鳍、内脏等不可食用部分，然后用清水洗涤。水产类原料的内脏带菌率很高，在其死亡后要及时开膛取出内脏，防止细菌滋生。

4. 冷冻原料初加工

对于冷冻产品，应先将其自然解冻，自然解冻时温度不能高于 25 ℃，相对湿度应保持在 85% 左右。不可用热水或者是温水解冻，否则在解冻过程中会导致其组织细胞中的水分流失，影响口感和营养价值。不同种类的原料应分开解冻。解冻后的产品应去除有害物质和不可食用部分，如畜肉表面的残毛、伤痕、血污等。

三、冷菜工艺安全

冷菜又称为凉菜、冷盘，是我国菜肴中一个别具特色的类别。冷菜刀工精细、色香味俱全，能够提高食欲、活跃宴会气氛。

1. 冷制冷吃

冷制冷吃的烹调方法包括凉拌法和炝醉法。

（1）凉拌法

凉拌法由于不经过加热，通常采用腌制、搅拌等方法进行操作，如酸辣黄瓜、姜汁莴笋、生鱼片等。在制作时需要注意以下几点。

1）选用新鲜无异味，且质地鲜嫩、味道鲜美的原料。

2）在操作过程中一般使用植物油。去除原料的异味后，再选择适合的加工方法，比如新鲜、鲜嫩、易熟的原料，焯水后再将原料进行拌制。

3）在装盘时，生、熟混合的菜肴要将熟料盖在生料上。

（2）炝醉法

炝醉法要注意以下几点。

1）选用新鲜、鲜嫩、有质感的原料，如果有筋要去筋。

2）将原料处理成形状细小的形态，切配均匀、大小相等。

3）原料在进行炝拌时，要渗透入味后再进行装盘。

2. 热制冷吃

热制冷吃主要采用熏、烤、酱等工艺进行操作，是一种先将原料通过初步熟处理，再经冷却后才食用的方法。在制作时需要注意以下几点。

（1）选用质地新鲜、鲜嫩的原料，加工成细小的形状或块状。腌制的原料要质地鲜嫩，清洗干净，保证卫生。

（2）原料在进行滑油或焯水的时候要注意火候的掌握。

（3）在熏制菜肴时，原料需要完全熟透才能熏制。

3. 艺术拼摆

在制作冷盘时，要保证所运用的器皿安全卫生且无毒无害。在冷菜摆盘时，尤其是艺术拼摆，要通过垫底、盖边、装刀面、整形、点缀、调整修改等，完成"单拼""双拼"等类型的摆盘。

在冷菜摆盘中，讲究以实用为本、装饰为辅的原则，坚持符合食用卫生、节约等原则。冷菜装入盛器后，直接面对消费者，所以必须保证冷菜的食品安全。

四、热菜工艺安全

在我国有很多种热菜烹饪技法，如蒸、煮、炸、炒、烤等。在热菜的烹饪过程中，加热过程可以起到杀菌消毒的作用，提高食用安全性，使食物中的营养成分更利于人体消化吸收，还可以改善菜肴的外观形状。

热菜工艺安全要注意以下几点：

第一，保持工作台的卫生。

第二，烹饪过程中要掌握好对温度的控制，防止有害物质的产生。

第三，在烹饪过程中所使用的器皿，应经清洗消毒后才能使用。

第四，调味品要注意保持干燥卫生，不要相互混放。

1. 蒸、煮工艺

（1）蒸制工艺

蒸制又称气蒸法，其以蒸气作为传热媒介对食品原料进行热处理，可使原料质感酥软湿润，形态完整美观，保留原料的原汁原味且减少营养素流失。在用此法进行烹饪操作时，要注意所用器皿和工作台的清洁卫生。

（2）煮制工艺

煮制又称水煮或水烹法，是由水作为媒介对原料进行的热处理，可使蔬菜色泽鲜艳，可去除原料的异味，还可排出肉类原料的血污。

需要注意的是，煮制可分为冷水煮制和沸水煮制。冷水煮制适用于需要去除血污的禽畜类原料；沸水煮制适用于体积小，需要保持色泽鲜艳、口感脆嫩的蔬菜类原料。

2. 炸制工艺

炸制是指将原料投入到大量食用油中进行加热，使之变性成熟的方法。炸制可分为多种类型，包括清炸、干炸、软炸、酥炸、松炸、卷包炸、香炸等。在用此法进行烹饪操作时，要注意油脂的质量问题，不能选用经过多次高温处理后的油脂。此方法制作的食品香气浓郁，但存在的问题是油量消耗较大，且易产生较多的有害物质。

3. 熏、烤工艺

（1）烟熏工艺

烟熏是一种特殊的烤制方法，将燃料与熏料完全混合后放置在密闭的烤炉里，使其不充分燃烧，小分子呈香气体作为传热介质附着在原料表面，从而形成独特的香味。烟熏的温度对抑菌有很大作用，可以防止食物原料腐败变质。在温度为43 ℃时，浓度较高的熏烟可以降低微生物的数量；在温度为60 ℃时，烟熏能将微生物的数量降低到原数的0.01%，且可预防氧化。在烟熏时要注意产生的烟尘含有多环芳烃类有害物质，不可吸入肺中。熏制后的容器要及时清洗干净。

（2）烤制工艺

烤制也称焙烤，是一种将原料腌制入味后，利用木炭、天然气等燃烧产生的热量或电热、远红外线的辐射热，将原料制熟的烹饪方法。

烤制的菜肴通常要先对生料进行处理，如果是整只或者是形状比较大的动物性原料，需经烫皮、涂糖上色、晾皮等处理后再进行烤制。在烤制成熟时一般不进行调味，而是在烤制前进行腌渍处理。烤制一般需要特制的烤炉，烤炉分为明烤炉、暗烤炉等。烤制后要及时清洗烤盘，烤制成熟的原料要放在通风干燥的地方进行冷却。烤制的菜肴，可趁热食用，也可冷却后食用，还可以放入冰箱保藏后食用，保藏时注意防止细菌滋生。

五、面点工艺安全

1. 发酵过程

发酵是指面粉在酵母菌的作用下产生的膨大现象，同时还产生二氧化碳和乙醇。以往的面粉发酵过程中，常用之前留下的面肥，掺杂糅合，在 20 ~ 30 ℃温度下进行发酵。由于这种面肥长期使用，其中掺杂大量的乳酸菌和醋酸菌，因此必须加入适量的碱，以避免过酸而影响面点的色泽、风味和营养价值。

目前大多数面食的制作采用鲜酵母进行发酵。鲜酵母一般在 30 ℃以下进行发酵，不必加碱中和，安全卫生又利于营养成分的留存。此外也可以用小苏打进行发酵，但如果掌握不好用量，就会对 B 族维生素造成影响。

2. 馅心制作

在制作馅心时应注意所用器皿的清洁卫生。馅心拌料调味时要注意干燥、无污染，妥善保存，随用随做，不宜久藏。

培训项目 6

烹饪成品的安全

一、烹饪成品储存安全

烹饪成品储存安全的核心是抑制烹饪成品中微生物的生长繁殖以及酶的活性，防止烹饪成品腐败变质，保持烹饪成品的性状，防止烹饪成品中营养素受到破坏，使烹饪成品的保质期延长，保证餐饮企业食品供应的效果。

1. 物理储存法

（1）低温储存

$10 \sim 40$ ℃是多数微生物生长的适宜温度，低于 10 ℃时，多数微生物的生长会变得缓慢，甚至完全停止繁殖。在低温的情况下，微生物体内和烹饪成品中酶的活性也随之降低，因此低温可以抑制多数微生物的生长，但是有些嗜冷菌、芽孢等仍然可以存活。同时在低温储存时还要注意相对湿度，如果相对湿度过低就会使烹饪成品失去水分，反之，若相对湿度过高则会加速烹饪成品腐败变质。

在解冻成品时要避免高温解冻，因为高温解冻很容易引起成品的腐败变质以及营养成分的流失，而常温缓慢解冻可以保证成品恢复到冻结前的新鲜状态。

（2）高温杀菌

多数微生物可以在高温条件下直接被杀灭，依据酶在高温下灭活的原理可防止烹饪成品因酶的作用而腐败变质。例如罐头类食品就是将烹饪成品装入包装容器中，经过高温杀菌后进行密封，让罐内的烹饪成品与外界的微生物隔绝，而罐内微生物已被灭活，从而延长保质期。

（3）脱水干燥

微生物生存的必要条件是水，减少烹饪成品中的水分可以抑制微生物的生长繁殖和酶的活性，从而达到防腐的目的。例如烤鱼片就是将鱼洗净处理后进行调味与烘烤，使得鱼肉中的水分蒸发殆尽，从而达到延长烹饪成品保质期的目的。

2. 化学储存法

（1）防腐剂

香肠、凤爪等即食产品经过加工后加入防腐剂可以达到防腐的效果。当添加防腐剂的量不超过国家标准定量时，则对人体无害，且不会影响食品的风味。

（2）烟熏

在熏制的烟气中含有大量的甲醛、有机酸等，能够抑制微生物的生长繁殖，从而达到防腐败变质的目的。但是烟熏会使烹饪成品中的一部分营养成分损失，且烟气中还含有对人身体有害的多环芳烃类成分。

（3）提高渗透压

在高渗透压的环境下，微生物会因脱水而死，从而达到防腐的效果。具体做法是在食品（一般多为蔬菜类）洗净后加入大量的盐或糖使其脱水并处于高渗透压状态，抑制微生物存活，从而延长食物保存期。

二、烹饪成品运输安全

烹饪成品在运输过程中可能接触到多种污染源，应避免被污染。要使用符合卫生标准的运输容器和运输工具，还应定期对运输工具进行检验消毒，即食类烹饪成品在运输过程中更要避免直接用手接触。

1. 分类运输

在烹饪成品的运输过程中，应将生、熟分开，食品与非食品分开。还应根据烹饪成品的性质配备特殊的运输环境，例如低温运输等。

2. 专车运输

烹饪成品应使用专用运输工具运输，严禁用装载过农药、化肥等有毒物品的运输车辆装载烹饪成品。

3. 缩短运输时间

缩短运输时间可缩短烹饪成品在非理想储存条件下的暴露时间，防止烹饪成品腐败变质或受到污染。

三、烹饪成品销售安全

烹饪成品销售是保证食品安全的重要环节。厂家通过销售将烹饪成品传递给顾客，这个环节直接影响着顾客购买到的烹饪成品是否安全。因此，一定要做好烹饪成品的销售安全保障工作，通常可从以下几个方面着手。

1. 加强宣传教育

要加强对从业人员进行烹饪成品卫生相关法律、法规的宣传教育，完善各种规章制度与奖惩措施。

2. 提高危害认识

从业人员应自觉学习烹饪成品卫生安全知识，自觉养成良好的卫生习惯，提高对食品危害的认识，做好防止污染烹饪成品的工作。

3. 防止污染危害

在销售过程中尽量避免烹饪成品较长时间暴露或直接接触钱币等物品。

4. 避免接触食品

从业人员和顾客均不可直接接触直接食用的烹饪成品。要使用对人体无害的蜡纸、薄膜纸、一次性手套、保鲜膜、保鲜袋等对烹饪成品进行包装，这样既可以避免人员直接接触烹饪成品造成的污染，又可以保持烹饪成品本身的色、香、味。

5. 加强健康管理

以预防为主、宣传为辅，对食品行业从业人员进行完善的健康管理。

四、卫生安全管理

1. 卫生安全管理的概念

食品卫生安全工作内容复杂、环节多、政策性强，要保证食品卫生安全，就需要实行科学的卫生安全管理。

食品的卫生安全管理从广义上说应包括卫生监督执法机构的管理、本行业的管理、企业自身的管理以及其他有关部门的管理。从我国实际情况来看，餐饮业的卫生安全管理主要包括饮食业自身的卫生安全管理和食品安全卫生监督管理两大方面。而其他部门的管理是指根据本地区实际情况，由政府统一组织的食品安全卫生管理，如创建卫生城市的迎评管理、动植物检疫以及工商管理、兽医监督等有关部门的协调管理等。

餐饮业食品的经营涉及原料、储运、初加工、烹调、保存、服务等多个环节，每个环节都会影响产品的卫生安全质量，因而餐饮食品安全卫生管理具有多环节性和系统性的特点。由于食品安全卫生管理同人民生命健康有关，已列入法制化管理，所以具有政府管理行为、企业行为和消费者监督的多层次性管理特征。

2. 从业人员卫生管理

（1）餐饮企业人员组成

餐饮企业人员包括厨房工作人员（如厨师）、餐厅工作人员（如服务员）和企业管理人员，一般又将厨房工作人员和餐厅工作人员合称为操作人员。餐饮企业卫生管理的重点主要在于操作人员的卫生管理。

（2）餐饮企业操作人员个人卫生

1）手部的清洁卫生。餐饮企业操作人员必须在开始工作之前，大小便之后，中途离开岗位休息或吃饭之后，接触到生的原材料和不干净的餐具、容器之后，捡起不干净的物品或直接处理废弃物之后以及距上次洗手满两个小时之后，严格按照正确的洗手程序洗手并消毒。

2）操作时的卫生。餐饮企业操作人员不应浓妆艳抹，不应涂抹指甲油或喷洒香水，在工作的时候不可抽烟、吃零食，不可挖耳、揩鼻涕，不可在打喷嚏或咳嗽时面对食物，不可接触不干净的物品。未戴上防护手套、手部有外伤时不可以接触原料或食品，在外伤经过处理后才可以参加不直接接触食品的工作，操作间不可以带入或存放个人的生活用品。

3）仪容仪表。餐饮企业操作人员在工作时应穿戴工作服、工作帽及口罩并保持其整洁，平时应对工作服上易松动的扣子及标志等进行检查，禁止佩戴珠宝首饰等易掉落的物品，头发不可以露于帽外。

4）健康情况。餐饮企业操作人员均必须在进行健康检查并取得健康合格证后才能上岗工作。在工作中要特别注意防止胃肠道和皮肤病的传染，定期检查身体。

凡经确诊为痢疾、伤寒、病毒性肝炎等肠道传染病及其病原携带者以及活动性肺结核、化脓性或渗出性皮肤病的患者，均应进行严格的健康管理，暂时调离工作岗位，并积极治疗、定期复查，在痊愈并取得健康合格证后方可上岗工作。

5）良好的卫生习惯。餐饮企业操作人员应经常理发、洗澡，勤换衣物，勤剪指甲，在工作中应保持衣着整洁，养成不乱丢物品、不随地吐痰并及时冲洗、清扫、消毒工作场所的良好工作习惯。

（3）饮食业卫生"五四"制

1）四不。即采购员不买腐烂变质的原料，保管、验收员不收腐烂变质的原料，加工人员（厨师）不用腐烂变质的原料，营业员（服务员）不卖腐烂变质的食品（零售单位不收腐烂变质的食品，不出售腐烂变质的食品，不用手拿食品，不用废纸、污物包装食品）。

2）四隔离。即生与熟隔离，成品与半成品隔离，食品与杂物、药物隔离，食品与天然冰隔离。

3）四过关。即一洗、二刷、三冲、四消毒（蒸汽或煮沸）。

4）四定。即定人、定物、定时间、定质量（划片分工、包干负责）。

5）四勤。即勤洗手、剪指甲，勤洗澡、理发，勤洗衣服、被褥，勤换工作服。

3. 餐厅环境卫生管理

（1）餐厅外部环境卫生

餐厅是为顾客制作膳食、供其就餐的场所。它除应符合相关卫生要求外，还需注意：

1）场地应通风、日照良好，空气新鲜，地势较高、有利于排水。

2）场地应远离垃圾场、公共厕所、粪便处理场、废渣场及饲养屠宰场等会产生污染的场所。

3）场地要有清洁且水量充沛的水源，提供的饮用水必须符合饮用水水质标准的要求，并配有污水排放设施。

4）场地不得与有环境污染的农药厂、化工厂等相邻，同时也要避免处于会造成污染的企业周围。

（2）餐厅卫生管理

1）日常性清洁卫生。餐厅外部环境卫生包括清除地面、桌面、墙壁、门窗和玻璃的油污、泥土、灰尘等，重点是清除桌面、地面油污，并且保持座位排列整齐，严禁在顾客用餐时清扫地面。

食品由专人从烹调间送入备餐间，服务员从备餐间送至餐厅顾客的桌上，不能直接从烹调间递拿食品给顾客。也可由传菜员从烹调间拿取食品送至餐厅顾客的桌旁，再由服务员拿取食品放在顾客的桌上，传菜员不可以直接将菜品放到顾客的桌上。

2）餐厅进食条件。就餐者的食欲和情绪会受食品的质量、服务人员的态度、餐厅的设备设施、餐厅的气氛及餐厅卫生条件等影响。餐厅进食条件与饮食企业的社会效益和经济效益有着密切的关系。

餐厅可选择并布置成富丽堂皇、古色古香、简单明快、清雅大方等的风格，来引起就餐者的食欲和愉快的心情。

服务人员应主动热情，耐心周到，保持服务动作协调优美，符合卫生安全要求。同时，菜肴、点心应做到色香味形器俱佳，符合卫生质量标准，价格合理，满足就餐者的生理与心理需求。

4. 厨房卫生管理

（1）厨房合理布局

随着科技的发展，淘米机、洗菜机、绞肉机、包饺子机、洗碗机等机械设备在餐饮企业中的运用越来越多。为了能符合卫生水平的要求，必须开辟"卫生通过室"，增大后场厨房总面积，即后场厨房的面积和餐厅的面积比例不能小于1:1。此外，要保持后场厨房的良好通风。

食品在制作过程中要避免发生交叉污染，应严格注意垃圾不得进入厨房，除操作人员外其他人员不得在厨房中穿行或停留等。厨房的配置从食品原料仓库到初加工间、切配间、冷菜间、烹调间、备餐间、餐厅、食具洗涤消毒间应形成三条线（即主食加工一条线、副食加工一条线、食具洗涤消毒一条线）、四条通道及出入口（即食品原料通道及入口、垃圾污物通道及出口、工作人员通道及出入口和进餐人员通道及出入口）。

（2）厨房设备卫生

1）下水道设备卫生。烹饪原料的初加工间和食具洗涤消毒间都应设有单独的下水道，并且要在下水道的上方设置除油器（油脂分离装置）；这样既可以回收废油，避免因排放油污而造成的环境污染，又可以防止因洗菜，宰杀鸡、鸭、鱼等动物而造成的堵塞，做到综合利用。厨房地面要有坡度，以便于排水。

2）冷藏设备卫生。条件允许的话，应在厨房的切配间和烹调间分别设置一套冷藏设备。如果只有一套冷藏设备的话，生鲜食品和熟食一定要分类保藏，还要定期清洗设备并进行除霜。

3）洗涤设备卫生。厨房中不但要设置足够数量的洗涤池、洗手池，还必须设置脚踏式流水洗手池，专供备餐间工作人员操作前洗手、消毒使用。工作人员擦手时应用纸巾或经过消毒的环形毛巾代替可能被细菌污染的毛巾，也可通过热空气干燥机等进行手部干燥。

4）抽油烟机和通风设备卫生。厨房降低湿度和温度并去除烟气的方法是在炉灶上方安装换气扇、抽油烟机等设备，而且必须要保持设备清洁，否则会影响设备功能，使污物落在食物上。设备一定要具有足够的换气量，才能保持厨房内空气清新。如果厨房有窗户，还应在窗户上安装纱窗，防止昆虫等飞入。

5）照明设备卫生。照明设备的亮度要足够，以提高工作效率、工作质量并便于污物能及时被发现、清洁，也可以避免发生意外。

6）废弃物处理设备卫生。大型酒店一般将废弃物分类装入指定的垃圾桶，当桶内垃圾达到一定数量或经过一定时间后，将垃圾倒入指定的垃圾房，等待回收。要定期、定时清洁垃圾桶和垃圾房并进行全面消毒，做到清洁不留死角。

7）卫生室卫生。卫生室要有专用的流水冲洗室、厕所浴室、更衣室、洗手室和休息室，并且应设在烹调操作人员入口的门到厨房操作室之间。

8）操作台卫生。操作台要选用不吸水、不易被食物残余物所腐蚀的材料，制备原材料时要配备不同种类的切菜板以防止发生交叉污染。操作台出现碎裂、裂缝或有较深划痕时会藏匿食物残渣而促进细菌的生长与繁殖，因此应及时更换、维修。

5. 用具卫生管理

（1）洗涤剂的选择

1）洗涤性强，去油能力强，容易被水冲掉。

2）无残留、安全无毒。

3）对环境无污染，容易被分解。

（2）餐具的消毒方法

1）物理消毒法。物理消毒法主要有煮沸后保持 2 min 以上的煮沸消毒法，用 100 ℃蒸汽蒸 10 min 以上的蒸汽消毒法，用远红外或电烤消毒箱在 120 ℃下加热 15~20 min 的干热消毒法以及紫外线消毒法。

2）化学消毒法。化学消毒法主要有使用 0.1%~0.2%漂白粉、0.2‰新洁尔灭、1‰高锰酸钾、0.2%过氧乙酸、75%乙醇等擦拭消毒，使用 95%乙醇烧灼消毒。使用化学消毒法时，应注意化学消毒剂的选择及高锰酸钾消毒后生成的二氧化锰可能污染器具等问题。

（3）餐具的卫生要求

1）生加工与细加工工具分开。生加工与细加工所用到的工具一定要分开使用，因为禽类和鱼类的内脏上都会带有病原细菌，特别是禽类的沙门氏菌容易污染到其他食品。

2）加工、洗涤与制作工具分开。加工、洗涤与制作所用到的工具也一定要分开，既可防止蔬菜沾上油污，又可避免蔬菜上的寄生虫卵对其他工具造成污染。

3）生、熟原料加工工具分开。生原料和熟原料所使用的加工工具也要分开，大型饭店应专门设立冷食间，非本间人员禁止入内。

4）不同原料分开解冻。肉类、水产、禽类等冰冻原料如要经过水浸解冻，需要等待冰完全溶解后才能加工，并且必须要分开解冻，避免串味或交叉污染。

5）餐具用具分开。盛装熟食的餐具应做到专用。烹饪过程中所用到的餐具用具要生熟分开，如确有需要，应将盛装过生食的容器用开水烫洗后再盛装熟食。

6. 原料卫生管理

（1）原料的感官鉴定

1）视觉鉴定。即利用人的视觉对原料的形态、色泽变化以及清洁程度等进行观察，判断其质量优劣的方法。视觉鉴定应在光线明亮、背景亮度大的环境下进行，最好是在日光下进行。此方法适用于所有原料。

2）嗅觉鉴定。即利用人的嗅觉对原料的气味进行辨别，判断其是否变质的方法。嗅觉鉴定应注意区别原料正常的气味与异味。

3）味觉鉴定。即利用人的味觉对原料的味道进行辨别，判断其质量是否改变的方法。味觉鉴定只适用于可直接入口的调味品、果蔬及烹饪半成品的检验，不可检验已发生变质的原料、酸、碱等。

4）听觉鉴定。即利用人的听觉分辨原料拍击或摇动后发出的声音，判断原料是否变质的方法。此方法可用于原料脆嫩度、酥脆度、新鲜度等的鉴别。

5）触觉鉴定。即利用触觉来检验原料的质量、质地（弹性、韧性、细腻度等），判断其优劣及性状变化程度的方法。

（2）原料品质鉴定标准

1）原料的内在品质。原料的内在品质包括原料的形状、质地、颜色、气味、味道、化学成分、内部组织结构特点等属性。如果原料的内在品质发生了变化，就说明其固有品质发生了变化，质量下降。

2）原料的纯度和成熟度。原料的纯度指该种原料占成品的比例，成熟度指该种原料达到自然成熟状况的程度。一般来说，原料的纯度越高质量越好，原料的成熟度则要求适中。掌握好各种原料的纯度和成熟度，是合理使用原料、体现出原料最佳特点的重要因素。需要注意，适合烹饪的成熟度，并非原料的生理成熟度。

3）原料的新鲜度。原料的新鲜度是指原料从采收、运输、储藏、销售到食用的过程中质量的变化程度。原料的新鲜度越高，质量越好。对原料新鲜度的鉴定是烹饪行业品质鉴定的重要环节。

4）原料的卫生程度。原料的卫生程度指原料表面被污物、虫及虫卵、寄生虫、微生物、农药等污染的程度以及自身的腐烂程度。

（3）原料储存中的卫生

1）储存环境卫生。储存保管室应清洁、通风、防潮、防湿、防霉并经常进行打扫，还应定期消除鼠害、虫害。

2）合理码放。储存室内的所有烹饪原料应摆放在离墙体至少 5 cm、离地面至少 15 cm 处，以利于通风。

3）分类存放、分开储存。烹饪原料储存时应分类存放，如果有条件应分开储存。储存时要考虑到各类原料的相互影响，将原料、半成品、成品分开储存，有特殊气味的原料（如海产品）与容易吸收气味的原料（如面粉）等分开储存，食品与非食品分开储存，长时间放置的原料与短期储存的原料分开储存。

4）温度与时间。食品储存室应把时间与温度的组合关系安排好，一般储存温度控制在 10 ~ 21 ℃，存储时间不超过各类原料的保质期。

5）防止污染。食品储存室应远离污染源。储存室方向应朝北，如有阳光直射入储存室，则需设置防光窗帘，以防光线直射而加速食品腐败变质。

五、卫生管理技术

1. 良好生产规范（Good Manufacturing Practice，GMP）

（1）GMP 概述

GMP 是一套适用于制药、食品等行业的强制性标准。

我国自改革开放以来，先后制定了一大批食品生产的卫生规范和相关标准，如《食品安全国家标准　食品生产通用卫生规范》（GB 14881—2013）、《糕点厂卫生规范》（GB 8957—1988）等。这些卫生规范都是参考了 GMP 有关规定制定的，都具有强制性的作用，是我国食品行业卫生规范向 GMP 过渡的一种形式。

1998 年卫生部颁布了首批食品 GMP 强制性标准，同以往的"卫生规范"相比，最突出的特点是增加了品质管理的内容，对企业人员素质及资格也提出了具体要求，对加工设备设施、生产过程管理及自身卫生管理的要求更加具体、全面、严格。卫生部正在组织制定熟肉制品、饮料等企业的 GMP，并将陆续发布实施。GMP 所规定的内容是企业必须达到的最基本的条件。

简单地说，食品GMP的重点可以用4个M来解释：人员（Man）、原材料（Material）、设备（Machine）和方法（Method）。

（2）GMP主要内容

GMP内容涉及人员设施、设备卫生条件、原料辅料、生产操作包装和标签、质量控制系统、自我检查、销售记录、用户意见等方面。在硬件方面要有符合要求的环境、设施、设备；在软件方面要有可靠的生产工艺、合格的操作人员、严格的管理制度、完善的检测手段。

1）人员要求。企业要达到一定的质量管理要求，各项质量管理措施要能够全面、准确地实施，就必须依靠一支训练有素的管理人员队伍。管理人员应该具有一定的学历水平和相应的专业知识，能够对生产中出现的质量问题做出准确判断并及时处理。企业应当建立一个定期的培训考核制度，无论是管理人员还是操作人员，不仅应当具备职责范围内的知识和技能，还要有整体的质量意识。

2）设计与设施。主要涉及的内容有企业的选址，周围的环境，生产区与生活区的布局，车间配置、房屋建筑，地面与排水，屋顶及天花板，墙壁与门窗，采光与照明设施，通风设施，供水设施，污水排放设施，废弃物处理设施等。

3）原料与成品的储存运输。原料的采购、运输、储存等，半成品、成品的储存和运输等。

4）生产过程。主要包括生产操作规程的制定与执行，原、辅料处理，生产作业的卫生要求等。

5）品质管理。包括质量管理手册的制定与执行，原材料的品质管理，专业检验设备管理，加工中的品质管理，包装材料和商标的管理，成品的品质管理，储存、运输的管理，售后意见处理、成品回收以及记录的处理等。

6）卫生管理。包括卫生制度、环境卫生、房屋卫生、生产设备卫生、辅助设施卫生、人员卫生及健康管理等。

2. 危害分析与关键控制点（Hazard Analysis and Critical Control Point，HACCP）

（1）HACCP概述

HACCP是指对食品安全危害予以识别、评估和控制的一种系统化方法。运用这一方法对食品生产加工过程中可能造成食品污染的各种危害因素进行系统和全面的分析，从而确定能有效预防、减轻及消除危害的每一个加工环节（称为"关键控制点"），进而在关键控制点对危害因素进行控制，并对控制效果进行监控和纠偏。它是一种用于防止食品受到生物性、化学性、物理性危害的有效管理工具。

HACCP 管理方法是一个系统的方法，它覆盖了食品从原料到餐桌的加工全过程，对食品生产加工过程中的各种因素进行连续系统分析，是迄今为止人们在实践中总结出的最有效的食品安全管理方法。

（2）HACCP 基本原理

1）危害分析。危害分析是 HACCP 系统方法的基本内容和关键步骤。其通过对以往资料进行分析、现场观测、采样检验等，对食品生产过程中食品污染发生发展的各种因素进行系统分析，发现和确定食品中的有害污染物以及影响其发生发展的各种因素。危险因素是指对健康有危害的生物性、化学性或物理性污染物，以及温度、湿度、食品酸化程度、发酵时间、腌制食品的盐浓度和腌制时间、真空包装形成的厌氧环境不充分等影响食品卫生质量的因素。生物性因素主要包括细菌、霉菌、病毒、寄生虫，细菌和霉菌毒素及动、植物天然含有的有毒成分；化学性因素主要包括农药，金属，环境污染物，食品添加剂，洗涤剂，生物激素，天然动、植物毒素；物理性因素主要包括放射性污染和异物。危害分析针对烹饪加工的整个过程，即从原料的采购、初加工处理到切料、配份、烹制，再到把菜肴提供给客人，进行全过程评估分析，从而将其中可能发生的危害明确鉴定、识别出来。例如，糕点生产中的危害有原辅料质量、制熟方法（烤、炸、蒸）、工艺水平、成品包装材料卫生等；糕点保管储存时期的危害有回潮、发霉、老化等。

2）确定关键控制点。关键控制点就是那些要在生产过程中实施 HACCP 控制活动的点，在这些点上采取预防控制措施就可以有效地控制住危害。例如：当食品中的微生物指标超过一定的值而造成生物性危害时，可以考虑采取加热杀菌的措施；如果是因为原料的微生物指标超标，就可以采取对原料进行冷藏的方法来抑制微生物的生长繁殖或减少食品包装中的氧气以抑制微生物的生长；对于那些因为肉毒芽孢杆菌毒素造成的危害，可以通过将食品的 pH 值调节在 4.2 以下来抑制肉毒芽孢杆菌产生毒素；对于食物中存在的物理危害（如杂质、异物等），可以在原料预处理时，通过机械或者手工的方法进行去除。

3）确定关键限值。关键限值是指与关键控制点有关的各种预防措施所必需的标准，代表了确保能够生产出安全产品的操作界限。当加工过程偏离了关键限值时，就必须采取纠正措施来确保食品的安全。针对每一个关键控制点，在其预防措施中必须制定出相应限值和适宜的检测方法。这些限值通常是各种工艺参数，如浓度、温度、时间、水分活度、pH 值等。确定关键限值的依据是国家、行业的相关法规和标准，以及有关的研究成果。因此，为了确定关键控制点的临界限值指标，应全面地参阅法规、技术标准资料，从其中找出与产品性状及安全有关的限量；并查阅产品加工的工艺技术、操作规范等方面的资料，从中确定操作过程中应控制的因素和限制指标。

4）建立对每个关键点控制情况进行监控的系统。监控就是通过观察和测量来评价某关键控制点是否受到控制，并做出准确的记录供审核使用。监控结果必须记录与监控有关的全过程，并根据监测到的数据做出判断，为以后采取相应的措施提供佐证。同时，监控还可以对失控的加工过程提出预警。在采取监控行动前，应当确定实施监控的人员、监控的范围、实施监控的方式以及监控的频率。

为了便于记录监控的数据，可以事先设计一些收集数据的表格，并对收集数据的方法进行规范，这样才能获得准确的信息。最后，应对取得的数据进行分析，并且将其和关键限值进行对比。

5）预设当关键控制点失去控制时应采取的纠偏措施。纠偏措施是针对关键控制点上的关键限值所出现的偏差而采取的行动。当某个关键限值出现偏差时，必须采取预先确定的纠正措施并进行记录，采取纠偏措施一定要及时、有效，以减少损失，防止事态的进一步扩大。有效的纠偏措施应该做到对某个关键控制点是否发生偏差做出迅速判断，对产生的偏差立即采取措施，对出现问题的成品或半成品做出及时处理，并对全过程进行记录。

对于实施纠偏措施之前的成品或半成品可以进行如下处理：重新检验、作为其他用途、将产品再加工或者销毁。

6）建立确认 HACCP 系统有效运行的验证程序。一般包括考察所有的行动是否严格按照事先制定的 HACCP 计划运行、所确定的关键控制点和相应的关键限值是否恰当、纠偏措施是否有效、各项记录是否完整以及对关键控制点的监测记录进行审核等。

7）建立有关上述原则及其应用的重要程序和记录。企业在实行 HACCP 体系的全过程中涉及大量的技术文件和日常的工作监测记录，应当建立一个有效的规章制度保存这些资料，保证其可追溯性。在这些资料里，最主要的是：有关危害分析的报告、HACCP 计划、制订计划的相关依据、HACCP 过程中涉及的各方面的数据记录。

HACCP 体系不是一个独立的管理体系，其必须建立在良好生产规范（GMP）

及卫生标准操作程序（SSOP）的基础上，才能有效运行。

3. ISO 9000 标准

（1）ISO 9000 标准概述

ISO 9000 系列标准是国际标准化组织（ISO）所制订的关于质量管理和质量保证的一系列国际标准，它是在总结各个国家成功经验的基础上产生的。贯彻 ISO 9000 标准，是餐饮企业走向国际市场的需要，也是企业建立和完善食品卫生质量体系的需要。

1980 年国际标准化组织成立了质量管理与质量保证标准化技术委员会，1987 年 3 月正式发布了 ISO 9000 系列标准：ISO 9000、ISO 9001、ISO 9002、ISO 9003 和 ISO 9004。1994 年又对其做了进一步补充和完善，形成了 ISO 9000—1994 版国际标准。目前已有 90 多个国家将其直接采用为国家标准。

ISO 9000 系列标准在我国经历了一个从等效采用到等同采用的过程。1988 年，我国等效采用 ISO 9000 系列标准；1992 年，我国等同采用 ISO 9000 系列标准，并用双编号 GB/T 19000—ISO 9000 正式发布。

ISO 9000 系列现行标准包括：GB/T 19000—ISO 9000 质量管理体系基础和术语、GB/T 19001—ISO 9001 质量管理体系要求、GB/T 19002—ISO 9002 质量管理体系、GB/T 19001—2016 应用指南、GB/T 19004—ISO 9004 追求组织的持续成功质量管理方法。

我国一批涉外饭店、快餐企业以及生产外销食品的企业，在近几年都进行了国际标准质量管理体系的认证并获通过。

（2）ISO 9000 标准的基本原理

1）与质量管理有关的术语。

①质量方针。质量方针是由组织的最高管理者发布的该组织总的质量宗旨和质量方向。质量方针应体现该组织长期的质量战略。

②质量管理。质量管理是确定质量方针、目标和职责并在质量体系中通过诸多质量策划、质量控制、质量保证和质量改进使其实施的全部管理职能的所有活动。其主要职能是制定和实施质量方针，对影响产品质量的各个环节实施有效的管理。

③质量体系。质量体系是实施质量管理所需的组织结构、程序、过程和资源，这四大要素形成一个有机的整体。针对产品为保证实现外部质量而建立的体系属于质量保证体系，针对整个企业经营管理的需要而建立的体系属于质量管理体系。

④质量保证。质量保证是为了提供足够的信任，表明实际能够满足质量要求，在质量体系中实施，并根据需要进行证实的全部有计划、有系统的活动。质量保证的核心问题是提供信任。

⑤质量策划。质量策划是确定质量以及采用质量体系要素的目标和要求的活动。要对质量活动做出系统的、预防性的安排，以确保影响质量的因素受到有效的控制。

⑥全面质量管理。全面质量管理是一个组织以质量为中心，以全员参与为基础，目的在于通过让顾客满意和本组织所有成员及社会受益，而达到长期成功的管理途径。它是一种正在发展中的、科学的质量管理办法。

2）质量保证体系的建立与实施。质量保证体系的建立与实施一般包括质量体系的确立、质量体系文件的编制、质量体系的实施运行等阶段。

企业确立质量体系时，应由企业领导决策并统一认识，组织成立标准小组，学习并制订工作计划，制订质量方针并确立质量目标，调查现状找出薄弱环节，与模式标准进行对比分析、合理纠偏，进行职能分配，确定资源配置；要根据设计、开发、检验等活动需要，积极引进先进的技术设备，提高设计、工艺水平，确保产品质量满足顾客的需要。

编制的质量体系文件包括质量手册、质量体系程序、质量计划及质量记录。质量记录可反映产品质量形成过程的真实状况，为正确、有效地控制和评价产品质量提供客观依据。

质量体系的实施运行实质上就是指执行质量体系文件并达到预期目标的过程，其根本任务就是把质量体系文件中规定的职能和要求，按部门、车间、岗位加以落实，并严格执行。企业可以通过全员培训、组织协调、内部审核和管理评审来达到这一目的。

职业模块 五
餐饮业成本核算知识

培训项目 ① 餐饮业的成本概念

一、成本相关的概述

从广义上来说，成本是指在从事某种生产或经营时，企业本身所耗用的费用和支出的总和。企业在生产或经营过程中的各项消耗支出，例如原材料的消耗、燃料的消耗、员工劳动的报酬、固定资产折旧等，都是企业的成本。正因为企业经营中的所有耗费都属于成本的范畴，所以经常把成本和费用看作是相同的概念。

1. 成本及成本核算的概念

（1）成本的概念

成本属于价值范畴，是生产中的耗费。广义上的成本是指企业在生产各式各样的产品时产生的各项耗费之和，它包括企业在生产过程中原材料、燃料、动力的消耗，劳动过程的支出，固定资产的损耗等。

餐饮成本的概念是指在餐饮产品制作过程中所有的支出。由于餐饮业各类支出复杂，很难准确计算出各项支出，因此厨房范围内只能计算直接体现在产品中的消耗，即构成菜品原材料的支出总和。它包括了制作菜点的主料、配料和调料，有时也包括燃料费用；至于其他消耗费用一般不进行具体计算。

企业的管理质量可以由成本综合反映，例如企业劳动生产率的高低、原材料使用是否合理、产品质量好坏、企业生产经营管理水平等。很多问题都能通过成本直接或间接地反映出来。

降低成本也是企业竞争的主要手段。在市场经济条件下，价格与质量的竞争就是企业之间主要的竞争，而价格的竞争说到底是成本的竞争。在毛利率稳定不变的条件下，只有适当降低成本才能创造更多的利润。

如今，成本可以为企业经营决策提供重要依据。在现代企业中，成本逐渐成为企业管理者投资决策、技术决策、经营决策的重要依据。

（2）成本核算的概念

进行餐饮成本控制的基础性工作就是原料成本核算，而计算耗用的原材料成本是餐饮成本核算的核心，即实际生产菜点时所用掉的食品原料。有了实际消耗的数据，再通过和标准消耗的数量比较来判断生产状态是否正常，从而可进行有针对性的成本控制。

1）成本核算的任务。

①加强各个产品的制作，提高经营部门的技术和经营服务水平。

②准确指出降低成本的方法，提高企业的经济利益，通过改善经营管理使利益最大化。

③准确地计算各个产品的单位成本，合理地制定菜点销售价格，使产品价格更加合理。

2）进行成本核算的基本条件。

①规定菜品的用料标准，使菜品制作更加规范。

②建立健全的计量体系，保证测量值的准确性。

③记录菜品加工制作的过程，全面反映加工制作的状态。

2. 餐饮成本核算的意义

（1）维护消费者的利益

餐饮产品的销售价格是根据餐饮产品的成本，按照一定的利率计算出来的。若餐饮产品成本核算不规范，销售价格可能难以让人接受，产品质量无法得到保障。所以，必须认真进行成本核算，以维护消费者权益。

（2）使企业合理盈利

准确核算餐饮成本是企业盈利的根本，若成本核算不准确，可能会造成不必要的损失，使餐饮企业减少盈利，甚至可能对餐饮企业的经营产生影响。因此，必须要正确对待成本核算，使餐饮企业利益最大化。

（3）改善企业经营管理

成本核算对于餐饮企业的经营管理非常重要，必须在建立非常严格的成本核算标准之后，才能确定企业的经营是亏损还是盈利。所以，成本核算对企业经营管理的改善具有一定的意义。同时，坚持餐饮成本核算也是正确执行国家物价政策的行为准则。

3. 餐饮成本核算的目的

（1）合理定价

餐饮产品的成本核算是合理定价的基础，成本核算会直接影响价格的规范性。所以，必须准确进行成本核算才能制定合理的销售价格。

（2）确定用量

通过成本核算可为饮食企业的操作过程提供标准用量，可使菜点的用料数量准确，防止用料不规范等现象，保证菜品本身的质量和价格。

（3）提高效益

可以通过成本核算的标准，查找实际成本与菜品标准成本之间产生差异的原因。例如，是否按照规定的标准用量，是否充分利用原材料等。并通过分析成本产生差异的原因，提出改进的方法，并完善经营管理制度，采取更加准确的方法降低成本并且减少损失，从而使餐饮企业的经济利益最大化。

4. 餐饮产品成本的要素

餐饮产品的原料主要分为三大类：主料、辅料、调味料。这三类原料是核算餐饮产品的基础，即餐饮产品成本的三要素。

（1）主料

主料是产品的主要原料，一般以面粉、大米和鸡、鸭、鱼、肉、蛋等为主，有时各种海产品、干货、蔬菜和豆制品也作为主料。主料的数量一般占产品的70%，并且它所需要的费用也是最多的。当不分主辅料时，可以理解为所用原料均为主料。

（2）辅料

辅料是产品的辅助材料，辅料一般所用的数量不多，但是有些辅料的价格也较昂贵，不可以粗略计算。辅料一般以各种蔬菜为主。

（3）调味料

调味料是产品的调味用料，例如油、盐、酱油、味精、胡椒粉等都是调味料，它的主要作用是调节产品的口味，它在产品制作过程中是不可缺少的，一般用量较少。一般调味料的成本占产品成本的1%左右，也有一些产品的调味料价格会高于主料的价格，因此，进行成本核算时要特别注意调味料的成本。

现在，成本核算时也算入了燃料的成本，但是其所占比例是很小的，如果要将其计入成本，就需要按照成本价的10%核算。

因此，菜品的成本计算公式为：

菜品成本 = 主料成本 + 辅料成本 + 调味料成本（＋燃料成本）

5. 餐饮成本核算方法

餐饮成本核算的方法一般是按照厨房实际使用的原料计算已售出的产品所消耗的原料费用。核算期则取决于企业要求，以便及时发现经营管理过程中的各种状况。

成本核算的具体方法是：如果厨房领用的原材料当次核算周期用完且无剩余，领用的原材料金额就是当次核算周期菜品的成本；如果有余料，在计算成本时应进行盘点，并从领用的原材料中减去余料，求出当次核算周期实际耗用原材料的成本，即采用"以存计耗"倒求成本的方法。

成本核算适用于条件较好的企业，它们一般设有专门储存原材料的仓库和冷藏设备，并且一般购入的原材料先进入仓库，然后由专人整理保管。

成本核算方法为：

耗用原材料成本 = 厨房原材料本次核算周期初结存额 + 本次核算周期领用额 – 厨房本次核算周期盘存额

二、餐饮业成本控制的特点

1. 可变化的动态成本

一般在餐饮业成本费用结构中，除了食品饮料的成本之外，在营业费用中还存在一些处于变化中的动态成本。这类成本往往随着销售数量的增加而增加，例如，在烹饪过程中厨师对调味料用量的掌握，存在很多人为的因素，这部分动态成本的控制是非常重要的。

2. 可控制的静态成本

营业费用中的折旧、维修费等静态成本，是管理人员不可控制的费用；除此之外，其余大部分的费用以及食品原料的成本都是管理人员可以控制的费用。管理人员对成本控制的好坏决定了成本和费用的多少，这些成本和费用占营业收入的比例很大，所以，对静态成本的控制是十分重要的。

3. 各个环节的成本

（1）菜单的制定与定价

菜品的计划与制定都会影响菜肴原料的利用率，而合理制定的菜单会使顾客更合理地选择菜品，并且影响菜品的成本。

（2）控制采购和验收

若在生产过程中的原料及酒水饮料等采购和验收把控不严，则会使采购的价格过高、数量过多，从而使产品的成本过高。

（3）确保原料储存的及时性

若采购的原料不能及时入库，则会因原料的质量下降而使成本提高。

（4）选择原料储存方式

若不能以合理方式储存原料，则会因为原料变质而造成不必要的损失。

（5）控制烹调方法

加工分配和烹调制作过程中要控制好菜品的质量和分量，若菜品的质量不合格导致需要再加工，则会导致成本加大。若分量不足，则会引起顾客不满。

（6）顾客的满意程度

顾客的满意程度关系到餐饮食品的销售，也会影响顾客对菜品的选择。要保证销售量的增加，则售出的产品必须让顾客满意，若顾客满意度下降，则会使产品难以销售，会使成本比例增大，影响餐饮业的效益。

三、餐饮生产控制措施

餐饮生产控制是一种特殊的成本控制方法。为了保证菜点生产制作的质量，避免原料的浪费和滥用，达到成本控制的目的，需要进行有效的餐饮生产控制。

1. 制订生产计划

生产计划的制订要求主要体现在以下四个方面：

（1）要加强对饮食企业的生产成本控制。

（2）食品的原材料，特别是易腐烂变质的原料，要保证原料合适的库存量。

（3）提前预测特定就餐时间段的菜点销售数量，以适应生产计划与经营要求之间的关系。

（4）通过和实际销售情况的比较来采取措施，对生产计划进行改良。

2. 销售预测

销售预测是确定生产计划的前提，即对未来的销售情况做出估计。满足顾客的需求是生产控制的目标，所以要进行销售预测就需要对顾客的需求有比较准确的了解。

（1）销售预测的资料

对饮食部门销售的菜点种类以及单个菜点的销售数量进行估计。如果企业拥有不同的餐厅，那么每个餐厅都应该做详细的预测。供预测用的各种资料称作销售史资料，用来记录菜单上各种菜肴售出数量，实质上它是一种记录每天售出数量的书面摘要表。大多数的企业仅仅记录主要餐次的销售数量，例如午餐和晚餐，而有些企业则保存菜单上每一种食品的销售资料，当然也有的企业只记录点菜菜单的菜点销售数量。

餐厅的原始销售记录应根据每一餐或不同餐厅为单位分别进行记录，应准备好充分的原始记录；尤其是在经常或定期更换菜单的情况下，更应该有充分的记录。一般由餐厅服务员或收银员来担任销售数量统计工作。记录的方法一般有两种，一是由软件合成客人账单上的有关信息；二是在菜单的复印件上做记号或者在专门设计的记录表上进行登记。在每一餐结束后，需要将记录的资料送到饮食成本控制室，由专门的饮食成本控制员进行归纳，并填入销售记录簿或档案卡中。

（2）影响销售的因素

影响销售的因素有很多，从预测的角度来看，一般包括以下四个方面。

1）时间。在不同的时间段内，饮食企业的经营一般都具有波动性。例如年末要比年中的经营情况好很多，周末要比平时的销售情况好很多；以商务阶层为目标的经营企业，晚餐要比午餐的销售情况好很多。

2）气候。一般来说，天气状况对销售量也有很大的影响。在有风雪、暴雨等恶劣天气里，社会餐馆的销售量可能会大幅度地降低，而星级饭店餐厅的销售量却有可能会增加。

3）特殊事件。特殊事件一般主要指节假日或者企业举行的营销推广活动等。比如某地有食品节或者地方菜展销，企业举行大型会议，附近百货商店有降价活动招来大批顾客，饭店门口装修或修路等，都会使销售量受到不同程度的影响。

4）顾客偏好。顾客对每一种菜肴的喜爱程度是不一样的。一般而言，饮食成本控制员会计算每一种菜肴的售出数量占总销售数量的百分比，这个百分比一般称为"适销指数"，它是某一种菜肴适销程度的指标。适销指数越大，一般都会表明这种菜肴销售较好；如果指数较小，管理人员就应该考虑用某种销售量较高的菜来取代它。适销指数无论是对每天菜肴销售量的预测，还是对之后菜单的设计，都有很高的参考价值。

（3）预测销售量

在掌握了一些销售量预测的资料之后，就可以对各种菜肴的销售量做出预测。因为一般饮食企业生产的产品都具有质量不太稳定的特点，再加上生产和消费的不确定性，对于食品成本控制而言，销售量的准确估计是主要环节，一般也是食品控制员或厨房管理者的主要工作。

1）预测就餐人数。对于一般星级饭店的餐厅来说，顾客通常分为两类，一类是住店的顾客，另一类是外来就餐的顾客。一般来说，可以通过对以往的历史资料以及天气、节假日等因素的分析，对外来就餐顾客就餐人数进行预测。住店顾客就餐人数的预测一般可以通过酒店的入住率来进行，也可以采取灵活促销、提前预约的做法提前做准备。对于社会上的一些餐馆来讲，可以根据以往销售情况再结合一些客观因素进行预测。

2）预测营业额。一般可以通过饭店以往的销售史资料，了解近一段时间内预测日的总销售量，再结合环境等因素对以往销售量的影响进行分析，由此可以判断预测日发生类似的情况的可能性。例如，若预测日是下星期的星期二，则可以查阅最近一段时间内的星期二的销售记录，得出在天气晴朗的情况下，星期二晚餐总销售量为 275～300 客的结论。那么可由此推算出如果下星期二也是晴天，晚餐总销售量为 300 客左右。

3）预测菜肴销售量。一般来说，在菜单不变的情况下，可以根据适销指数对单个菜肴的销售量进行预测。例如，销售史资料表明在过去一段时间内，某种菜肴在星期二晚餐时段的适销指数稳定在 20%，就可以预估这道菜肴在下星期二晚餐时段，也将占到总销售量的 20%。

预测应具有一定的灵活性，并随着环境因素的变化随时修改预测数据。对预测进行调节通常应在生产前的 1～2 天，以保证预测的准确性。根据预测做出的任何变动都需要考虑员工的工作时间、食品原料采购和原料质量等情况变化带来的影响，调整要尽可能迅速。

3. 制订生产计划与标准

（1）制订生产计划

制订生产计划是在生产的过程中，通过对销售量的预测，对所需要使用的原材料数量进行控制，从而使生产和需求相适应，减少生产型浪费的行为。

成本控制员一般需要从财务部和餐饮部那里获得最近的销售记录资料对其进行整理、编制成生产计划表后交给厨师长，然后由厨师长决定需要多少食品原料，以提前对食品原料的使用量进行控制。

（2）制定生产标准

餐饮生产控制的关键是制定生产标准，这是使菜肴的质量始终如一的关键。就饮食生产来说，需要对食谱、分量、成本等制定一系列的标准，这三者也是平时饮食生产中常用的生产标准。事实上在任何饮食企业的运营上，都要建立一套自己的营运标准，这类标准因为饮食企业的不同而各有不同，往往要根据企业自身的性质和情况进行有针对性的制定。在标准制定之后，最关键的是如何执行这些标准，这就要依靠定期对员工执行标准的状况进行检查，并需要汲取顾客的反馈意见。

4. 确定菜肴价格

饮食管理最重要的一项任务就是为菜肴定价。一般而言，可以通过成本、利润以及市场竞争三个指标来进行定价，可以提供参考的信息包括特定菜点的生产成本、企业的声望、顾客的平均消费能力、其他经营者的菜点价位以及市场能够接受的价位。

5. 建立监管制度

为了达到饮食企业运营的标准，成本管制和边际利润方面的预估是很重要的，而要达到这个目标的主要手段是防止浪费食品材料和运用标准食谱。对于饮食企业而言，需要建立一套完整的监管制度以杜绝可能出现的蒙骗或欺诈行为。

6. 收集整理信息

收集正确而及时的信息是饮食企业经营管理的一项重要任务，可以用来制作定期的营业报告。这些信息必须充分完整，只有依靠这些信息才可以做出可靠的业绩分析，并且可以和之前的业绩分析做比较。

在进行信息收集的时候应该有一定的针对性，一大堆杂乱无章的统计资料不仅不会有什么利用价值，还会使关键的资料被掩盖。

四、餐饮成本的对比

在饮食管理中，一般采用标准成本进行原料成本控制，将在生产经营过程中的实际成本和预估标准成本进行比较，从中找出生产中各种不正常的、低效的以及超标准用量的浪费问题，采取相应的措施，以达到对原料成本的有效控制。

饮食管理人员，不仅要了解实际食品成本和成本率，还应确定标准成本和成本率。比如某酒店在过去的几周内实际食品成本率是38%，而本周食品成本率仍然是38%左右，这时管理人员通过对本期和以往各期的食品成本率进行比较则只能了解本期情况与过往相似，但是没有办法判断本期的食品成本控制工作是否成功。

一些饮食企业在存在着严重浪费、效率低下等问题的同时，不但不改正这些问题，还会通过提高菜肴售价的方式来获取利润、弥补损失。尤其是在竞争程度相对比较低的地区，这类饮食企业还可能通过一些不良的手段来掩盖上述问题。

1. 标准成本

在正常经营的情况下，餐饮生产和服务应占用的成本指标称为标准成本，餐饮企业可通过确定单位标准成本来控制成本。例如，控制每份菜品的标准成本、分摊到每位客人的平均标准成本、标准成本率、标准成本总额等。

采用标准成本进行控制的第一步是确定标准。确定成本标准用月平均数更为准确，但花费的时间要更多一些。要确定生产成品标准必须先确定采购、验收、储藏的规格标准程序。第二步是制定合理的标准菜单，菜单的标准规定了饮食企业在执行营销计划过程中应向市场提供哪些菜品，是行业最基本、最重要的控制工具，必须制定准确可靠的标准菜单。最后，还应预先判断今后一段时间的销售量，以更好地制定菜品标准成本。

2. 对比成本

对于一般的餐饮企业经营而言，取得利润并不难，但如果想要将利润水平控制得当就有一定难度。因为毛利等于营业收入减去营业成本，所以当菜品销售价格一定时，毛利率的大小就取决于消耗原材料成本的高低。而从原材料用量上对成本进行控制就是标准成本控制，将标准用量（成本总额）与实际用量（成本）进行比较，从而达到从原材料用量上进行控制的目的。

一定时间内，厨房以及餐厅生产和经营的菜肴品种是相对稳定的，而且经营的每一种菜肴都是经过专门工作人员测算的标准食谱卡，用标准食谱卡上预定的标准用量和销售量相乘就可以得到成本总额。

统计出各种菜肴的销售量就是这个方法的第一步，如果餐饮企业使用了计算机或餐厅收银机，销售量就可通过计算机或餐厅收银机统计得出。如果餐饮企业没有使用计算机或餐厅收银机，就需要人工根据点菜的订单进行统计。

（1）损耗过高的原因

1）在操作过程中，没有严格按照标准用量投料，用料分量超过标准。

2）在操作过程中有浪费现象，如炒煳、烧坏等使菜品不能食用而倒掉。

3）采购的原料质量不符合规定的要求，或购进的原料没有达到既定的出净率。

4）厨房、餐厅可能有其他管理漏洞存在。

（2）损耗过低的原因

1）在操作过程中，没有按照标准用量投料，用料分量低于标准（这是降低质量、克扣斤两的做法，是不允许的）。

2）在制定菜肴标准食谱卡时，以估代秤，所填标准用量过大，而实际操作过程中不需要那么多用料，这样就应立即调整标准食谱卡。

3）在操作过程中有串类、串规格的现象。

总的来说在成本控制过程中，对其所消耗的主要原料，特别是一些消耗量很大、对成本率高低影响较大的原料，如牛柳、光鸭、精猪肉等原材料都可采用标准控制方法。

五、餐饮企业成本控制方法

1. 采购进货

餐饮企业经营的起点和保证是采购进货，这是餐饮食品生产过程中的首要环节，是成本控制的第一个环节。因为餐饮食品的原材料种类非常多、季节性非常强，导致其品质差异较大，所以进货质量直接与原材料的净料率有关。采购进货对于降低餐饮食品的成本具有重大意义，为此需要制定科学的采购进货方案。

2. 储藏保管

储藏保管对于餐饮产品的成本控制而言也是一个重要环节，如果储藏保管的方式不当，就会引起原材料的变质、丢失或损坏等，从而使企业的成本增加、利润减少，因此必须认真做好原材料的储藏保管工作。

3. 提高技术

（1）提高加工技术

烹饪制作过程分为粗加工和细加工。在粗加工过程中，应严格按照烹饪操作的顺序和要求，达到并保持应有的净料率。在粗加工过程中所剔除的部分如骨头等，应尽量回收利用，提高原材料的利用率，做到物尽其用，这样可以降低原材料的成本。

在切配过程中应根据原材料的实际情况进行原料分类，边角料也要综合利用，在操作过程中要严格按照产品事先规定的质量进行配比，不能根据自己的经验随手乱抓，更不能以次充好，要保证产品的规格和质量。

（2）提高烹调技术

在烹饪过程中应通过提高烹调技术，来保证产品的质量。控制好做菜时间和火候并提高烹调的技术，合理地投放原材料，降低菜品成本，同时也要节约燃料的使用，以便有效地降低企业燃料成本的支出。在菜品烹调过程中应严格按照产品的调味品用量标准进行投放，这样可以使产品的成本准确，也能保证产品的产量规格和质量稳定。烹饪时最好是一类菜肴使用一类锅具，如炸类菜肴用一个锅，煮类菜肴用另一个锅，这样可以省去炼锅的时间和成本。

4. 节约管理费用

（1）扩大经营

企业的销售与产品的原材料成本有间接的联系，并且与企业的总成本费用密切相关，餐饮企业只有通过销售产生利润，并不断扩大业务，才能加速资金周转。同时随着营业额的扩大，运费、物料消耗费、水电费等费用一般都会有所增加，但并不随着营业额的扩大而等比例地增加，像有些费用如工资、折旧费、福利费、修理费等一般不变动或变动很少。扩大经营后就可以相对降低相应的费用，提高饮食企业的营业额。

（2）提高效率

企业服务人员的工资水平会一定程度上影响到其劳动效率的高低。在其他条件不变的情况下，服务人员的工资增加会使费用上升。但是若工资水平的提高能提高劳动效率，则会使劳动效率增长的速度超过工资的增长速度，这样既可以改善服务人员生活的质量，同时也能提高企业的利润。并且，提高劳动效率也可以提高设备的利用率，因此，有关设备方面的一些费用开支，如折旧费、租赁费等，都可以随着劳动效率的提高而相对降低。

（3）节约开支

从餐饮企业费用构成上来看、工资、水电费，管理费等占的比重较大，因此，节约费用的开支，可以针对这些项目采取有效的措施以便节约费用。

1）节约水电费。节约水电费应从身边的一点一滴做起，不仅可以降低生产经营费用，而且可以节约国家资源。

2）加强设备的管理。加强对设施、设备的维修和保养，降低设备费用支出。加强维修保养的工作并管理好各种设施和设备，一方面可以延长其使用寿命，另一方面也可以提高设备设施的利用效率，从而降低费用的支出。对于各种机器设备等固定资产，日常使用时要注意保养维护，使机器设备经常处于良好的状态，这样可减少修理费用，避免机器设备运转不正常而导致产品质量下降，或因为机器设备故障造成停工损失。

3）控制用具费用。在一些餐饮企业中需要用到的营业用具，如瓷器、金属器皿、玻璃器皿、清洁剂、小型的加工工具等，数量较多且不易保管，容易丢失，所以需要正确管理好营业用具，减少费用的支出，增加企业的利润。

培训项目 2

出料率的基本知识

一、出料率概述

1. 出料率的概念

出料率一般用百分数表示，行业内也有不少厨师习惯用"成"来表示，但这都不影响出料率的含义。出料率有生料率、半成品率和成品率三种；烹饪制作时，有的也会计算净料率，其中净料亦可分为生料、半成品和成品三类，其相应的计算公式与出料率基本相同。

出料率是表示原材料利用程度的指标，是原材料加工后可用部分的质量与加工前原材料总质量的比率。其中可用部分的质量称为净质量，加工前原材料的总质量称为毛质量。

2. 出料率计算公式

出料率在烹饪行业中有很多种名称，如净料率、熟品率、出材率、生料率、拆卸率等，但计算方法是一致的。

计算公式：出料率 =（加工后可用原料质量 ÷ 加工前全部原料质量）×100%

例题 1

油桃 2 500 g，经加工得油桃肉 2 050 g，求油桃的出料率。

分析：油桃的出料率 =（2 050 g ÷ 2 500 g）×100%=82%

答：油桃的出料率是 82%。

例题 2

干银耳 200 g，经涨发后得水发银耳 0.75 kg，求银耳的出料率。

分析：干银耳 200 g=0.2 kg

干银耳的出料率 =（0.75 kg ÷ 0.2 kg）×100%=375%

答：干银耳的出料率是 375%。

3. 影响出料率的因素

出料率与原料质量、加工技术方法、人员操作技术等有一定的关系，所以在原料质量和加工技术方法相同时，可以看出操作人员的技术水平。而操作人员的处理水平和加工技术方法相同时，则可以判断原料的品质好坏。

（1）原材料的规格和质量

在原材料处理技术相同，并且处理者的技术水平相同时，原料的规格、质量不同会导致出料率发生变化。原料的出料率还会受产地、季节等其他因素的影响。例如肉鸭的大小会影响出料率；同一种蔬菜在不同的月份出料率不同；干货原料经过涨发不但体积会膨胀，质量也会增加，出料率会变大。对于出料率的计算必须从实际情况出发，实事求是，符合实际，以保证其科学性。

（2）原材料的处理技术

在处理相同品种、相同规格质量的原材料时，如果处理者的技术水平和技术方法不同，那么原材料的出料率也会发生变化。在实际工作情况下不能用一种技术处理的出料率来代表一般技术下的出料率，也不能用某一种规格质量的出料率来代表同一品种的一般规格质量的出料率。

二、出料率的应用

1. 计算原料加工后的质量

可以根据加工前原料的质量和出料率的百分比，计算出加工后净原料的质量。

计算公式：加工后原料质量 = 加工前原料质量 × 出料率

例题 3

厨师处理一种原料，此原料的出料率为 75%，当处理的原料为 10 kg 时，加工后该原料的质量是多少？

分析：加工后原料质量 =10 kg × 75%=7.5 kg

答：加工后该原料的质量是 7.5 kg。

2. 计算需要采购原料的质量

根据菜品的需要，可以根据出料率来计算加工前原料的质量，这样也方便进行原材料的采购。

计算公式：加工前原料质量 = 加工后原料质量 ÷ 出料率

例题 4

某酒店 5 位厨师要进行菜品评比，每位厨师需要用相同的原料，一共制作五道菜品。其中每道菜品都需要主料 0.6 kg，已知主料的出料率为 80%，该酒店需要准备多少主料？

分析：一道菜肴加工前质量 =0.6 kg÷80%=0.75 kg

五道菜肴加工前质量 =0.75 kg×5=3.75 kg

答：该酒店需要准备 3.75 kg 的主料。

例题 5

某酒店承接大型宴席，盘点时发现有 2 道菜肴的原料需要采购，分别是地瓜和油菜，其中地瓜需要制作 50 份，每份用净地瓜 300 g，油菜需要制作 40 份，每份用净油菜 450 g，已知地瓜的出料率为 80%，油菜的出料率为 90%，该酒店一共需要采购多少地瓜和油菜？

分析：每份地瓜用量为 300 g=0.3 kg，每份油菜用量为 450 g=0.45 kg

每份地瓜加工前质量 =0.3 kg÷80%=0.375 kg

每份油菜加工前质量 =0.45 kg÷90%=0.5 kg

50 份地瓜加工前质量 =0.375 kg×50=18.75 kg

40 份油菜加工前质量 =0.5 kg×40=20 kg

答：该酒店一共需要采购 18.75 kg 的地瓜和 20 kg 的油菜。

3. 计算加工后原料的单位成本

根据加工前原料进货的价格和原料的出料率，可以计算加工后原料的单位成本。

计算公式：加工后原料单位成本 = 加工前原料单位进价 ÷ 出料率

例题 6

某厨师想去采购原料，发现其中一种原料的价格为 15 元 /kg，这位厨师想根据其出料率来计算加工后的单位成本，已知这种原料出料率为 75%，该原料每千克的成本是多少？

分析：该原料的单位成本 =15 元 / kg÷75%=20 元 / kg

答：该原料每千克的成本是 20 元。

三、出料率与损耗率

1. 损耗率的概念与计算

出料率与损耗率是对应的，损耗率是指原料在加工处理后损耗的原料质量与原料加工前质量的比率。

计算公式：损耗率 = 加工后原料损耗质量 ÷ 加工前原料总质量 × 100%

例题 7

已知某原料加工前的质量为 6 kg，在加工过程中损耗了 1.5 kg，此原料的损耗率是多少？

分析：此原料的损耗率 =1.5 kg ÷ 6 kg × 100%=25%

答：此原料的损耗率是 25%。

有些情况下需要先计算损耗的质量，后计算损耗率。加工前原料总质量与加工后原料质量之差是加工后原料损耗的质量。

计算公式：加工后原料损耗的质量 = 加工前原料总质量 – 加工后原料质量

例题 8

现有 10 kg 的紫薯，需要制作成紫薯泥，在经过加工后得到净紫薯 8.5 kg，这批紫薯的损耗率是多少？

分析：损耗的紫薯质量 =10 kg–8.5 kg=1.5 kg

紫薯的损耗率 =1.5 kg ÷ 10 kg=15%

答：这批紫薯的损耗率为 15%。

2. 出料率与损耗率的关系

出料率与损耗率的和为 100%。

计算公式：出料率 + 损耗率 =100%

例题 9

某厨房购进原料 8 kg，经过加工消耗，其损耗率为 10%，此原料的净料质量是多少？

分析：此原料的出料率 =100%–10%=90%

此原料的净料质量 =8 kg × 90%=7.2 kg

答：此原料的净料质量为 7.2 kg。

四、出料率的重要性

出料率能够方便、快捷、准确地帮助企业计算成本。掌握出料率的准确度是成本核算中的核心问题，它直接关系到成本核算的有效性。熟悉并掌握一些常见原料出料率的计算，对学习饮食成本核算的员工来说是一个良好的开端。在得出原料的出料率后，可以将各类原料的出料率分类列成表格，方便进行全面计算，也可以为后期的菜肴成本计算打下基础。

培训项目 ③

净料成本的计算

净料是指可直接制作菜品的原料，包括经加工配制为成品的原材料和购进的半成品原料。

一、净料成本核算

1. 单独净料的成本核算

（1）毛料经过初加工处理后只有一种净料，而没有可以作价利用的下脚料和废料的情况适用于这种计算方式。

计算公式：净料成本＝毛料总值÷净料质量

例题 1

10 kg 芹菜的总价为 16 元，经过去皮、去根和洗涤后的净菜余 8 kg，净菜的每千克成本是多少？

分析：净菜成本 =16 元 ÷ 8 kg=2 元 /kg

答：净菜的每千克成本是 2 元。

（2）毛料经过处理后得到一种净料，并得到可作价利用的下脚料和废料等。

计算公式：净料成本 ＝［毛料总值 –（下脚料价值 ＋ 废料价款）］÷ 净料质量

例题 2

带骨腿肉 9 kg，每千克 20 元，经分档加工，得到肉皮 1 kg，每千克作价 12 元，骨头 2 kg，每千克作价 7 元，出净肉 6 kg，净肉每千克的成本是多少？

分析：净料成本 ＝［9 kg×20 元 /kg－（1 kg×12 元 /kg+2 kg×7 元 /kg）］÷6 kg≈25.67 元 /kg

答：净肉每千克的成本为 25.67 元。

2. 多种净料的成本核算

（1）原料处理后得到两种净料

毛料经过处理后得到两种净料，又有可以作价利用的下脚料和废料等。

计算公式：净料总值 1+ 净料总值 2= 进货总值

例题 3

鸡腿 30 kg，每千克 20 元，经整理和拆卸分档，得到鸡腿肉 20 kg 和每千克 10 元的鸡骨头 10 kg，鸡腿肉每千克的成本是多少？

分析：鸡腿肉成本 =（30 kg×20 元 /kg–10 kg×10 元 /kg）÷20 kg=25 元 /kg

答：鸡腿肉每千克的成本为 25 元。

（2）原料处理后得到多种净料

1）以往没有计算过净料各单位成本。如果所有净料的单位成本都是以往没有计算过的，那么可以根据这些净料的质量，逐一确定它们的单位成本，而使各档成本之和等于进货总值。（这里确定的净料成本主要是从企业的成本管理角度出发，不同的净料成本要加以确定，不为其他因素而改变）。

计算公式为：净料总值 1+ 净料总值 2+…+ 净料总值 n= 一料多档的总值（进货总值）

例题 4

猪后腿两只 15 kg，每千克单价 16 元，共计 240 元。经整理和拆卸分档，得到精肉 8 kg，肥膘 4 kg，肉皮 1.5 kg，腿骨 1.5 kg。企业根据进货总值来大致确定其各部分的成本，根据以往的经验，假定精肉每千克 20 元，腿骨每千克 10 元，肉皮每千克 16 元，肥膘每千克的成本是多少？

分析：肥膘成本 =［240 元 –（20 元 /kg×8 kg+10 元 /kg×1.5 kg+16 元 /kg×1.5 kg）］÷4 kg=10.25 元 /kg

答：肥膘每千克的成本为 10.25 元。

2）净料部分单位成本已知。在所有净料中，如果有些净料成本是已知的，另外一些未知，那么可以先把已知的那部分计算出来，然后根据市场行情与未知净料质量，确定原料成本。

例题 5

一批肉鸭 88 kg，每千克进价 16 元，共计 1 408 元。经整理和拆卸分档得到鸭肉 43 kg，鸭架 30 kg，鸭头爪 11 kg，鸭肝 4 kg。已知鸭架每千克 8 元，鸭头爪每千克 12 元，鸭肉每千克的成本是多少？

分析：可以先将鸭头爪和鸭架的成本总值算出来，从光鸭进货总值中扣除这部分价款，在扣除后的总值范围内，即 1 408 元 –30 kg×8 元 / kg–11 kg×12 元 / kg= 1 036 元，根据净料质量和市场行情，逐一确定鸭肉和鸭肝的单位成本。同时，也应保持各档净料成本之和等于进货总值。根据市场行情，鸭肝每千克 10 元，计算得出鸭肉净成本。

鸭肉成本 =（1 036 元 –4 kg×10 元 / kg）÷43 kg ≈ 23.16 元 / kg

答：鸭肉每千克成本为 23.16 元。

3）需要计算其中一种净料成本。如果只有一种净料的单位成本需要测算，其他净料成本都是已知的，就可先把这些已知净料的总成本计算出来，从毛料的进货成本总值中扣除后，再确定其单位成本。

计算公式：一种净料成本 =［毛料总价值 –（其他各档价款总值 + 下脚料和废料价款）］÷ 净料质量

例题 6

一只活鸭重 3 kg，每千克进价 15 元，经过宰杀、去毛、去血得到光鸭 2 kg，准备分档取肉，其中鸭翅占 10%，鸭腿占 30%，鸭爪头、内脏等下脚料占 35%，鸭肉占 25%。已知鸭翅的单价为 26 元 /kg，鸭腿的单价为 28 元 /kg，下脚料的单价为 8 元 /kg，鸭肉每千克的成本是多少？

分析：鸭肉成本 =［3 kg×15 元 / kg –（2 kg×10%×26 元 / kg+2 kg×30%×28 元 / kg+2 kg×35%×8 元 / kg）］÷（2 kg×25%）= 34.8 元 /kg

答：鸭肉每千克成本为 34.8 元。

4）净料各单位成本已知，但与总成本有差值。如果所有净料单位成本都是已知的，但是已知各档的成本总和与毛料总值不相等，出现一定的差值时，就应该对净料的已知单价做出一定的调整，并将差值分摊到各净料中。

①若各档价值总和大于毛料总值，直接根据各个净料的市值计算即可。

②若各档价值总和小于毛料总值，需要认真查找原因，查看是否毛料采购价格过高，或直接采购各档净料，或将差值分摊到各档净料中。

3. 同一商品采购价格不同的成本核算

如今，餐饮企业采购原料不仅仅是市场这一种方法，企业可以入市采购也可以由供货商直接上门送货，通过不同渠道获得同一原材料的价格也不一定相同，需要用加权平均计算法计算这种原材料的平均成本，若是在外地购买的原材料，还需要加入运输成本。

例题 7

供货商给企业提供 75 kg 鱼，每千克价格为 12.3 元，厨房发现数量不够，又从市场采购 50 kg，每千克价格为 14 元，鱼每千克的成本是多少？

分析：鱼的成本 =（75 kg×12.3 元 / kg+50 kg×14 元 / kg）÷（75 kg+50 kg）=12.98 元 /kg

答：鱼每千克成本为 12.98 元。

二、净料成本核算的分类

1. 生料成本核算

生料是指各种原材料（毛料）只经过宰杀、清洗、拆卸、加工等处理所得到的净料。计算生料单位成本是核算厨房生产成本的重要步骤。计算步骤如下：

（1）计算购进原料总价值。

（2）拆卸、清洗、分类净料、下脚料和废料。

（3）称量生料总质量。

（4）分别确定下脚料、废料的质量和价格，并计算出总值。

（5）计算生料单位成本。

生料单位成本计算公式为：生料成本 =（毛料总值－下脚料总值－废料总值）÷生料质量

例题 8

某餐饮企业购进猪腿肉 8 kg（去骨），每千克 19 元，经过拆卸处理加工后，得到肉皮 1 kg，每千克 16 元，净肉每千克的成本是多少？

分析：

毛料总值 =8 kg×19 元 / kg=152 元

肉皮总值 =1 kg×16 元 / kg=16 元

生料质量 =8 kg–1 kg=7 kg

净肉成本 =（152 元 –16 元）÷ 7 kg≈19.43 元 / kg

答：净肉每千克成本为 19.43 元。

2. 半成品成本核算

半成品是经过初步熟处理，没有完全加工成成品的净料，因为它的加工方法不尽相同，又可以分为无味半成品和调味半成品两种。但是，调味半成品的成本要高于无味半成品的成本，许多原料在烹饪过程之前都需要经过初步的熟处理，因此，半成品成本的计算是主配料成本计算的一个重要环节。

（1）无味半成品成本核算

无味半成品，主要是指经过焯水等初步熟处理的各类原材料。

计算公式：无味半成品成本 =（毛料总值 – 下脚料总值 – 废料总值）÷ 无味半成品质量

例题 9

刚采购的肉鸭共 30 kg，每千克 12 元，经过高温烤熟后，质量剩余为 22 kg，肉鸭熟后每千克的成本是多少？

分析：

毛料总价值 =30 kg × 12 元 / kg=360 元

无味半成品质量 =22 kg

无味半成品成本 =360 元 ÷ 22 kg ≈ 16.36 元 / kg

答：肉鸭熟后每千克的成本为 16.36 元。

（2）调味半成品成本核算

调味半成品就是加了调味品的半成品，如一些已经制作完成的鱼丸、肉丸、油发鱼肚等。所以计算调味半成品的成本时，不仅要计算毛料的总价值，还要加上调味品的成本。

计算公式：调味半成品成本 =（毛料总值 – 下脚料总值 + 调味料总值）÷ 调味半成品质量

例题 10

某企业餐厅采购干鱼肚 2 kg，经过油发成 4 kg（材料经过油发后，用水浸泡，所以质量有所增加），油发过程中需要食用油 600 g，干鱼肚每千克进价为 80 元，食用油每千克进价为 8 元，油发鱼肚每千克的成本是多少？

分析：油 600 g=0.6 kg

油发鱼肚成本 =（2 kg × 80 元 / kg+0.6 kg × 8 元 / kg）÷ 4 kg=41.2 元 /kg

答：油发鱼肚每千克成本为 41.2 元。

3. 熟制后成本核算

熟制食品多数以卤制的冷菜较多，由卤、拌、煮、熏等方法加工而成，一般用作冷盘菜肴。它的成本结构与调味半成品类似，是由主料配料成本和调味品成本构成。

计算公式：成品成本 =（毛料总值 – 下脚废料总值 + 调味品总值）÷ 成本质量

例题 11

某餐厅需要做一道糖醋排骨，需要排骨 3 kg，进价成本为每千克 20 元，下脚料价格为 3 元，制作过程需要消耗调味品共计 5 元，菜品质量为 2.3 kg，该菜品每千克的成本是多少？

分析：

毛料的总价值：3 kg×20 元/kg=60 元

下脚料总价值 =3 元

调味品总价值 =5 元

菜品成本 =（60 元 –3 元 +5 元）÷2.3 kg≈26.96 元/kg

答：该菜品每千克成本为 26.96 元。

三、成本系数法计算原料成本

餐饮行业中还有一种方法能够计算原料成本，即成本系数法。成本系数法就是指以原材料加工后的半成品的单位成本价格与加工前原材料单位成本价格的比例作为系数进行计算。同一种加工品种的成本系数大小与所购进原材料品质的好坏及加工技术水平的高低有直接关系。

1. 成本系数与原料加工净料成本核算

由于厨房中会大量地使用鲜活原料，其市场价格会不断发生变化，而且重新计算加工半成品的单位成本是非常烦琐的，因此可以结合成本系数法进行成本的调整。

成本系数计算公式为：成本系数 = 净料单位成本 ÷ 毛料单位成本

例题 12

酒楼采购野生的鱼 12 kg，每千克 400 元，经过宰杀加工处理后得到净肉 7 kg，加工后鱼肉的成本系数是多少？

分析：鱼的单位成本 =（12 kg×400 元/kg）÷7 kg≈685.71 元/kg

鱼的原价为每千克 400 元，经过加工测算，净肉为每千克 685.71 元。

加工后鱼肉的成本系数 =685.71 元/kg÷400 元/kg=1.71

答：加工后鱼肉的成本系数为 1.71。

根据计算所得到的系数就可以作为已知单位应用，如果同样的原料采购的价格不同，就需要重新计算新的净料成本。

新净料成本公式为：净料新成本 = 毛料新进价 × 成本系数

例题 13

酒店采购野生的鱼，每千克进价调整为 340 元，运用已知的净鱼肉成本系数 1.71，加工后净鱼肉每千克的成本是多少？

分析：加工后净鱼肉的成本 =340 元/kg×1.71=581.4 元/kg

答：加工后净鱼肉每千克的成本为 581.4 元。

2. 成本系数与成品、半成品核算

在餐饮企业产品制作过程中，原料加工完成后需要经过配料，制成成品或半成品，这时事先核算出成品或半成品的毛料单位成本，就可以算出成本系数，然后再根据成品或半成品的毛料单位成本也能直接算出成品或半成品的单位成本，同样的，可以简化成本核算工作流程，在实际工作中，饮食企业的产品成本测试大多是采用这种方法计算出来的，然后再加上配料或调味料成本即可。

采用成本系数法确定加工半成品的成本，是一种简便的计算方法，并且计算结果较为准确。原材料的进价、规格质量以及厨师加工技术的高低均对成本的确定有很大的关系。原材料的品质越好、价格越便宜、厨师加工技术水平越高，加工半成品的成本系数就越低，成本也就越低；反之，加工半成品的成本系数越高，经加工的半成品的成本也就越高。

通过成本系数法确定加工半成品的成本，最重要的是取得准确的成本系数。进货的渠道、原材料的质量、采购的价格以及厨师加工技术的水平均会影响成本系数，每个半成品的成本系数都需要经过反复的测试才能确定。并且，对已经测定的成本系数要经常性地进行抽查以检验成本系数的准确性，在实际加工中，需要对一些采用固定加工方法生产同一产品的食品原材料事先进行测试，以求出成本系数，并且以此成本系数为依据计算；今后同一产品的净料成本，不需要每次加工时都去测量和计算原材料的加工损耗。这样可以使成本核算工作流程更加简单。

例题 14

酒店厨房需要制作清蒸鲫鱼、红烧鲤鱼和松鼠桂鱼三道菜肴，已知测定出所用鲫鱼、鲤鱼和桂鱼的成本系数分别为 1.23、1.34、1.27。三种鱼的进价成本分别为每千克 9 元、11 元、61 元，配菜、调料等用量每份分别为 4 元、6 元、8 元，三道鱼类菜肴的成本分别是多少？

分析：

清蒸鲫鱼主料盘菜成本 =9 元 ×1.23+4 元 =15.07 元

红烧鲤鱼主料盘菜成本 =11 元 ×1.34+6 元 =20.74 元

松鼠桂鱼主料盘菜成本 =61 元 ×1.27+8 元 =85.47 元

答：清蒸鲫鱼主料盘菜成本为 15.07 元，红烧鲤鱼主料盘菜成本为 20.74 元，松鼠桂鱼主料盘菜成本为 85.47 元。

例题 15

某餐馆三月份购进鲫鱼 60 kg，其进价成本为每千克 18 元，经加工处理后，

得到净鱼 50 kg，其余为废料，不可以利用。计算以下问题。

（1）成本系数是多少？

（2）如果四月鲫鱼进价上涨为 20 元 /kg，该原料涨价后的净料单价是多少？

分析：

鲫鱼的净料单价 =（60 kg × 18 元 / kg）÷ 50 kg=21.6 元 /kg

鲫鱼的成本系数 =21.6 元 / kg ÷ 18 元 / kg=1.2

净料新成本 = 毛料新进价 × 成本系数 =20 元 / kg × 1.2=24 元 /kg

答：成本系数为 1.2，涨价后每千克的净料单价为 24 元。

培训项目 4

调味料成本的计算

一、调味料成本计算的特点

在制作菜肴的过程中需要用到很多种调味料，而且每样调味料的用量不同，需要极细致地增添或减少，才能做出一道好的菜肴。所以在使用时，不能提前量取一定的调味料，而只能在制作过程中根据制作菜肴的经验，即取即用。因此，一道菜肴的调味料成本实际上是对某些具有代表性菜肴进行估算得到的平均值。

然而，估算即使再准确也是估算，并不能准确地表达出数值，而且在制作过程中，由于经验问题、个人习惯问题或是其他原因，很可能导致调味料应用不稳定。这就要求熟练掌握调味料的用量及其特性，减少误差，充分了解各种调味料的所有性质，制作过程中能够恰当地使用调味料。

二、调味料成本计算的意义

1. 调味料消耗增加

一道菜肴能否吸引人最开始是因为这道菜的味道，一道菜的香气会让人对其多加关注，而这香气就是来自调味料。几乎每道菜肴都要用到油、盐、酱油、醋、味精等调味料。虽然每道菜品里用到的调味料较少，在制作成本中的比重也不大，但从众多饮食的总和来看，调味料的耗费并不是小数目。

2. 调味料成本增加

近年来，调味料在菜品成本中所占比重逐渐增大，说明调味料的消耗增加。主要原因是随着复合式调料、天然风味调料、保健调料等多种调料被开发以及新科技在调料中的运用，调味料的种类不断增加，品质也得到了极大的提升，人们对调味料更加重视，在调味料上投入更多，故调味料成本比重逐渐增大。

3. 调味料成本大于用料

一些特殊的菜肴中调味料用量极多，成本花费远超出主料，例如咖喱鸡块，咖喱 100 g，成本为 7 元，而要制作一道咖喱鸡块需要用 150 g 咖喱。

在人们印象中调味料的用量一直是少量、微量的，但反观其成本却并非如此。调味料成本的比重直接影响了菜肴的成本总值，所以要想精确计算菜肴成本，必须先做到精确计算调味料的成本。

三、调味料成本的构成

从使用要求的角度上来说，调味料分为单一调味料和复合调味料两种。在大多数情况下，使用单一调味料较多；但在口味的一致性要求下，为了能够标准化、批量生产菜肴，厨房中常常需要复合调味料，而复合调味料的成本要包含其中每一种调料的成本。

1. 单一调味料

单一调味料是指由某一种调味品构成，只有一种味道的调味料。如具有甜味的糖、咸味的盐、料鲜味的味精等。单一调味品一般纯度较高，损耗较低，其售价即为成本价。

2. 复合调味料

复合调味料就是将多种单一调味料按一定的比例调和，经过加工生产出来的调味料，如传统糖醋汁、花椒盐、辣椒油等。复合调味可在市场上直接购买获得，也有一些酒店厨房自行调配形成独家秘方。计算复合调味料的成本时，直接采购的复合调味料为其进价成本。

四、调味料用料估算方法

1. 容器估量法

容器估量法就是在已知某种容器容量的前提下，根据调味料在容器中所占空间大小估计得出其数量，再根据该调味料的购进单价算出其成本的方法。此种方法多用来估算液体调味料，如香油、酱油、料酒等。在烹调过程中也可以用手勺来估算某种调味料的用量，或者可以使用其他熟悉的容器进行估量，使估算尽量准确。

2. 体积估量法

体积估量法就是在已知某种调味料在一定体积质量的前提下，根据其现有体积直接估计其质量，然后按其价格计算出成本的方法。这种方法大多适用于估算粉状或晶体状的调味料，如盐、味精、糖、干淀粉等。该种估量法所适用的调味品也可以通过盛取它们的容器来进行估量。

3. 规格比照法

规格比照法即为对照烹调方法相同、用料质量相仿的某些传统菜点的调味料用量，来确定新菜点调味料用量的方法。该方法方便快捷、简单容易，但如果对传统菜品的调味料用量掌握不是十分清楚，也就会随之产生误差。追其根本，还是要提升自身技能，努力学习烹调技术，尽量熟练掌握各种菜品的调味料用量，充分了解各种调味料的性质，并充分发挥它们的性质，对不同规格的菜品也能掌握其调味料的用量。

五、调味料成本核算的方法

根据生产类型的不同，也会有不同的调味料成本核算方法，大致可分为以下两种：

1. 单件成本核算法

单件成本指的是单件制作的产品的调味料成本，也称为个别成本，各种单件生产的热菜类的调味料成本都属于这一类。核算这一类产品的调味料成本，先要把各种需要的不同的调味料用量估算出来，然后按其进价分别算出其价格，然后逐一相加，即得单件产品的调味料总成本。计算公式如下：

单件产品调味品成本 = 耗用的调料（1）成本 + 调料（2）成本 +…+ 调料（n）成本

例题 1

一位厨师制作一批酱鸡爪，共用掉鸡爪 200 元，花椒 15 元，大料 15 元，桂皮 2 元，草果 1 元，丁香 1.5 元，其他香料共计 10 元，这批酱鸡爪的调料成本为多少元？

分析：酱鸡爪的调料成本 =15 元 +15 元 +2 元 +1 元 +1.5 元 +10 元 =44.5 元

鸡爪 200 元为原料价格，不应算在调料价格中。

答：这批酱鸡爪的调料成本为 44.5 元。

例题 2

厨房制作了 50 份番茄炒蛋，共用掉盐 100 g，糖 250 g，番茄酱 500 g，其中盐每千克 4 元，糖每千克 30 元，番茄酱每千克 25 元，这 50 份番茄炒蛋的调料总成本为多少元？

分析：盐 100 g=0.1 kg，糖 250 g=0.25 kg，番茄酱 500 g=0.5 kg

盐的成本为 0.1 kg×4 元 / kg=0.4 元

糖的成本为 0.25 kg×30 元 / kg=7.5 元

番茄酱的成本为 0.5 kg×25 元 / kg=12.5 元

调料总成本为 0.4 元 +7.5 元 +12.5 元 =20.4 元

答：这 50 份番茄炒蛋的调料总成本为 20.4 元。

2. 平均成本核算法

平均成本也称综合成本，指的是批量生产产品的单位调味料成本。这一类中包含了部分批量制作的热菜、冷菜卤制品、点心类制品等，该核算法应分两步进行。

第一，用上述的容器估量法或体积估量法算出要制作的某种菜品所需要的调味料用量及成本，若有整个包装的调味料，则需根据其在包装总量中所占比例计算所需用量的成本，根据单位数量计算。这种核算法多用于成批制作，所用调味料总量较多，一定要全面地统计调味料用量，尽可能达到精准，以求最后调味料成本核算正确，同时也能保证菜品制作的质量。

第二，在统计好之后就可以运用公式计算该产品的调味料成本。

批量产品平均调味料成本的计算公式如下：

批量产品平均调味料成本 = 批量生产耗用的调味料总值 ÷ 产品总量

例题 3

厨房用牛肉 20 kg 制作酱牛肉，经过加工后得到成品酱牛肉 18 kg，经过称量和计算，共用去各种调味料的数量和价格为：酱油 6 瓶，成本共 42 元；老抽 1 瓶，成本共 12 元；盐 100 g，成本共 0.4 元；冰糖 300 g，成本共 4 元；料酒 3 瓶，成本共 15 元；各种香料共 1 000 g，成本共 200 元。每份（300 g）酱牛肉的调味料成本是多少？

分析：酱牛肉 18 kg=18 000 g

制作酱牛肉的调味料总成本 =42 元 +12 元 +0.4 元 +4 元 +15 元 +200 元 =273.4 元

每份酱牛肉的调味料成本 =273.4 元 ÷（18 000 g ÷ 300 g）=4.56 元

答：每份（300 g）酱牛肉的调味料成本为 4.56 元。

例题 4

某酒店点心部门制作豆沙馅，用掉蜂蜜 0.2 kg，单价为 60 元 /kg；白糖 1.5 kg，单价为 9 元 /kg；猪油 0.2 kg，单价为 24 元 /kg。若用此馅料制作 125 个豆沙包，每个豆沙包馅的调味料成本是多少？

分析：

调味料的成本为：用量 × 单价 = 总金额

蜂蜜：0.2 kg×60 元 / kg=12 元

白糖：1.5 kg×9 元 / kg=13.5 元

猪油：0.2 kg×24 元 / kg=4.8 元

调味料总金额为：12 元 + 13.5 元 + 4.8 元 =30.3 元

125 个豆沙包中每个豆沙包馅的调味料成本为：30.3 元 ÷125≈0.24 元

答：每个豆沙包馅的调味料成本为 0.24 元。

培训项目 **5**

成品成本的计算

成本核算是成本管理工作中十分重要的一个部分，能否准确进行成本核算会对企业造成很大的影响，如果核算准确，预测、计划、分析、选择等工作便可顺利进行。通过成本核算可以得出产品的实际成本，从而选择适合企业的盈利方法并开展其他业务。

通过产品成本核算可以依据核算的结果，对公司人力、物力、财力进行合理分配，从而节约资源、增加利润。同时，利用产品成本核算还可以找出企业的缺点，从而进行改正，采取正确的方式方法来管理企业，使消费者更满意，做出真正的好产品。

一、餐饮产品成本核算的方法

消耗的各种原材料的成本之和称为餐饮产品的成本，即将所消耗的各种原材料成本累加就可得出某一菜点的成本。

餐饮产品的加工可以分为成批生产和单件生产两种类型，因此产品成本的核算也可分为两种，即先总后分法和先分后总法。

1. 先总后分法

此法适用于成批制作的产品成本核算。所谓成批制作的产品，就是各个单位产品的用料、规格、质量相同。由于单位产品的成本相等，因此在计算单位产品成本时，一般先求出每一批产品的总成本，然后再根据该批产品的数量求出单位产品的平均成本。

计算公式：本批产品所耗用的原材料总成本 = 本批产品所耗用的主料成本 + 本批产品所耗用的配料成本 + 本批产品所耗用的调味料成本

计算公式：单位产品平均成本 = 本批产品所耗用的原材料总成本 ÷ 数量

2. 先分后总法

此法适用于单位产品的成本核算。核算单独菜肴成本时，一般采用此法。此法的详细过程为，求出单位产品中所消耗的各种原材料成本，然后把所消耗的各种原材料成本累加，得出的结果即为该单位产品的成本。

计算公式：单位产品成本 = 单位产品所用主料成本 + 单位产品所用配料成本 + 单位产品所用调味料成本

由于单件制作的菜肴在品种、规格、颜色、形态上均有不同，从而有各种各样的要求，所需原材料的规格、质量、用量、用法也不相同，因此在计算单位成本时必须采用先分后总的计算方法。

二、批量制作单一菜品的成本计算

酒店在置宴席或自助餐时会批量制作菜品，可以将菜品分为热加工类和冷加工类。在批量制作单一菜品时，可将所用到的所有主料成本加上辅料成本再加上调味料成本，即为批量制作单一菜品的总成本。

例题 1

某酒店制作一批软炸虾仁，用到虾仁 2.5 kg，鸡蛋 1.5 kg，面粉 300 g，淀粉 600 g。已知虾仁每千克 60 元，鸡蛋每千克 8 元，面粉每千克 4 元，淀粉每千克 8 元，自制椒盐的成本为 6 元，制作这一批软炸虾仁的总成本是多少？

分析：面粉 300 g=0.3 kg，淀粉 600 g=0.6 kg

虾仁的成本 =2.5 kg×60 元 / kg=150 元

鸡蛋的成本 =1.5 kg×8 元 / kg=12 元

面粉的成本 =0.3 kg×4 元 / kg=1.2 元

淀粉的成本 =0.6 kg×8 元 / kg=4.8 元

软炸虾仁的总成本 =150 元 + 12 元 + 1.2 元 + 4.8 元 +6 元 =174 元

答：制作这一批软炸虾仁的总成本为 174 元。

例题 2

厨房制作了一批锅包肉和溜肉段，用到猪里脊肉 12 kg，胡萝卜 1.5 kg，淀粉 8 kg，糖 1.5 kg，酱油 2 瓶。已知猪里脊肉每千克 40 元，胡萝卜每千克 6 元，淀粉每千克 8 元，糖每千克 30 元，酱油每瓶 10 元，其他调味料成本共 4 元，这批锅包肉和溜肉段的总成本是多少？

分析：猪里脊肉的成本 =12 kg×40 元 / kg=480 元

胡萝卜的成本 =1.5 kg×6 元 / kg=9 元

淀粉的成本 =8 kg×8 元 / kg=64 元

糖的成本 =1.5 kg×30 元 / kg=45 元

酱油的成本 =2×10 元 =20 元

锅包肉和溜肉段的总成本 =480 元 + 9 元 + 64 元 + 45 元 + 20 元 + 4 元 =622 元

答：这批锅包肉和溜肉段的总成本是 622 元。

三、单独制作菜品的成本计算

由于菜品种类很多，可以将菜品分为两大类，即热菜类和冷菜类。但无论是哪一种类型，除卤制品及其他少数品种外，绝大部分的菜肴都是以单件生产的，所以其成本可按先分后总法进行计算。当计算多道菜品时，将每道菜品的成本相加就得到了总成本。

例题 3

厨房接到通知，需要制作 20 份水煮鱼。每份水煮鱼需要用草鱼肉 500 g，豆芽 300 g，黄瓜 200 g，干辣椒 50 g，麻椒 60 g。已知草鱼肉每千克 30 元，豆芽每千克 4 元，黄瓜每千克 8 元，干辣椒每克 0.16 元，麻椒每克 0.14 元，其他调味料成本共 5 元，制作 20 份水煮鱼的成本是多少？

分析：草鱼肉 500 g=0.5 kg，豆芽 30 g=0.3 kg，黄瓜 200 g=0.2 kg

草鱼肉的成本 =0.5 kg×30 元 / kg=15 元

豆芽的成本 =0.3 kg×4 元 / kg=1.2 元

黄瓜的成本 =0.2 kg×8 元 / kg=1.6 元

干辣椒的成本 =50 g×0.16 元 / g=8 元

麻椒的成本 =60 g×0.14 元 / g=8.4 元

1 份水煮鱼的成本 =15 元 + 1.2 元 + 1.6 元 + 8 元 + 8.4 元 + 5 元 =39.2 元

20 份水煮鱼的成本 =39.2 元 ×20=784 元

答：制作 20 份水煮鱼的成本是 784 元。

例题 4

厨师要制作 15 份鱼香肉丝，每份鱼香肉丝用到猪里脊肉 200 g，水发木耳 50 g，冬笋 50 g，葱 30 g，姜 15 g，蒜 15 g。已知猪里脊肉每千克 40 元，水发木耳每克 0.05 元，冬笋每千克 60 元，葱每千克 12 元，姜每千克 16 元，蒜每千克 20 元，其他调味料成本共 2 元，制作 15 份鱼香肉丝的成本是多少？

分析：猪里脊肉 200 g=0.2 kg，冬笋 50 g=0.05 kg，葱 30 g=0.03 kg，姜 15 g=0.015 kg，蒜 15 g=0.015 kg

猪里脊肉的成本 =0.2 kg×40 元 / kg=8 元

水发木耳的成本 =50 kg×0.05 元 / kg=2.5 元

冬笋的成本 =0.05 kg×60 元 / kg=3 元

葱的成本 =0.03 kg×12 元 / kg=0.36 元

姜的成本 =0.015 kg×16 元 / kg=0.24 元

蒜的成本 =0.015 kg×20 元 / kg=0.3 元

1 份鱼香肉丝的成本 =8 元 + 2.5 元 + 3 元 + 0.36 元 + 0.24 元 + 0.3 元 + 2 元 =16.4 元

15 份鱼香肉丝的成本 =16.4 元 ×15=246 元

答：制作 15 份鱼香肉丝的成本是 246 元。

四、批量生产主食、点心的成本计算

在对批量生产主食、点心的成本进行核算时，大部分产品，如包子、馒头等（除少数品种外）一般是大批量生产，然后进行单独售卖。所以计算该类产品的成本时，可采用先总后分的方法，即先计算出总成本，再除以相应的份数，即可得到单独一份食品的成本。

例题 5

酒店主食加工间制作 45 只麻团，共用掉原料糯米粉 500 g，白糖 100 g，细豆沙 400 g，色拉油 200 g，白芝麻 500 g，已知糯米粉每千克 20 元，白糖每千克 30 元，细豆沙每千克 20 元，色拉油每千克 10 元，白芝麻每千克 26 元，每只麻团的成本是多少?

分析：糯米粉 500 g=0.5 kg，白糖 100 g=0.1 kg，细豆沙 400 g=0.4 kg，色拉油 200 g=0.2 kg，白芝麻 500 g=0.5 kg

糯米粉的成本 =0.5 kg×20 元 / kg=10 元

白糖的成本 =0.1 kg×30 元 / kg=3 元

细豆沙的成本 =0.4 kg×20 元 / kg=8 元

色拉油的成本 =0.2 kg×10 元 / kg=2 元

白芝麻的成本 =0.5 kg×26 元 / kg=13 元

45 只麻团的成本 =10 元 + 3 元 + 8 元 + 2 元 +13 元 =36 元

1 只麻团的成本 =36 元 ÷45=0.8 元

答：每只麻团的成本是 0.8 元。

例题 6

某厨房主食加工间要制作卷心菜肉包，用到卷心菜 1 500 g，猪肉馅 500 g，面粉 2 500 g，共制作了 60 个卷心菜肉包。已知卷心菜每千克 4 元，猪肉馅每千克 24 元，面粉每千克 4 元，调味料成本共 5 元，每个卷心菜肉包的成本是多少？

分析：卷心菜 1 500 g=1.5 kg，猪肉馅 500 g=0.5 kg，面粉 2 500 g=2.5 kg

卷心菜的成本 =1.5 kg×4 元 / kg=6 元

猪肉馅的成本 =0.5 kg×24 元 / kg=12 元

面粉的成本 =2.5 kg×4 元 / kg=10 元

60 个卷心菜肉包的成本 =6 元 + 12 元 + 10 元 + 5 元 =33 元

1 个卷心菜肉包的成本 =33 元 ÷60=0.55 元

答：每个卷心菜肉包的成本是 0.55 元。

五、宴席制作菜品的成本计算

宴席指酒席、酒宴，一般包括冷菜、热炒、大菜、点心等各种菜品，按照一定的宴席规格组成。所以在进行宴席成本核算时，往往是在成批和单件产品成本核算的基础上，将宴席组成的菜品成本相加而得出宴席的总成本。在一般情况下，宴席是由顾客预订的，这就要根据顾客所预订的标准来计算宴席的成本总值，再按照各种类型菜品所占宴席成本总值的比率核算出各种菜点成本。单位菜点总成本或宴席中所有主料、配料、调味料的总成本是计算宴席菜点总成本的依据。

计算公式：单位菜点总成本 = 菜点单位成本 × 菜点数量

宴席菜点总成本 = 宴席菜点的主料成本 + 配料成本 + 调味料成本

宴席菜点总成本 = 单位菜点（1）总成本 + 单位菜点（2）总成本 +…+ 单位菜点（n）总成本

例题 7

某酒店制作了一桌升学宴，共用掉猪里脊肉 5 kg，整鸡一只重 3 kg，鸭肉 500 g，鲟鱼 1 条重 1.5 kg，青虾 500 g，胡萝卜 300 g，西芹 200 g，淀粉 500 g，蚝油 100 g。已知猪里脊肉每千克 40 元，整鸡每千克 24 元，鸭肉每千克 18 元，鲟鱼每千克 60 元，青虾每千克 80 元，胡萝卜每千克 6 元，西芹每千克 8 元，其他蔬菜类原料 15 元，淀粉每千克 8 元，蚝油每千克 12 元，其他调味料共 9 元，这桌升学宴的总成本是多少?

分析:鸭肉 500 g=0.5 kg,青虾 500 g=0.5 kg,胡萝卜 300 g=0.3 kg,西芹 200 g=0.2 kg,淀粉 500 g=0.5 kg,蚝油 100 g=0.1 kg

猪里脊肉的成本 =5 kg×40 元 / kg=200 元

整鸡的成本 =3 kg×24 元 / kg=72 元

鸭肉的成本 =0.5 kg×18 元 / kg=9 元

鲟鱼的成本 =1.5 kg×60 元 / kg=90 元

青虾的成本 =0.5 kg×80 元 / kg=40 元

胡萝卜的成本 =0.3 kg×6 元 / kg=1.8 元

西芹的成本 =0.2 kg×8 元 / kg=1.6 元

淀粉的成本 =0.5 kg×8 元 / kg=4 元

蚝油的成本 =0.1 kg×12 元 / kg=1.2 元

宴席的总成本 =200 元 + 72 元 + 9 元 + 90 元 + 40 元 + 1.8 元 + 1.6 元 + 15 元 + 4 元 + 1.2 元 +9 元 =443.6 元

答:这桌升学宴的总成本是 443.6 元。

例题 8

某新婚夫妇在一餐厅订购喜宴宴席二十桌,此宴席每桌菜品相同,分别是四冷盘、四热炒、五大菜、二点心、一甜汤。其消耗成本为,四冷盘:卤水拼盘成本 9.6 元,酱牛肉成本 15.3 元,皮蛋豆腐成本 5.3 元,大拌菜成本 3 元;四热炒:芙蓉鱼片成本 12.5 元,爆腰花成本 12.3 元,宫保鸡丁成本 6.7 元,花酿冬菇成本 6.3 元;五大菜:清蒸桂鱼成本 25.8 元,如意海参成本 27.9 元,富贵鸡成本 19.5 元,三丝烩蛇羹成本 22.6 元,八宝酿鲜鱿成本 28.4 元;两点心:二珍糕成本 5 元,五仁酥皮小点心成本 6 元;一甜汤:银耳果羹成本 7.5 元,二十桌宴席的总成本为多少?

分析:解题方法 1

卤水拼盘的总成本 =9.6 元 ×20=192 元

酱牛肉的总成本 =15.3 元 ×20=306 元

皮蛋豆腐的总成本 =5.3 元 ×20=106 元

大拌菜的总成本 =3 元 ×20=60 元

芙蓉鱼片的总成本 =12.5 元 ×20=250 元

爆腰花的总成本 =12.3 元 ×20=246 元

宫保鸡丁的总成本 =6.7 元 ×20=134 元

花酿冬菇的总成本 =6.3 元 ×20=126 元

清蒸桂鱼的总成本 =25.8 元 ×20=516 元

如意海参的总成本 =27.9 元 ×20=558 元

富贵鸡的总成本 =19.5 元 ×20=390 元

三丝烩蛇羹的总成本 =22.6 元 ×20=452 元

八宝酿鲜鱿的总成本 =28.4 元 ×20=568 元

二珍糕的总成本 =5 元 ×20=100 元

五仁酥皮小点心的总成本 =6 元 ×20=120 元

银耳果羹的总成本 =7.5 元 ×20=150 元

二十桌宴席的总成本 =192 元 + 306 元 + 106 元 + 60 元 + 250 元 + 246 元 + 134 元 + 126 元 + 516 元 + 558 元 + 390 元 + 452 元 + 568 元 + 100 元 + 120 元 + 150 元 =4 274 元

分析：解题方法 2

每桌宴席的成本 =9.6 元 + 15.3 元 + 5.3 元 + 3 元 + 12.5 元 + 12.3 元 + 6.7 元 + 6.3 元 + 25.8 元 + 27.9 元 + 19.5 元 + 22.6 元 + 28.4 元 + 5 元 + 6 元 + 7.5 元 = 213.7 元

二十桌宴席的总成本 =213.7 元 ×20=4 274 元

答：二十桌宴席的总成本为 4 274 元。

六、菜品价格

菜品生产过程是企业生产、销售、服务的过程，所以菜品的价格构成应是菜品原料成本、加工制作经营费用、利润和税金四部分内容之和。餐饮企业在菜品定价时，将原料成本作为成本要素，将加工制作中的经营费用、利润、税金合并在一起，统称为"毛利"，并以此作为计算菜肴价格的重要条件。计算菜品价格的构成，一般有以下两种方法。

计算公式：菜品价格 = 原料成本 + 加工制作经营费用 + 利润 + 税金

计算公式：菜品价格 = 原料成本 + 毛利

1. 毛利率

毛利率是毛利与某指标之间的比率，以成品销售价格定义的毛利率称为销售毛利率，以成品原料成本定义的毛利率称为成本毛利率，其一般用百分比表示。

（1）销售毛利率

计算公式：销售毛利率 = 菜品毛利 ÷ 菜品销售价格 ×100%

例题 9

厨房制作了一份鱼香肉丝，成本为 16 元，销售价格为 40 元，这份鱼香肉丝的销售毛利率是多少？

分析：鱼香肉丝的毛利 = 40 元 – 16 元 = 24 元

鱼香肉丝的销售毛利率 = 24 元 ÷ 40 元 × 100%=60%

答：这份鱼香肉丝的销售毛利率是 60%。

（2）成本毛利率

计算公式：成本毛利率 = 菜品毛利 ÷ 菜品成本 × 100%

例题 10

一份炸猪排的成本为 9 元，其销售价格为 22 元，这份炸猪排的成本毛利率是多少？

分析：炸猪排的毛利 =22 元 – 9 元 =13 元

炸猪排的成本毛利率 =13 元 ÷9 × 100% ≈ 144%

答：这份炸猪排的成本毛利率是 144%。

（3）毛利率的换算

在菜点的销售价格和原料成本一致的情况下，销售毛利率与成本毛利率之间可进行换算。

计算公式：销售毛利率 = 成本毛利率 ÷（1+ 成本毛利率）× 100%

计算公式：成本毛利率 = 销售毛利率 ÷（1– 销售毛利率）× 100%

例题 11

某菜肴的成本毛利率为 63%，在成品成本不变的条件下，销售毛利率是多少？

分析：销售毛利率 =63% ÷（1+63%）× 100% ≈ 38.65%

答：该菜肴的销售毛利率是 38.65%。

例题 12

某菜肴的销售毛利率为 55%，在成品成本不变的条件下，成本毛利率是多少？

分析：成本毛利率 =55% ÷（1–55%）× 100% ≈ 122.22%

答：该菜肴的成本毛利率是 122.22%。

2. 菜品价格计算

（1）成本毛利法

计算公式：菜品销售价格 = 菜品原料成本 ×（1+ 成本毛利率）

例题 13

厨房制作炸茄盒 9 份，共用掉茄子 3 kg，猪肉馅 1 kg，淀粉 1.5 kg。已知茄子每千克 8 元，猪肉馅每千克 18 元，淀粉每千克 8 元，若成本毛利率为 150%，该菜品的单位售价是多少？

分析：茄子的总成本 =3 kg×8 元 / kg=24 元

猪肉馅的总成本 =1 kg×18 元 / kg=18 元

淀粉的总成本 =1.5 kg×8 元 / kg=12 元

9 份炸茄盒的总成本 =24 元 + 18 元 + 12 元 =54 元

每份炸茄盒的成本 =54 元 ÷9=6 元

菜品的单位售价 =6 元 ×（1+150%）=15 元

答：该菜品的单位售价是 15 元。

（2）销售毛利率法

计算公式：菜品销售价格 = 菜品原料成本 ×（1– 销售毛利率）

例题 14

厨房主食加工间制作小笼包，共用掉面粉 2 kg，猪肉馅 1.5 kg。已知面粉每千克 4 元，猪肉馅每千克 18 元，其他调味料成本共 4 元，共制作了 50 个小笼包，若按照销售毛利率 45% 计算，每个小笼包的单位售价是多少？

分析：面粉的总成本 =2 kg×4 元 / kg=8 元

猪肉馅的总成本 =1.5 kg×18 元 / kg=27 元

50 个小笼包的总成本 =8 元 + 27 元 + 4 元 =39 元

每个小笼包的成本 =39 元 ÷50 =0.78 元

小笼包的单位售价 =0.78 元 ÷（1–45%）≈1.42 元

答：每个小笼包的单位售价是 1.42 元。

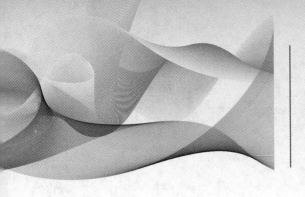

职业模块 六
安全生产知识

厨房安全包括厨房生产所使用的原料及生产成品、加工生产方式、人员设备及厨房生产环境等方面的安全。厨房安全是保证厨师顺利制作菜点的前提，是维持厨房正常工作秩序和节省额外开支的重要措施，是为保障员工的人身安全和企业的财产安全而实施的重要措施，是经营管理的重要内容之一，具有重要的意义。

一、安全是有序生产的前提

厨房生产需要安全的工作环境和条件。现代厨房安装有多种加热明火源、用电设备和器械，构成众多的不安全因素和隐患。要使厨房员工放手、放心工作，厨房在设计时就应该充分考虑环境安全因素，如地面的选材要防滑、烟罩的防火除尘要达标、蒸汽的控制要方便、抽排油烟要及时等。同样，平时的厨房管理、劳动保护都应该以安全为基本前提。否则，若厨房事故频发、设备时好时坏、员工担惊受怕，那么厨房维持正常的工作秩序、厨师制作高质量的菜点都将成为空话。

二、安全是实现企业效益的保证

企业效益是建立在厨房良好、有序的生产基础之上的。倘若厨房安全管理不力、事故频发，媒体曝光宣传不断，致使顾客不敢光顾，企业生意自然冷清；若企业内部屡屡发生刀伤、跌伤、烫伤等事故，员工的医疗费用增大，病假、缺工现象增加，在企业成本增加的同时，生产效率和工作质量更没有保障，企业效益必然受损；而一旦有火灾事故发生，企业不仅会名誉受损，人身和经济损失更不可估量。相反，若厨房安全条件优越、安全管理有效、员工工作热情高涨、事故发生率小，不仅可以有效节省企业的成本，而且也为提高劳动效率、提高菜点的质量创造了有利条件。

三、安全是保护员工利益的根本

员工是企业的生产力，厨师是企业餐饮部门最有活力、最有开发价值的生产要素。因此，关心、体恤员工，尊重厨房员工的劳动，改善厨房的工作环境和条件是所有餐饮企业应该做的。若厨房光线昏暗、设备陈旧、器具带"病"使用、地面湿滑、空间拥挤使操作时人员相互碰撞，则厨房员工安全无法得到保障，生产必定受到影响。反之，若厨房安全系数高，员工工作心情舒畅，员工利益切实有所保障，员工对企业的信赖度也会随之增强，工作积极性自然会随之高涨。

培训项目 ① 厨房设备安全操作知识

一、厨房设备安全管理的意义

1. 厨房设备的安全管理不仅是饮食企业从事正常生产的需要，同时更是员工生产安全、创造企业效益的需要。良好的设备是员工与企业安全生产的前提。厨房设备良好运行，员工按操作规程使用各种设备，消除事故隐患，员工的安全利益便有了保障。同样，良好的设备状况也减少了饮食企业因设备的陈旧、损坏、带"病"操作或超负荷运作等带来的生产事故。

2. 设备的正常运行是有序从事厨房生产的基础。厨房生产在饮食企业是循环往复的过程，有计划的原料加工、适当备料及一定量半成品的存在，为饮食企业顺利开餐、及时满足顾客用餐需要提供了保证。而这些前提条件的实现，是建立在厨房良好的设备运行基础上的。因此，厨房设备的正常运行使厨房得以有计划地安排加工、生产，减少原料的浪费，确保饮食企业有序开展生产经营。

3. 加强设备管理是节省企业维修费用的关键措施。厨房设备维修费用实际是饮食企业净利润的流失，厨房设备维修的频率和程度是可以通过有效的厨房管理加以控制的。设备损坏、维修，不仅增加直接的维修费用和材料费用，同时组织、购买材料的各项相关费用也同样昂贵。因此，加强厨房设备管理，维持、提高设备完好率，对饮食企业切实进行成本、费用控制是十分必要的。

二、厨房设备安全使用知识

厨房加工设备主要是指对烹饪原料进行去皮、分割、切削、打碎等处理，以及对面点进行和面、包馅、成型等的加工设备。具体包括厨房加工设备，厨房冷冻、冷藏设备，厨房燃气设备，厨房电热设备和其他设备。

1. 厨房加工设备安全使用知识

厨房加工设备包括蔬菜加工机（蔬菜加工机通常配有各种不同的切割具，可以将蔬菜、瓜果等烹饪原料切成块、片、条、丝等各种形状，且切出的原料厚薄均匀、整齐一致）、蔬菜削皮机（蔬菜削皮机用于除去土豆、胡萝卜、芋头、生姜等脆质根、茎类蔬菜的外皮，运用离心运动与物质之间的相互摩擦来达到去皮效果）、切片机、食品切碎机、绞肉机、和面机、多功能搅拌机、擀面机、面包分块搓圆机、馒头机、饺子机等，在使用中应注意以下事项。

（1）操作厨房加工设备的人员必须经过严格培训。

（2）设备使用前应对其进行检查，并按照要求选择附件、调整刀具等，检查调整无误后方可接通电源进行操作。

（3）必须按照设备的加工要求进行操作，以免损坏机器。如使用绞肉机加工肉馅时，必须要将骨头剔除干净。

（4）按照规定投料，禁止超负荷运行。如使用肉类加工设备时，必须按照规定使用专用工具投料，禁止用手直接投料；使用面点加工设备时，禁止在设备运转过程中将手伸入料斗处理物料。

（5）发现设备异常必须立即停机并切断电源，查明原因并修复后方可重新投入使用。发生较大故障时，必须请专业维修人员进行处理，其他人员禁止拆卸修理。

（6）设备使用完毕，必须切断电源，按规定及时清理、清洗、消毒。

2. 厨房冷冻、冷藏设备安全使用知识

（1）厨房冷冻、冷藏设备种类

厨房冷冻、冷藏设备主要包括冷藏柜、电冰箱、冷藏食品陈列柜等。

电冰箱包括冷藏电冰箱、冷冻电冰箱、冷藏冷冻电冰箱。冷藏电冰箱仅用于冷藏食品，它的冷藏室温度一般在 $0 \sim 10\ ℃$ 之间，有的带有一个较小的冷冻室，冷冻室温度一般为 $-12 \sim -6\ ℃$，可短期冷冻少量食品，并可制作少量冰块。冷冻电冰箱只有一个冷冻室，冰箱内的温度可以保持在 $-18\ ℃$ 以下，可用于食品较长时间的冷冻。冷藏冷冻电冰箱是用途最广的电冰箱，它由一个冷冻室和一个（或几个）冷藏室组成，可冷藏食品和对食品进行冷冻，有的还有速冻功能。冷藏食品陈列柜实际上是冷藏电冰箱的一种，其特点是用特制玻璃做门，可展示内部陈列的食品；有的陈列柜四周是敞开的，并且内有货架。冷藏食品陈列柜一般放在

酒吧、快餐厅等公共区域。

（2）厨房冷冻、冷藏设备使用注意事项

1）使用前应先仔细阅读该产品说明书。冷冻、冷藏设备应放置在平坦坚实的地面上，远离热源，保持设备所处环境干燥、通风，避免阳光直射。否则，将会影响设备散热。

2）冷冻、冷藏设备温控器的挡位应根据季节变化、环境温度及使用情况进行适当调整。

3）冷冻、冷藏设备使用时，应尽量减少开门次数，缩短存取食品的时间。热的食品须冷却到室温后方可放入冷冻、冷藏设备。

4）冷冻、冷藏设备出现故障需要维修时，应按照规定请有专业技术资格的人员进行修理，不得擅自拆卸。

5）当冷冻、冷藏设备停止使用或暂不使用时，应用中性清洗剂和水清洗设备的内部，并将设备门打开，让设备充分干燥后再将其关闭。

3. 厨房电热设备安全使用知识

（1）电烤箱安全使用知识

电烤箱是使食品直接受热烘烤的加热设备。电烤箱的电阻线以线圈装置于不锈钢管中，不锈钢发热器一般装在箱形容器内的上、下方，中间放置被烘烤的食物。烤箱的外壳正面有耐热玻璃制作的箱门，还设有温度控制按钮，调换上下发热器的开关以及通电指示灯。电烤箱主要用于制作烤牛排、烤火鸡等大块肉食品和烤山芋、烤土豆、烤西饼、烤点心等。

电烤箱主要有对流烤箱、多层烤箱两种类型。对流烤箱与其他烤箱的区别在于通过风扇将热风快速送进烘烤箱内，而食物放置在烤架上，既能有效地利用烤箱的容积，又可加快烤制速度。多层烤箱由两层以上的烤箱叠置在一起，这种烤箱占地面积小，容量大。电烤箱在使用时应注意如下事项。

1）电烤箱应安装在通风、干燥、防火、便于操作的地方，必须有可靠的漏电保护措施。

2）电烤箱使用前应先按成品需要进行预热，并随时关好玻璃门以防止热气外泄。

3）电烤箱内尽量使用大小适中的食物，并调整适当的时间。

4）电烤箱使用完毕后务必关闭电源开关并拔掉电源线，及时进行清洁。清洁时应使用软布蘸水或清洁剂擦拭，禁止使用钢刷以防刮伤，置物盘及煎烤盘可以取出用水清洗。

（2）微波炉安全使用知识

微波炉的构造分为内、外两部分。外部包括微波炉的外箱及炉门，外箱用不锈钢铝合金制成，炉门是用双层透明玻璃中间夹一层金属钢构成，这样既能防止微波外泄，也可以从外部观察到食物的烹调情况。内部由电源变压器、整流器、磁控管、波导管、风扇叶、定时器、转盘及控制器等部分组成。微波炉使用时应注意如下事项。

1）各种微波炉的使用方法不尽相同，使用前应认真阅读说明书。

2）微波炉应放置在通风、干燥处，应远离磁性材料，避免干扰。

3）微波炉严禁空载运行，要注意保持炉门的密封性，防止泄漏。

4）使用时，禁止将眼睛贴近微波炉观察，避免受到微波伤害。

5）需将待烹调的食物盛放在微波炉专用器皿内。若微波炉内没有设置专放食物的器皿，可用塑料、玻璃、陶瓷等非金属材料制作的容器盛放，禁止使用金属容器。检查无误后方可关闭炉门，接通电源。

6）食物若是冷冻的，则要先解冻后才能烹调。微波炉一般设有自动解冻程序，解冻时只需设定预定时间，微波炉会自动完成解冻过程。

7）加热密封食品时，必须将其打开才能加热，避免炸裂、损坏设备。

8）使用完毕后，应对微波炉进行清洁，注意不要触动微波发生器等重要零部件。

9）微波炉发生故障时，必须请专业维修人员进行检修。

（3）电磁感应灶安全使用知识

电磁感应灶又称电磁炉，是利用电磁感应涡流发热的电炉，与其他的烹调灶具相比，具有热效率高、安全性好（无明火）、控温准确、清洁卫生等优点。电磁感应灶的输入功率可连续调节，使用方便，适用于煮、炒、蒸、炸等多种烹饪操作。电磁感应灶使用时应注意以下事项。

1）电磁感应灶应放置在平稳的平面上使用，禁止在可能受潮或靠近火源的地方使用。

2）切勿在四周空间不足的地方使用电磁感应灶，应使其前部与左右两侧保持干净，避免阻塞吸气口或排气口，否则将造成炉内超温。

3）禁止在盛放锅具的状态下搬运电磁感应灶。

4）电磁感应灶放置一段时间后若重新使用，应预先通电 10 min，使电磁感应灶内部电子元件稳定后再开机进行功能操作。

5）防止物品跌落在顶板上。如表面出现裂纹，应立即关闭电源，及时送修。

6）锅具在使用后不要置于电磁感应灶上，避免下次使用时难以启动。

7）烹调结束后，应及时关闭电磁感应灶，禁止将其处于常通状态。

（4）电温藏箱安全使用知识

电温藏箱既可用于菜肴食品保温，又可短期防止食品变质，因为较高的温度可防止细菌活动。电温藏箱的原理很简单，其依靠箱内安装的电热线发热，以热辐射的形式使食品保持一定的温度，这种发热器称为石英管电热器。在使用电温藏箱时应注意，要严格按照使用说明书使用，并注意保持清洁卫生，还要按照规定定期保养维修。

4. 厨房其他设备安全使用知识

厨房其他设备指除加工、储藏、烹调以外，与厨房生产存在关系的一些设备，主要有洗涤设备、消毒设备、备餐设备、抽排油烟设备等。

（1）洗涤设备

洗涤设备主要指配合餐饮企业厨房生产和餐厅服务需要，配备的洗碗、餐具保养、储藏等相关设备。

1）洗碟机。洗碟机又称洗碗机，有多种型号，如单体小型洗碟机、与水槽废肴处理机结合在一起的组合式洗碟机、大型传输型洗碟机。

①单体小型洗碟机。单体小型洗碟机虽款式多样，但其结构原理相似，使用较多的是喷射臂洗碟机和叶轮洗碟机。喷射臂洗碟机有进水阀定时将水充入储水槽，储水槽中的水通过过滤器后在回流棒的压力下由喷射臂喷向网架上的碗碟，喷洒过的水落在单体水槽内循环使用，单体水槽内装有电热器，能使水保持一定温度。叶轮洗碟机的洗涤方法同洗衣机相似，用叶轮驱动桶内的水，形成水流冲洗碗碟上的油泥和污渍。洗碟机上装有定时器、恒温器、压力开关等自动控制装置，在洗涤前可根据碗碟的类型和脏污程度选择冲洗的时间及水温。打开开关后，就可以自动完成冲洗、洗涤、漂洗、干燥等程序。

②大型传输型洗碟机。大型传输型洗碟机的原理与喷射臂洗碟机相同，相当于3台小型洗碟机并列而成。每台洗碟机都有独立的水槽、棒和喷臂。要清洗的碗碟排列在传输架上依次通过洗涤机，分别完成预洗、洗涤、漂洗和干燥过程。这种洗碟机可流水作业，适合大批量洗涤。

2）容器清洗机。容器清洗机是专门清洗较大容器的洗涤机。清洗时将脏污的容器口向下罩在清洗机上，由脚踏操纵，可使喷臂中喷出冷水或热水，将容器冲洗干净。

3）银器抛光机。银餐具使用一段时间后表面会产生一层黑色的氧化层，使银器失去光泽，影响美观。银器抛光机利用容器内的小钢珠与银餐具一起翻滚，借助钢珠与银器的摩擦除去银餐具表面的斑迹。

4）高压喷射机。高压喷射机是一种多用途的洗涤设备，能喷出高压的热水，水温可以调节并能自动加入清洁剂。这种喷射机使用灵活方便，且清洗效果较好，适合清洗排烟罩、过滤网、冷凝器以及地面、墙壁等。

5）使用注意事项。

①清洁设备应安装在靠近电源、供（排）水方便、操作便利的地方，应放在平坦的地面上，同时要远离煤气灶和腐蚀性物质。必须有接地线，以确保安全，防止漏电事故的发生。

②洗涤的餐具中不能夹带其他杂物，要将餐具上的食物碎渣等全部清除掉，否则容易影响洗涤效果，也容易损坏机器本身。往洗碗机内放餐具时，餐具不应露出金属篮外，比较小的杯子、勺等器具要避免掉落和防止碰撞。器具应顺序摆放，不要叠压放置，以免影响洗净效果。一般来说，碗篮的下层放小盘子，小盘子右边放椭圆形盘子，椭圆形盘子右边放中等大小的盘子，然后依次将大盘子、饭碗和汤碗置于侧面，杯架上放茶杯和酒杯，叉子方向应向上，筷子前端要向下。

③使用时应注意洗涤剂的选用与投放量。应使用洗碗机专用洗涤剂来清洗餐具，可以有效消除脏污。专用洗涤剂属于低泡沫、高碱性物质，不能直接用手接触进行洗涤，以免灼伤皮肤。

④控制面板上的各种开关和按钮切忌被水淋湿，以免发生事故。

⑤洗涤结束后，若洗碗机过滤器积有残渣，则要等加热器冷却后及时清理。取出过滤器之前，应先将机内残渣清理干净，清理方法是取出过滤器后，边用刷子清除残渣，边用自来水冲洗。清理干净后，将过滤器放回机内。

⑥洗碗机内腔应保持清洁，为了防止异味的产生，每月应用中性清洁剂清洁1~2次。长期不用的洗碗机应先将内外彻底清洁干净，再用软布擦干水分放入箱内，置于干燥通风处保存。

（2）消毒设备

餐具消毒柜的大小不一，常见的有直接通气式和远红外加热式两种。

直接通气式消毒柜用管道将锅炉蒸汽送入柜中进行消毒，因此也称蒸汽消毒柜。它没有其他加热部件，使用较方便。

远红外加热式消毒柜采用远红外辐射电加热元件射出红外线进行消毒，具有升温迅速、一机多用等特点。消毒柜的四周一般有保温层，以减少热量损失。控制器可自动控制消毒时间，可随意调节温度。消毒柜下部有脚轮，便于移动。其除了可以消毒餐具外，也可以对餐巾等物品进行消毒。使用远红外餐具消毒柜时，应先预热 5 ~ 7 min，然后放入餐具，15 min 后即可达到灭菌效果。消毒时应根据蒸汽量的大小来调整风孔，以排出柜内的蒸汽。操作时须注意：

1）使用前外壳必须接好地线，以确保人身安全。

2）消毒柜是专门为消毒餐具而生产的，其他物品不能放进消毒柜内消毒，以避免发生危险。

3）柜内的餐具应合理摆放，碗、碟、杯等餐具应竖直放在层架上，最好不要叠放，以便通气和消毒。

4）塑料等不耐高温的餐具不能放在高温消毒柜层内，而应放在臭氧消毒的低温消毒柜层内消毒，以免损坏餐具。

5）禁止将彩瓷器皿放入消毒柜消毒。陶瓷碗、盘、缸、罐钵等在上釉彩时，其釉质、颜料常含有铅、镉等有毒重金属，遇到高温则容易释放有害物质，危害人体健康。

6）要定期清洁柜内及外表面，使消毒柜保持干净卫生。

7）若消毒柜出现故障，应请专业维修人员进行维修，不得擅自处理。

（3）备餐设备

备餐设备是指配备在备餐间以方便服务员进行备餐服务的设备，主要有电热开水器、全自动制冰机等。

1）电热开水器。电热开水器多为不锈钢制造，其结构紧凑，质量可靠，使用方便。大多数电热开水器具有自动测温、控温、控水等功能，有些还具有缺水保护装置。一些电热水器加装有保温保暖柜或抽屉，可兼作暖毛巾柜。使用时注意如下事项。

①电热水器安装时一定要请专业人员规范安装，使用前应认真阅读使用说

明书。

②使用电热水器时，打开水阀而没有出水，要立即断开电源，防止因故障使电热水器在无流动水的情况下工作而损坏。

③在使用储水式电热水器时，一定要先注满冷水后再通电加热，且要求进水管处于常开状态，保证水箱持续有水。

④使用时应防止烫伤，先开冷水阀、再开热水阀，关闭时先关热水阀、再关冷水阀。

⑤水压或电压过低时，应暂停使用。

⑥出现故障时，应请专业人员进行检修，不得擅自拆卸。

2）全自动制冰机。全自动制冰机安装完成后会自动操作，当净水流入冰冻的倾斜冰板时，会逐渐冷却成为冰膜，当冰膜凝结到一定厚度后，恒温器会将冰层滑到低压电线的纵横网络上，此网络将融解冰块，这个步骤会不断重复，直至冰盒装满冰粒为止，这时恒温器会自动停止制冰。当冰盒内的冰粒减少（融化或被取用）时，恒温器又会重新启动，恢复制冰。使用时应注意如下事项。

①要有电气保护、可靠接地等安全措施。

②制冰机最重要的要求是保持清洁卫生，使用前必须按照食品卫生的要求对内部和外部进行清洁与消毒。

③发现运转异常时应立即断电，及时报请专业维修人员进行处理，不得擅自拆卸。

（4）抽排油烟设备

抽排油烟设备主要指将厨房烹调时产生的烟气及时抽排出厨房的排风扇、滤网式及运水烟罩等，这些设备的正常运行是保证厨房空气质量良好的基础。

排风扇是抽排油烟设备中结构最简单的，其特点是投资少、排风效果较好，但使用时容易污染环境。

滤网式烟罩成本低，排气效果好，排油烟效果亦可，但清洗工作量大。

运水烟罩原理是将厨房烹调时产生的油烟利用加有清洁剂的水过滤，然后排放出去，以保持厨房空气清新，同时也不构成对环境的破坏，是一种新型环保型抽排油烟设备。运水烟罩具有如下特点：隔烟效果较好，隔油效果可达93%，隔烟除味效果可达55%。运水烟罩成本较高，设备配套性好，一般由不锈钢制造，美观耐用，油污不易积聚，并能长期保持清洁卫生，由于有水循环，能有效降低炉灶及烟罩周围温度，改善厨房生产工作环境。抽排油烟设备在使用中应注意如下事项。

1）安装合格的抽排油烟设备，确保其运转平稳、振动小，噪声符合国家有关规定，系统具备自动保护功能。

2）保持外部清洁，定期按照规定进行内部清洁和保养。

3）若发现设备运转异常应立即断电，并及时请专业维修人员进行检修。

三、厨房卫生安全操作知识

1. 厨房卫生安全操作的基本内容

（1）保证食品卫生，防止发生食物中毒，保证消费者的人身安全。

（2）厨房在选址时要考虑厨房周边环境，要采取消除苍蝇、老鼠、蟑螂和其他有害动物及其滋生条件的措施。

（3）对厨房垃圾和废物的处理必须符合卫生规程。

2. 厨房作业区卫生安全操作规程

厨房作业区卫生安全操作包括各作业区的卫生管理工作，如炉灶作业区、配菜间、冷菜间、点心间、粗加工间等。

（1）炉灶作业区卫生

1）每日开餐前彻底清洗炒锅、手勺、漏勺、抹布等用品，并检查调味罐内的调料是否变质。湿淀粉要经常换水。

2）油钵要每日过滤一次。新油、老油要分开存放，使用时间较长、油色发深或发黑的油不能使用。

3）容纳酱油、香醋、料酒等调味料的调味罐不可储存过满，应常用常添。

4）精盐、味精、白糖等要注意防潮、防污染，调味罐要及时加盖。

5）烹饪原料在符合菜肴烹调要求的前提下，要充分烧透、煮透，防止外熟内生而达不到杀灭细菌的目的。

6）切配和烹调要实行双盘制，配菜应使用专用配菜盘、碗，当原料下锅后应当及时撤掉，换用消毒后的盘、碗盛装烹调成熟后的菜肴。

7）在烹调操作时，试尝口味应使用专门的用具，尝后余汁切忌倒回锅内。若用手勺尝味，手勺须清洁后再用。

8）营业结束后应清洁用具，归位摆放，清洗汤锅，清理调料。每日应用洗涤剂擦洗吸烟罩和灶面的油腻和污垢，做到灶面卫生、光洁、无油腻；应清理烤箱、蒸笼内的剩余食品，去除烤盘内的油污，放尽蒸笼锅内的水等。

（2）配菜间卫生

1）每日开餐前要彻底清理冰箱，检查原料是否变质。

2）刀、砧板、抹布、配菜盘等用具要清洁，做到无污渍、无异味。

3）配料、小料要分别盛装，摆放整齐，配料的水盆要定时换水。需冷藏保鲜的食品原料应放置在相应的冰箱内。

4）在开启罐头食品时首先要把罐头表面清洁干净，再用专用工具开启，切忌使用其他工具，以避免金属或玻璃碎片掉入。破碎的玻璃罐头食品和密封不良的金属罐头食品不能食用。

5）配菜过程中要随时注意食品原料的新鲜度和卫生状况，认真配菜，严格把关。

6）营业结束后，各种用具要及时清洁，归位放置，剩余的食品原料应按不同的储藏要求分别保存。

（3）冷菜间卫生

1）冷菜间要做到专人、专用具、专用冰箱，并有紫外线消毒设备，防蝇、防尘设备要齐全且状况良好。

2）每日清理所用冰箱，注意生熟食品要分开。

3）刀、砧板、抹布、餐具等用具要彻底清洗消毒后再使用，抹布要经常搓洗，不能一布多用，防止交叉污染。

4）要严格遵守操作规程，员工应戴口罩。

5）营业结束后，各种调味料和食品原料要根据卫生要求放置在相应的冰箱内储藏，用具彻底清洗，归位摆放，工作台保持清洁、无油腻；清洗地面，保持地面干净无死角。

（4）点心间卫生

1）保证各种原料和馅料的新鲜卫生，定时检查所用冰箱。

2）面案要保持清洁，各种面点工具随用随清洁。

3）营业结束后应清洗各类用具，归位摆放。蒸笼、锅等应放尽水并清洗干净。烤箱应切断电源擦拭干净，各种馅料等要分别放入冰箱。

（5）粗加工间卫生

1）购进的各类食品原料按不同类型分区摆放，按不同要求分类加工，对于容易腐败变质的原料，应尽量缩短加工时间。应用正确的方法解冻原料，加工后的原料要分别放置，有的要用保鲜膜封存，放入相应的冰箱供配菜人员使用。

2）食品原料入冷库后应分类摆放在货架上并标明入库日期，原料取用应遵循"先存先用"的原则，不得随意取用。

3）应保持粗加工间的卫生整洁，及时清理垃圾和废弃物，各类食品机械用完后应及时清洁，防止细菌繁殖造成污染。

培训项目 ② 用电、用气安全知识

一、用电安全知识

1. 用电安全基础知识

（1）触电的概念及触电的形式

1）触电的概念。触电是指人体与带电体接触，使电流通过人体造成生理机能破坏，如烧伤、肌肉抽搐、呼吸困难、昏迷、心脏麻痹以至死亡的过程。触电对人体的危害程度与电流的频率、通过人体的电流大小、电流通过人体的部位、通过时间的长短等都有直接的关系。

实践表明，50 Hz 的交流电对人体造成的伤害是最严重的。当电流通过人的头部和心脏时是最危险的，例如，频率为 50 Hz、电流为 50 mA 的交流电，通过人体持续数十秒钟就会使人死亡。

2）触电的形式。触电的形式可分为单相触电、两相触电、跨步电压触电、接触电压触电 4 种。

单相触电指在中性点接地的电网中，当人体触及一根相线（火线）时造成的触电。大部分触电事故都是单相触电事故。

两相触电指人体同时与两根相线接触造成的触电。在带电的电线杆上工作时发生的触电事故大都是两相触电，两相触电一般危险性比较大。

跨步电压触电是在带电导线断落在地上，以落地点为中心，在地面上形成不同电位的情况下，当人的两脚站在落地点附近时，两脚之间发生跨步电压而引起的触电。

接触电压触电是人体与电气设备的带电外壳相接触而引起的触电。

3）触电救护方法。

①迅速脱离电源。发现有人触电时，应尽快使触电人员脱离电源。使触电人

员脱离电源有以下 3 种方法。

a. 开关在附近时，迅速关闭开关，把电源切断。如果开关关闭后，导线仍然有电，则应迅速用干燥木棒把导线挑开。

b. 开关不在附近时，可用干燥木棒、竹竿或带绝缘手柄的电工钳子把导线迅速挑开或剪断。如果身边什么都没有，可用较厚的干燥衣服、围巾把一只手包上（不可用两只手）去拉触电人衣服，使触电人脱离电源。

c. 如果发现在高压设备上触电，应采用相应电压等级的绝缘工具使触电者脱离带电设备。如果在高处触电，还须预防触电者在脱离电源后从高处摔下的危险。

②触电者脱离电源后，应视情况迅速采取救护措施。

a. 触电者脱离电源后，若神志清醒，只是感到心慌、四肢发麻、全身无力，或者一度昏迷但很快恢复知觉，则应使触电者在空气流通的地方静卧休息 1～2 h，不要走动，让其慢慢恢复正常，并注意观察病情变化。

b. 触电者脱离电源后，若已停止呼吸，应立即开展人工呼吸进行抢救，同时迅速拨打 120 急救电话。人工呼吸的方法很多，有口对口吹气法、俯卧压背法、仰卧压胸法等，目前，在抢救触电者时，现场多用俯卧压背法。具体操作如下。

a）置触电者于俯卧位，即胸腹贴地，腹部可微微垫高，头偏向一侧，两臂伸过头，一臂枕于头下，另一臂向外伸开，以使胸廓扩张。

b）救护人员面向其头部，两腿屈膝跪于触电者大腿两旁，把两手平放在其背部肩胛骨下角（大约相当于第七对肋骨处）、脊椎骨两侧，拇指靠近脊椎骨，其余四指微弯并张开。

c. 救护人员俯身向前，慢慢用力向下、再稍向前推压。当救护人的肩膀与病人肩膀将成一直线时，不再用力。在这个向下、向前推压的过程中，即将肺内的空气压出，形成呼气。然后慢慢放松，使外界空气进入触电者肺内，形成吸气。

d. 按上述动作反复有节律地进行，每分钟重复 14～16 次。注意，对于孕妇、胸背部有骨折者不宜采用此法。

4）安全用电措施。触电事故在一瞬间就会发生并造成严重的后果，因此安全用电要从思想教育和技术措施两方面加以重视。

在实际工作中，要严格遵守设备操作规程和用电安全规程，厨房安全用电措施主要有以下几点。

①由于厨房的湿度大和油烟蒸汽较浓等原因，电气设备的工作环境是比较恶劣的，因此必须经常对电气设备是否漏电、绝缘是否老化、有无裸露的带电部分、

有无断线等情况进行检查，及时消除触电隐患。

②随时观察电器运行情况，注意电器外部的温度、气味和声音，如有异常现象应立即断电检查。

③断电检修电路时，配电箱上要挂有"警告牌"，必要时要有专人看管，防止他人不明情况误合闸刀而造成事故。

④各种电气设备的外壳应按要求采取合理、可靠的保护接地或保护接零措施。

（2）电气设备的保护接地和保护接零

电气设备的外壳正常情况下是不带电的，但由于电气设备绝缘损伤、老化或过压击穿等原因则可能造成电气设备外壳带电，此时人体接触到设备外壳就会发生触电事故。为防止此类事故的发生，要对电气设备外壳进行保护接地或保护接零。

1）保护接地。即将电气设备外壳用导线同大地良好地连接起来，与大地连接的接地装置由埋入地下的金属接地体和引线组成，接地电阻要求不大于 $4\ \Omega$ 的方法。这样，即使电器外壳带电被人触及，因人体电阻远大于设备的接地电阻，电流绝大部分会通过接地体导入地下，从而避免人体触电。

2）保护接零。即是将设备的外壳与供电系统的中性线（零线）接起来的方法。此法适用于中性点接地的三相四线制供电系统。

3）重复接地。即每隔一定的距离，就将零线接地的方法。这种方式安全可靠，是三相四线制供电系统较好的保护方法。

2. 厨房安全用电管理制度

（1）指定用电安全责任人。在厨房间要指定用电安全责任人，一般由专门值日的人负责和检查。企业要有奖惩制度，强调安全无小事，安全重于泰山。

（2）张贴操作规程说明牌。对于每个机械设备，除了机器本身的标牌外，还要张贴操作规程说明牌，确保每一个使用该机器的人都能在操作规程说明牌的指导下操作。

（3）要定期检查电气设备的安全状况，特别是电路是否老化、漏电、短路等，一般每个月月初查一次，每半年要复查检修一次。

二、用气安全知识

1. 厨房燃气设备种类

（1）燃气炉具

燃气炉具是以液化石油气或天然气为燃料的灶具，它具有操作方便、卫生的特点。燃气炉具形式多样，可以进行烧、煮、煎、炸、烤等各种烹调制法。

（2）燃气炒炉

燃气炒炉是中餐厨师最常用的炉具，它火焰大，温度高，特别适合于用煎、炒、爆、炸等方法烹制中餐菜肴。具有两组燃气喷头的称为双头炒炉，具有三组燃气喷头的称为三头炒炉，还有四头炒炉等。

（3）汤炉

汤炉是专门炖煮汤料的炉具，分为双头汤炉和四头汤炉。汤炉的隔板是平的而且是方（长方）形的，故又称平头炉。由于汤锅（桶）较高，为便于操作，汤炉往往比较矮，火力不大。

（4）油炸炉

油炸炉是专门制作油炸食品的炉具。常见的油炸炉有两种，一种是普通油炸炉，也就是敞开式油炸炉；另一种是压力油炸炉，可以将食品在一定压力下油炸。油炸炉也有用电加热的，不论哪一种油炸炉，使用时都要特别注意控制油温，检查温控器工作是否正常。在炸制食品时，操作人员不得离开现场；操作结束后，必须确认已熄火或电源关闭后才能离开。

（5）蒸汽炉具

蒸汽炉具是利用锅炉房送出的蒸汽或炉灶自身产生的蒸汽来加热食品的装置。蒸汽炉具构造简单，使用方便，但用蒸汽加热烹调有一定的局限性。蒸汽炉具主要用于蒸煮食物和食品保温，例如蒸饭、蒸馒头、蒸包子、煮汤、烧开水，还可用于消毒餐具等。

1）蒸汽夹层锅。蒸汽夹层锅包括两只锅，其中一只小锅套在另一只大锅中，大锅中注入水产生蒸汽，通过蒸汽对小锅中的食品进行加热，一般来说，蒸汽夹层锅的体积较大。

2）蒸柜。蒸柜是一只密闭的柜子，内有蒸架，可一层一层放置蒸盘，蒸柜多数用于蒸饭、蒸菜等，故又称蒸饭柜。蒸汽一般来自锅炉房，由蒸汽管送入蒸柜；也可采用燃料加热，蒸柜自身产生蒸汽，由蒸柜阀门控制蒸汽量。

2. 厨房燃气设备使用注意事项

（1）燃气设备必须符合国家有关规范和标准，并与所用燃气类型相匹配。

（2）燃气设备与燃气源之间的连接最好使用钢管，若使用软管连接则长度不能长于2 m，并应经常检查，以防管道老化漏气。

（3）按照规程正确点火，正确调节调风板，使火焰呈淡蓝色。使用完毕必须及时关火，禁止设备空燃。

（4）保持燃气设备清洁，按照规定进行保养，以保证其性能良好。

（5）使用肥皂水对燃气设备进行检漏，严禁使用明火进行检漏。

（6）设备出现故障时需请具备燃气维修专业资质的专业人员进行维修，禁止随意拆卸燃气设备上的零件。

培训项目 ③

厨房防火、防爆安全知识

厨房安全任务的重中之重是预防火灾，厨房有电器、管道、易燃易爆物品，是火灾易发区。为了避免厨房火灾的发生，需要采取以下预防措施。

一、防火、防爆管理规范

1. 厨房防火制度

（1）厨房的设计应符合消防规范，并须配备足够的消防设备，如消防栓、灭火器、灭火毯等。各种灭火器材、消防设施不得擅自动用。

（2）对员工进行消防知识的培训，定期组织对所有消防设施的检查，并组织全体员工参加定期举办的消防演习。厨房员工要会使用各种灭火器材及火灾报警器，并掌握其性能、作用和使用方法，熟悉灭火器材和报警器的位置，熟悉最近的消防疏散门或通道。一旦发生火情，应使员工能拨打 119 火警电话并告知消防部门有效信息，同时能通知总机和饭店消防中心。

（3）厨房各种电气设备的安装使用必须符合防火安全要求，严禁超负荷使用，绝缘要良好，接点要牢固，并有合格的保险设备。

（4）加强火源管理，燃气炉灶、电热设备及电源控制柜应有专人负责，下班前应将所有火源切断。

（5）厨房在炼油、炸制食品和烤制食品时，必须设专人负责看管。炼、炸、烘、烤时，油锅和烤箱温度不得过高，油锅不得过满，严防油溢后着火，引起火灾。

（6）及时清除油渍污迹，特别是排油烟管道里的油渍；应将易燃物品置于远离火源的地方，厨房和仓库内禁止吸烟。

（7）厨房的各种燃气炉灶、燃气烤箱，点火使用时必须按操作规程操作，不得违反，更不得用纸张等易燃品点火。不得在炉灶、烤箱的火眼内放置各种杂物，以防堵塞火眼而发生事故。

（8）未经批准，严禁一切非厨房工作人员进入操作区。

2. 厨房液化气灶安全管理制度

（1）液化气（天然气）灶操作人员必须经过专门培训，掌握安全操作液化气灶的基本知识。

（2）员工进入厨房应首先检查灶具是否有漏气情况，如发现漏气，不准开启电器开关（包括电灯）。

（3）员工进入厨房前应打开防爆排风扇，以便清除沉积于室内的液化气。

（4）操作前应检查灶具的完好情况。

（5）点火时，需遵循"火等气"的原则，千万不可"气等火"。要点燃火源，应先打开点火棒供气开关，点燃点火棒后，将其靠近灶具燃烧器，最后打开燃烧器供气开关，点燃燃烧器。

（6）各种液化气灶具开关必须用手开闭，不准用其他器皿敲击开闭。

（7）灶具每次使用完毕要立即将供气开关关闭，工作结束后，值班人员要认真检查每只供气开关是否关闭好，每天工作结束后要先关闭厨房总供气阀门，再关闭各灶具阀门，然后通知供气室关闭气源总阀门。

（8）发现问题应立即关闭总阀门，并及时报告主管领导和安全部门。

（9）经常做好灶具的清洁保养工作，以确保安全使用液化气灶具。

（10）非厨房人员不得擅自使用液化气灶具。

3. 压力容器安全管理制度

压力容器是内部或外部承受气体或液体压力，并对安全性有较高要求的密封容器。厨房压力容器主要有压力锅、蒸汽夹层锅、小型卡式炉气体罐、液化气钢瓶、小型蒸汽蒸箱等。厨房压力容器在使用中如果发生爆炸，就会造成伤害事故。因此，压力容器的使用必须严格遵守操作规范。

（1）新购压力容器在初次使用前，必须检查产品合格证等技术文件。

（2）较复杂压力容器的操作人员必须经过培训方能进行操作。

（3）制定安全操作规程，严格按照使用说明书操作。

以压力锅操作规程为例具体说明。

1）一般食物和水不得超过锅身高度的3/4，煮豆类、干玉米、海带类易于涨大的食物不得超过锅身高度的1/2。检查锅盖上限压阀排气孔是否通畅，将防堵罩、安全阀（或防爆易熔片孔）等清洗干净。

2）压力锅在使用中能产生 1 kg/cm² （0.1 MPa）的压力，这是它与普通锅的不同之处，也是使用不当易引发危险的主要原因。

3）用压力锅煮粥、煲骨头汤时，要密切控制火候。火力不宜太大，当锅顶限压阀冒汽时，应调小火煮至合适时间。切忌擅自离开，以免使压力锅温度失控，发生事故。从安全角度，建议使用三保险新式压力锅。在煲骨头汤和煮粥时，不应待其沸腾就应适当地调小火，以免锅突然沸腾引起超压。

4）压力锅锅盖开启前，要采用自然冷却或冷水强制降温，先缓缓提限压阀盖，听到"咝咝"的排汽声，等锅内压力全部排泄完，方能慢慢开盖。

5）严禁超安全使用年限使用。一般按厂家规定，压力锅安全使用年限为 8 年，超过年限只能作为普通锅使用。

6）投入运行的压力容器必须按照有关规定进行定期检验。

二、造成厨房火灾的主要原因

1. 由普通的易燃材料引起（木材、纸张、塑料等）。

2. 由易燃物质如煤气和油脂引起。

3. 由点火操作不当引起。

4. 由电器短路失火引起。

5. 由烹调不慎引起。

6. 由抽油烟管道积累油污引起。

7. 其他人为因素造成的火灾。

三、厨房消防设备

厨房消防设备主要由消防给水系统和化学灭火设备组成。

1. 消防给水系统

消防给水系统包括自动喷淋灭火系统和消火栓给水系统，是自动控制火灾的极为有效的设施，是在厨房设计时就必须充分考虑并必须安装的消防设备，且安装时须经当地消防主管部门验收通过。

2. 化学灭火设备

化学灭火设备属于手动式灭火器材，这类化学灭火设备可在应对厨房中食用油、燃气、电器等引起的火灾时发挥作用，特别是火灾刚发生时。

厨房中常用的化学灭火设备主要有干粉灭火器、二氧化碳灭火器、泡沫灭火器等，下面介绍常用灭火器的使用方法。

（1）二氧化碳灭火器

二氧化碳灭火器主要用于扑救电气设备的火灾及食用油引起的厨房火灾。

二氧化碳是一种惰性气体，它的相对密度比空气大，以液态灌入钢瓶内，在20 ℃时，钢瓶内为60个大气压。液态的二氧化碳从灭火器喷出后迅速蒸发，变成固体雪花状的二氧化碳，又称干冰，其温度为 −78 ℃。固体二氧化碳喷射到燃烧物上因受热迅速挥发变成气体，当空气中二氧化碳浓度达到30% ~ 35%时，物体燃烧就会停止。二氧化碳灭火器的作用是冷却燃烧物和冲淡燃烧层空气中的氧气，使燃烧停止。

二氧化碳灭火器有两种，一种是手动开启式即鸭嘴式，另一种是螺旋开启式即手轮式。手动开启式灭火器在使用时应先拔去保险销，一手握紧喷筒把手对准着火物，另一手把鸭舌往下压，二氧化碳即由喇叭口喷出，不用时将手放松即行关闭。螺旋开启式灭火器在使用时先将铅封去掉，一手握住喷筒把手对准着火物，另一手朝顺时针方向旋转，二氧化碳气体即自行喷出。

（2）干粉灭火器

干粉灭火器的干粉不导电，可以用于扑灭带电设备的火灾。它是一种效能较好的灭火器材，靠二氧化碳气体作动力，将粉末喷出以扑灭燃烧物。由于干粉是一种轻而细的粉末，因此能覆盖在燃烧物上，使之与空气隔绝而灭火。这种干粉无毒、无腐蚀作用。干粉灭火器的使用方法与二氧化碳灭火器相同。

（3）泡沫灭火器

泡沫灭火器主要用来扑灭油类、可燃性液体和可燃性固体的初起火灾，不宜用于扑灭可溶性液体的火灾。

泡沫灭火器内装有酸性物质（硫酸铝）和碱性物质（碳酸氢钠）。这两种水溶剂经混合后发生化学反应而产生泡沫。另外在碱性物质中还有一定量的泡沫稳定剂，可使形成的泡沫稳定、持久，并提高泡沫的表面张力。由于这些泡沫的相对密度小，因此可以漂浮在液体表面，形成一个泡沫覆盖层，隔绝空气，降低燃烧物表面温度，从而达到灭火的效果。

培训项目 **4**

机械设备与手动工具的安全使用知识

一、机械设备的安全使用知识

1. 和面机安全操作规程

（1）操作人员应穿戴工装，衣袖不要过长，以防夹入机器。

（2）操作前先检查机器周围有无障碍，面桶内有无杂物。

（3）检查完毕后，开空机试运转，观察运行是否正常、各按钮有无失灵现象、有无异常声音和异味、外壳是否漏电，如发现问题应立即停机并请专业修理人员进行处理或向主管领导汇报。

（4）和面机不允许搅拌其他物品，以防面桶生锈和损坏油封。

（5）和面过程中严禁往桶内伸手或用刀取面，应停止转动后方可进行卸面，不得边转边卸。

（6）倒桶时不要使其过低，以防倒桶惯性把涡轮咬死。

（7）操作过程中如发现异常，应停机请专业维修人员进行处理，不得擅自拆机，以防发生事故。和面后应及时断开电源，清理和面机内外，清理过程中不得用水冲洗电器部分，以防触电和烧毁电器。

2. 绞肉（切片）机安全操作规程

（1）操作者应了解机器的性能，正确操作机器。

（2）绞肉机要由专人专管，操作人员应衣帽整齐，衣袖不得过长，操作中精神要集中，不能麻痹大意。

（3）在使用机器前，应先检查机器是否能正常工作。

（4）绞肉时严禁将手伸入绞肉口内，进肉时不得用手往里按，应使用配套的塑料棒或木棒往下按，不得使用金属工具按肉，以防绞笼碰到金属工具弹出伤人和损坏绞肉机。

（5）操作完毕后，在清理设备时应先断电，然后取出刀片，最后再进行清洁，严禁用水直接冲洗电器部分，以免发生触电事故或烧坏电动机。

（6）发现绞肉机电器出现故障时，应立即停机并请专业人员维修，严禁私自拆机。

3. 蒸饭车安全操作规程

（1）使用前，先检查蒸饭车内水量是否充足，但也不要加水过量，以免溢出。

（2）加水后放入需蒸的食物，关上门后再合闸通电。通电后，需确认设备正常工作后方可离开。

（3）温度指示控制仪要调整正确。

（4）蒸食物时，需要掌握时间，保持进水管常通，防止水烧干。

（5）待蒸箱冷却后，要把食物残渣清理干净。

（6）如发现漏电故障，应立即切断电源并请专业人员维修，不得私自拆机。

（7）使用完毕后，关闭所有的电源开关，待水温降至 30 ℃左右再放掉蒸饭车内的水。

（8）定期清洗水箱、去除水垢。

4. 电烤箱安全操作规程

（1）烤箱应指定专人负责使用、维修和清理，使用时应先启动烤箱检查运行是否正常，待确认正常后方可进行烘烤。

（2）烘烤食物时，应根据品种的质量要求，设定好面火和底火的温度。

（3）食物进入烤箱后，应掌握好烘烤时间。

（4）操作人员在开箱进盘和取出时，必须戴上石棉手套或使用干毛巾，以免烫伤。

（5）开箱取盘后，应及时将箱门关闭，以免造成不必要的箱温降低。

（6）清理烤箱内部时，应先断电，待烤箱内炉温降低后方可进行清洁，以免烫伤。

（7）在使用过程中若发现有异常情况，应及时断电停机，并请专业人员维修。

（8）工作完毕后及时关闭烤箱电源。

5. 消毒柜安全操作规程

（1）将清洗干净的餐具内的水倒净，稍晾干，按类别倒放或斜放在相应的消毒室层架上，注意器皿之间应留一定的间隙，以免影响消毒效果，有盖的餐具应将盖子打开。通常塑料餐具应放在臭氧室内消毒，陶瓷、金属玻璃制成的餐具应放在高温消毒室内消毒。摆放完成后关好柜门。

（2）操作

1）关好柜门，接通电源进行消毒，消毒过程中不可打开柜门。

2）按下消毒键，消毒字样点亮，相应的指示灯循环闪动表示层柜内开始高温消毒，待消毒字样及相应的指示灯熄灭，表示消毒完成。

3）按下臭氧键，臭氧工作指示灯点亮，表示臭氧消毒开始，整个周期完成后臭氧指示灯熄灭，臭氧消毒完成。

4）消毒完毕，切断电源，待 20 min 后再打开柜门，取出餐具。取出餐具时要注意餐具的温度，避免烫伤。

（3）维护保养

1）消毒柜不用时需打开柜门晾干后再关闭，保持内部干燥。若长期不用，应每隔一段时间加热一次，以防内部电气元件受潮损坏。

2）不应把消毒柜当成碗柜来存放餐具，否则会使消毒柜受潮损坏。

3）应经常清理柜内及表面，保持消毒柜卫生。清洁时宜用软布蘸中性洗涤剂或水擦拭，然后抹干。

4）消毒柜应置于通风干燥处，在厨房中要远离炉灶具，避开烹饪时产生的蒸汽。

5）清洁消毒柜前，应拔下电源插头。清洁时应用干净软布蘸温水或中性清洁剂擦拭柜体表面。严禁直接用水泼淋冲洗消毒柜，以免造成漏电事故。

6）使用臭氧发生器的消毒柜时，要注意臭氧发生器是否正常工作。如听不到高压放电的"嗞嗞"声或看不到放电的蓝光，则说明臭氧发生器可能有故障，应及时维修。

6. 电热开水器安全操作规程

（1）每次开启电热开水器时需确认冷水阀门是否开启，并将水注满水箱后再开启电源。

（2）将配电箱内电源闸向上合上，同时应观察加热提示灯及温度表是否正常，电热开水器内是否有异常声音，是否有漏水现象。若发现异常应立即停止使用，并请专业人员及时维修。

（3）正常加热时一般是绿灯亮，温度显示窗口显示实时水温，到所设定的温度时电热开水器自动停止加热，绿灯灭后即表示水箱内水已达到设定温度。

（4）应每隔3个月对水箱除垢，以保证饮用水的清洁卫生并提高电热开水器的工作效率，延长使用寿命。在清洗电热开水器前必须先切断电热开水器的进水管和电源。

（5）电热开水器周围1 m范围内禁止存放物品。

（6）如电热开水器发生故障，应立即停止使用并请专业人员进行检修，严禁私自拆机，以免发生安全事故。

二、手动工具的安全使用知识

1. 打蛋机安全操作规程

（1）使用前应先检查电源电压是否与所购机铭牌上标注的电压相符，机外接地线是否牢固。

（2）试机前应不装任何搅拌器具，以免损坏机件。

（3）换挡前必须先停机。

（4）工作时将搅拌桶提升，更换搅拌器具时，应先将撑拌桶下降。更换物料时，应先取出搅拌器具，再取出搅拌桶。

（5）使用后应及时清洗搅拌器具及料桶，并保持机器整体洁净。

（6）机器工作时，不准将手伸入桶内或触摸搅拌器具；不准用水喷洗搅拌机；不准用湿手接触开关和电源插头，机器有故障时，应立即停止使用并请专业人员维修，严禁私自拆机。

2. 电饼铛安全操作规程

（1）操作人员应穿戴工装，工作时精力集中，遵守操作规程。

（2）使用前，应首先检查供电线路，确认完好后先合电源保险开关再开机，待预热到适当温度后再放料加工。

（3）使用电饼铛时，人不能中途离开，如遇突发停电事故，应拉下总闸。

（4）应经常检查电饼铛的各种开关及温度表，如有失灵或损坏现象，应及时维修。

（5）工作结束时应先关闭电源，待设备冷却后再进行清理。

（6）清理时严禁用水冲洗。

3. 豆浆机安全操作规程

（1）使用前应先将豆浆机各部分可清洗的零件清洗干净并组装好（参考使用说明书要求）。

（2）磨浆前，应先将干净的黄豆提前泡好备用。

（3）通电开机运转正常后再添加豆和水。

（4）加豆和水的量一定要均匀，不能过多，以免损坏机器。

（5）使用完毕后，应停机、断电后再将磨盘、过滤网等零件拆下来冲洗干净，沥干水后，置于干燥处备用。

（6）如发现漏电等故障，应立即停机并切断电源，找专业人员修理，不得私自拆机。

职业模块 七
相关法律、法规知识

培训项目 ①

《中华人民共和国劳动法》相关知识

一、《中华人民共和国劳动法》

1. 概述

为了保护劳动者的合法权益，调整劳动关系，建立和维护适应社会主义市场经济的劳动制度，促进经济发展和社会进步，根据宪法，制定本法。

2. 主要内容

在中华人民共和国境内的企业、个体经济组织（以下统称用人单位）和与之形成劳动关系的劳动者，适用本法。国家机关、事业组织、社会团体和与之建立劳动合同关系的劳动者，依照本法执行。

劳动者享有平等就业和选择职业的权利、取得劳动报酬的权利、休息休假的权利、获得劳动安全卫生保护的权利、接受职业技能培训的权利、享受社会保险和福利的权利、提请劳动争议处理的权利以及法律规定的其他劳动权利。劳动者应当完成劳动任务，提高职业技能，执行劳动安全卫生规程，遵守劳动纪律和职业道德。

用人单位应当依法建立和完善规章制度，保障劳动者享有劳动权利和履行劳动义务。

国家采取各种措施，促进劳动就业，发展职业教育，制定劳动标准，调节社会收入，完善社会保险，协调劳动关系，逐步提高劳动者的生活水平。

国家提倡劳动者参加社会义务劳动，开展劳动竞赛和合理化建议活动，鼓励和保护劳动者进行科学研究、技术革新和发明创造，表彰和奖励劳动模范和先进工作者。

劳动者有权依法参加和组织工会。工会代表和维护劳动者的合法权益，依法独立自主地开展活动。

　　劳动者依照法律规定，通过职工大会、职工代表大会或者其他形式，参与民主管理或者就保护劳动者合法权益与用人单位进行平等协商。

　　国务院劳动行政部门主管全国劳动工作。县级以上地方人民政府劳动行政部门主管本行政区域内的劳动工作。

二、促进就业

1. 社会层面促进就业

　　国家通过促进经济和社会发展，创造就业条件，扩大就业机会。国家鼓励企业、事业组织、社会团体在法律、行政法规规定的范围内兴办产业或者拓展经营，增加就业。国家支持劳动者自愿组织起来就业和从事个体经营实现就业。地方各级人民政府应当采取措施，发展多种类型的职业介绍机构，提供就业服务。

2. 保障劳动者的各项权利

　　劳动者就业，不因民族、种族、性别、宗教信仰不同而受歧视。妇女享有与男子平等的就业权利。在录用职工时，除国家规定的不适合妇女的工种或者岗位外，不得以性别为由拒绝录用妇女或者提高对妇女的录用标准。残疾人、少数民族人员、退出现役的军人的就业，法律、法规有特别规定的，从其规定。禁止用人单位招用未满十六周岁的未成年人。文艺、体育和特种工艺单位招用未满十六周岁的未成年人，必须遵守国家有关规定，并保障其接受义务教育的权利。

三、劳动合同

1. 概述

　　劳动合同是劳动者与用人单位确立劳动关系、明确双方权利和义务的协议。建立劳动关系应当订立劳动合同。订立和变更劳动合同，应当遵循平等自愿、协商一致的原则，不得违反法律、行政法规的规定。劳动合同依法订立即具有法律约束力，当事人必须履行劳动合同规定的义务。

2. 无效劳动合同的分类及解释

　　（1）违反法律、行政法规的劳动合同。

　　（2）采取欺诈、威胁等手段订立的劳动合同。

　　无效的劳动合同，从订立的时候起，就没有法律约束力。确认劳动合同部分无效的，如果不影响其余部分的效力，其余部分仍然有效。劳动合同的无效，由劳动争议仲裁委员会或者人民法院确认。

3. 劳动合同必备条款

（1）劳动合同期限。

（2）工作内容。

（3）劳动保护和劳动条件。

（4）劳动报酬。

（5）劳动纪律。

（6）劳动合同终止的条件。

（7）违反劳动合同的责任。

劳动合同除上述必备条款外，当事人可以协商约定其他内容。

4. 劳动合同的期限

劳动合同的期限分为有固定期限、无固定期限和以完成一定的工作为期限。劳动者在同一用人单位连续工作满十年以上，当事人双方同意续延劳动合同的，如果劳动者提出订立无固定期限的劳动合同，应当订立无固定期限的劳动合同。劳动合同可以约定试用期。试用期最长不得超过六个月。劳动合同当事人可以在劳动合同中约定保守用人单位商业秘密的有关事项。劳动合同期满或者当事人约定的劳动合同终止条件出现，劳动合同即行终止。

经劳动合同当事人协商一致，劳动合同可以解除。

5. 用人单位可以解除劳动合同的情形

（1）在试用期间被证明不符合录用条件的。

（2）严重违反劳动纪律或者用人单位规章制度的。

（3）严重失职，营私舞弊，对用人单位利益造成重大损害的。

（4）被依法追究刑事责任的。

解除劳动合同时应当依照国家有关规定给予经济补偿。

6. 用人单位应提前三十日以书面形式通知劳动者本人解除劳动合同的情形

（1）劳动者患病或者非因工负伤，医疗期满后，不能从事原工作也不能从事由用人单位另行安排的工作的。

（2）劳动者不能胜任工作，经过培训或者调整工作岗位，仍不能胜任工作的。

（3）劳动合同订立时所依据的客观情况发生重大变化，致使原劳动合同无法履行，经当事人协商不能就变更劳动合同达成协议的。

解除劳动合同时应当依照国家有关规定给予经济补偿。

7. 裁员

用人单位濒临破产进行法定整顿期间或者生产经营状况发生严重困难，确需裁减人员的，应当提前三十日向工会或者全体职工说明情况，听取工会或者职工的意见，经向劳动行政部门报告后，可以裁减人员。用人单位依据本条规定裁减人员，在六个月内录用人员的，应当优先录用被裁减的人员。解除劳动合同时应当依照国家有关规定给予经济补偿。

8. 用人单位不得解除劳动合同的情形

（1）患职业病或者因工负伤并被确认丧失或者部分丧失劳动能力的。

（2）患病或者负伤，在规定的医疗期内的。

（3）女职工在孕期、产期、哺乳期内的。

（4）法律、行政法规规定的其他情形。

用人单位解除劳动合同，工会认为不适当的，有权提出意见。如果用人单位违反法律、法规或者劳动合同，工会有权要求重新处理；劳动者申请仲裁或者提起诉讼的，工会应当依法给予支持和帮助。

9. 劳动者解除劳动合同

劳动者解除劳动合同，应当提前三十日以书面形式通知用人单位。

有下列情形之一的，劳动者可以随时通知用人单位解除劳动合同：

（1）在试用期内的。

（2）用人单位以暴力、威胁或者非法限制人身自由的手段强迫劳动的。

（3）用人单位未按照劳动合同约定支付劳动报酬或者提供劳动条件的。

四、集体合同

企业职工一方与企业可以就劳动报酬、工作时间、休息休假、劳动安全卫生、保险福利等事项，签订集体合同。集体合同草案应当提交职工代表大会或者全体职工讨论通过。集体合同由工会代表职工与企业签订；没有建立工会的企业，由职工推举的代表与企业签订。

集体合同签订后应当报送劳动行政部门；劳动行政部门自收到集体合同文本之日起十五日内未提出异议的，集体合同即行生效。

依法签订的集体合同对企业和企业全体职工具有约束力。职工个人与企业订立的劳动合同中劳动条件和劳动报酬等标准不得低于集体合同的规定。

五、工作时间和休息休假

1. 工作时间

对实行计件工作的劳动者，用人单位应当根据劳动者每日工作时间不超过八小时、平均每周工作时间不超过四十四小时的工时制度的规定，合理确定其劳动定额和计件报酬标准。用人单位应当保证劳动者每周至少休息一日。企业因生产特点不能实行劳动者每日工作时间不超过八小时、平均每周工作时间不超过四十四小时的工时制度和每周至少休息一日规定的，经劳动行政部门批准，可以实行其他工作和休息办法。用人单位不得违反本法规定延长劳动者的工作时间。

2. 依法安排劳动者休假

用人单位在下列节日期间应当依法安排劳动者休假：元旦、春节、国际劳动节、国庆节以及法律、法规规定的其他休假节日。

3. 合法延长工作时间

用人单位由于生产经营需要，经与工会和劳动者协商后可以延长工作时间，一般每日不得超过一小时；因特殊原因需要延长工作时间的，在保障劳动者身体健康的条件下延长工作时间每日不得超过三小时，但是每月不得超过三十六小时。有下列情形之一的，延长工作时间不受这一规定的限制。

（1）发生自然灾害、事故或者因其他原因，威胁劳动者生命健康和财产安全，需要紧急处理的。

（2）生产设备、交通运输线路、公共设施发生故障，影响生产和公众利益，必须及时抢修的。

（3）法律、行政法规规定的其他情形。

六、工资

1. 工资分配

工资分配应当遵循按劳分配原则，实行同工同酬。工资水平在经济发展的基础上逐步提高。国家对工资总量实行宏观调控。用人单位根据本单位的生产经营特点和经济效益，依法自主确定本单位的工资分配方式和工资水平。国家实行最低工资保障制度。最低工资的具体标准由省、自治区、直辖市人民政府规定，报国务院备案。用人单位支付劳动者的工资不得低于当地最低工资标准。工资应当以货币形式按月支付给劳动者本人。不得克扣或者无故拖欠劳动者的工资。劳动者在法定休假日和婚丧假期间以及依法参加社会活动期间，用人单位应当依法支付工资。

2. 确定和调整最低工资标准应当综合参考下列因素

（1）劳动者本人及平均赡养人口的最低生活费用。

（2）社会平均工资水平。

（3）劳动生产率。

（4）就业状况。

（5）地区之间经济发展水平的差异。

七、劳动安全卫生

用人单位必须建立、健全劳动安全卫生制度，严格执行国家劳动安全卫生规程和标准，对劳动者进行劳动安全卫生教育，防止劳动过程中的事故，减少职业危害。劳动安全卫生设施必须符合国家规定的标准。新建、改建、扩建工程的劳动安全卫生设施必须与主体工程同时设计、同时施工、同时投入生产和使用。

用人单位必须为劳动者提供符合国家规定的劳动安全卫生条件和必要的劳动防护用品，对从事有职业危害作业的劳动者应当定期进行健康检查。从事特种作业的劳动者必须经过专门培训并取得特种作业资格。劳动者在劳动过程中必须严格遵守安全操作规程。劳动者对用人单位管理人员违章指挥、强令冒险作业，有权拒绝执行；对危害生命安全和身体健康的行为，有权提出批评、检举和控告。

国家建立伤亡事故和职业病统计报告和处理制度。县级以上各级人民政府劳动行政部门、有关部门和用人单位应当依法对劳动者在劳动过程中发生的伤亡事故和劳动者的职业病状况，进行统计、报告和处理。

八、职业培训

国家通过各种途径，采取各种措施，发展职业培训事业，开发劳动者的职业技能，提高劳动者素质，增强劳动者的就业能力和工作能力。各级人民政府应当把发展职业培训纳入社会经济发展的规划，鼓励和支持有条件的企业、事业组织、社会团体和个人进行各种形式的职业培训。用人单位应当建立职业培训制度，按照国家规定提取和使用职业培训经费，根据本单位实际情况，有计划地对劳动者进行职业培训。从事技术工种的劳动者，上岗前必须经过培训。

国家确定职业分类，对规定的职业制定职业技能标准，实行职业资格证书制度，由经备案的考核鉴定机构负责对劳动者实施职业技能考核鉴定。

九、社会保险和福利

1. 社会保险

国家发展社会保险事业，建立社会保险制度，设立社会保险基金，使劳动者在年老、患病、工伤、失业、生育等情况下获得帮助和补偿。社会保险水平应当与社会经济发展水平和社会承受能力相适应。社会保险基金按照保险类型确定资金来源，逐步实行社会统筹。用人单位和劳动者必须依法参加社会保险，缴纳社会保险费。国家鼓励用人单位根据本单位实际情况为劳动者建立补充保险。国家提倡劳动者个人进行储蓄性保险。

2. 劳动者依法享受社会保险的情况

（1）退休。

（2）患病、负伤。

（3）因工伤残或者患职业病。

（4）失业。

（5）生育。

劳动者死亡后，其遗属依法享受遗属津贴。劳动者享受社会保险待遇的条件和标准由法律、法规规定。劳动者享受的社会保险金必须按时足额支付。

3. 社会保险相关机构

社会保险基金经办机构依照法律规定收支、管理和运营社会保险基金，并负有使社会保险基金保值增值的责任。社会保险基金监督机构依照法律规定，对社会保险基金的收支、管理和运营实施监督。社会保险基金经办机构和社会保险基金监督机构的设立和职能由法律规定。任何组织和个人不得挪用社会保险基金。

4. 福利

国家发展社会福利事业，兴建公共福利设施，为劳动者休息、休养和疗养提供条件。用人单位应当创造条件，改善集体福利，提高劳动者的福利待遇。

十、劳动争议

用人单位与劳动者发生劳动争议，当事人可以依法申请调解、仲裁、提起诉讼，也可以协商解决。调解原则适用于仲裁和诉讼程序。解决劳动争议，应当根据合法、公正、及时处理的原则，依法维护劳动争议当事人的合法权益。

十一、监督检查

县级以上各级人民政府劳动行政部门依法对用人单位遵守劳动法律、法规的情况进行监督检查，对违反劳动法律、法规的行为有权制止，并责令改正。

县级以上各级人民政府劳动行政部门监督检查人员执行公务，有权进入用人单位了解执行劳动法律、法规的情况，查阅必要的资料，并对劳动场所进行检查。县级以上各级人民政府劳动行政部门监督检查人员执行公务，必须出示证件，秉公执法并遵守有关规定。

县级以上各级人民政府有关部门在各自职责范围内，对用人单位遵守劳动法律、法规的情况进行监督。各级工会依法维护劳动者的合法权益，对用人单位遵守劳动法律、法规的情况进行监督。任何组织和个人对于违反劳动法律、法规的行为有权检举和控告。

十二、法律责任

用人单位制定的劳动规章制度违反法律、法规规定的，由劳动行政部门给予警告，责令改正；对劳动者造成损害的，应当承担赔偿责任。

用人单位违反本法规定，延长劳动者工作时间的，由劳动行政部门给予警告，责令改正，并可以处以罚款。

用人单位有下列侵害劳动者合法权益情形之一的，由劳动行政部门责令支付劳动者的工资报酬、经济补偿，并可以责令支付赔偿金：

1. 克扣或者无故拖欠劳动者工资的。
2. 拒不支付劳动者延长工作时间工资报酬的。
3. 低于当地最低工资标准支付劳动者工资的。
4. 解除劳动合同后，未依照本法规定给予劳动者经济补偿的。

用人单位的劳动安全设施和劳动卫生条件不符合国家规定或者未向劳动者提供必要的劳动防护用品和劳动保护设施的，由劳动行政部门或者有关部门责令改正，可以处以罚款；情节严重的，提请县级以上人民政府责令停产整顿；对事故隐患不采取措施，致使发生重大事故，造成劳动者生命和财产损失的，对责任人员依照刑法有关规定追究刑事责任。

用人单位强令劳动者违章冒险作业，发生重大伤亡事故，造成严重后果的，对责任人员依法追究刑事责任。用人单位非法招用未满十六周岁的未成年人的，由劳动行政部门责令改正，处以罚款；情节严重的，由市场监督管理部门吊销营业执照。用人单位违反本法对女职工和未成年工的保护规定，侵害其合法权益的，由劳动行政部门责令改正，处以罚款；对女职工或者未成年工造成损害的，应当承担赔偿责任。

用人单位有下列行为之一的，由公安机关对责任人员处以十五日以下拘留、罚款或者警告；构成犯罪的，对责任人员依法追究刑事责任：

1. 以暴力、威胁或者非法限制人身自由的手段强迫劳动的。
2. 侮辱、体罚、殴打、非法搜查和拘禁劳动者的。

培训项目 **2**

《中华人民共和国食品安全法》相关知识

一、《中华人民共和国食品安全法》概述

为了保证食品安全，保障公众身体健康和生命安全，制定《中华人民共和国食品安全法》。

1. 主要内容

《中华人民共和国食品安全法》共有 10 章，154 条。主要内容包括食品安全风险监测和评估，食品安全标准，食品生产经营，食品检验，食品进出口，食品安全事故处置，监督管理和法律责任等。

2. 使用范围

食品生产和加工，食品销售和餐饮服务，食品添加剂的生产经营，用于食品的包装材料、容器、洗涤剂、消毒剂和用于食品生产经营的工具、设备（以下称食品相关产品）的生产经营，食品生产经营者使用食品添加剂、食品相关产品，食品的储存和运输，对食品、食品添加剂、食品相关产品的安全管理，应当遵守本法。食用农产品的市场销售、有关质量安全标准的制定、有关安全信息的公布和本法对农业投入品作出规定的，应当遵守本法的规定。

二、食品安全标准

1. 概述

制定食品安全标准，应当以保障公众身体健康为宗旨，做到科学合理、安全可靠，食品安全标准是强制执行的标准。除食品安全标准外，不得制定其他食品强制性标准。

2. 主要内容

（1）食品、食品添加剂、食品相关产品中的致病性微生物，农药残留、兽药残留、生物毒素、重金属等污染物质以及其他危害人体健康物质的限量规定。

（2）食品添加剂的品种、使用范围、用量。

（3）专供婴幼儿和其他特定人群的主辅食品的营养成分要求。

（4）对与卫生、营养等食品安全要求有关的标签、标志、说明书的要求。

（5）食品生产经营过程的卫生要求。

（6）与食品安全有关的质量要求。

（7）与食品安全有关的食品检验方法与规程。

（8）其他需要制定为食品安全标准的内容。

3. 各部门的工作

（1）食品安全国家标准由国务院卫生行政部门会同国务院食品药品监督管理部门制定、公布，国务院标准化行政部门提供国家标准编号。

（2）食品中农药残留、兽药残留的限量规定及其检验方法与规程由国务院卫生行政部门、国务院农业行政部门会同国务院食品药品监督管理部门制定。

（3）屠宰畜、禽的检验规程由国务院农业行政部门会同国务院卫生行政部门制定。

（4）食品安全国家标准应当经国务院卫生行政部门组织的食品安全国家标准审评委员会审查通过。食品安全国家标准审评委员会由医学、农业、食品、营养、生物、环境等方面的专家以及国务院有关部门、食品行业协会、消费者协会的代表组成，对食品安全国家标准草案的科学性和实用性等进行审查。

（5）对地方特色食品，没有食品安全国家标准的，省、自治区、直辖市人民政府卫生行政部门可以制定并公布食品安全地方标准，报国务院卫生行政部门备案。食品安全国家标准制定后，该地方标准即行废止。

三、食品生产经营

1. 要求

（1）具有与生产经营的食品品种、数量相适应的食品原料处理和食品加工、包装、储存等场所，保持该场所环境整洁，并与有毒、有害场所以及其他污染源保持规定的距离。

（2）具有与生产经营的食品品种、数量相适应的生产经营设备或者设施，有相应的消毒、更衣、盥洗、采光、照明、通风、防腐、防尘、防蝇、防鼠、防虫、洗涤以及处理废水、存放垃圾和废弃物的设备或者设施。

（3）有专职或者兼职的食品安全专业技术人员、食品安全管理人员和保证食品安全的规章制度。

（4）具有合理的设备布局和工艺流程，防止待加工食品与直接入口食品、原料与成品交叉污染，避免食品接触有毒物、不洁物。

（5）餐具、饮具和盛放直接入口食品的容器，使用前应当洗净、消毒，炊具、用具用后应当洗净，保持清洁。

（6）储存、运输和装卸食品的容器、工具和设备应当安全、无害，保持清洁，防止食品污染，并符合保证食品安全所需的温度、湿度等特殊要求，不得将食品与有毒、有害物品一同储存、运输。

（7）直接入口的食品应当使用无毒、清洁的包装材料、餐具、饮具和容器。

2. 禁止生产经营产品

（1）用非食品原料生产的食品或者添加食品添加剂以外的化学物质和其他可能危害人体健康物质的食品，或者用回收食品作为原料生产的食品。

（2）致病性微生物，农药残留、兽药残留、生物毒素、重金属等污染物质以及其他危害人体健康的物质含量超过食品安全标准限量的食品、食品添加剂、食品相关产品。

（3）用超过保质期的食品原料、食品添加剂生产的食品、食品添加剂。

（4）超范围、超限量使用食品添加剂的食品。

（5）营养成分不符合食品安全标准的专供婴幼儿和其他特定人群的主辅食品。

（6）腐败变质、油脂酸败、霉变生虫、污秽不洁、混有异物、掺假掺杂或者感官性状异常的食品、食品添加剂。

（7）病死、毒死或者死因不明的禽、畜、兽、水产动物肉类及其制品。

（8）未按规定进行检疫或者检疫不合格的肉类，或者未经检验或者检验不合格的肉类制品。

（9）被包装材料、容器、运输工具等污染的食品、食品添加剂。

（10）标注虚假生产日期、保质期或者超过保质期的食品、食品添加剂。

（11）无标签的预包装食品、食品添加剂。

（12）国家为防病等特殊需要明令禁止生产经营的食品。

（13）其他不符合法律、法规或者食品安全标准的食品、食品添加剂、食品相关产品。

3. 特殊食品

（1）国家对保健食品、特殊医学用途配方食品和婴幼儿配方食品等特殊食品实行严格监督管理。

（2）保健食品声称具有保健功能，应当具有科学依据，不得对人体产生急性、亚急性或者慢性危害。

（3）保健食品原料目录和允许保健食品声称的保健功能目录，由国务院食品药品监督管理部门会同国务院卫生行政部门、国家中医药管理部门制定、调整并公布。

（4）保健食品原料目录应当包括原料名称、用量及其对应的功效；列入保健食品原料目录的原料只能用于保健食品生产，不得用于其他食品生产。

（5）使用保健食品原料目录以外原料的保健食品和首次进口的保健食品应当经国务院食品药品监督管理部门注册。但是，首次进口的保健食品中属于补充维生素、矿物质等营养物质的，应当报国务院食品药品监督管理部门备案。其他保健食品应当报省、自治区、直辖市人民政府食品安全监督管理部门备案。进口的保健食品应当是出口国（地区）主管部门准许上市销售的产品。

（6）依法应当注册的保健食品，注册时应当提交保健食品的研发报告、产品配方、生产工艺、安全性和保健功能评价、标签、说明书等材料及样品，并提供相关证明文件。国务院食品安全监督管理部门经组织技术审评，对符合安全和功能声称要求的，准予注册；对不符合要求的，不予注册并书面说明理由。对使用保健食品原料目录以外原料的保健食品作出准予注册决定的，应当及时将该原料纳入保健食品原料目录。依法应当备案的保健食品，备案时应当提交产品配方、生产工艺、标签、说明书以及表明产品安全性和保健功能的材料。

四、食品进出口

1. 进口食品要求

进口的食品、食品添加剂、食品相关产品应当符合我国食品安全国家标准。进口的食品、食品添加剂应当经出入境检验检疫机构依照进出口商品检验相关法律、行政法规的规定检验合格。进口的食品、食品添加剂应当按照国家出入境检验检疫部门的要求随附合格证明材料。

进口商应当建立境外出口商、境外生产企业审核制度，重点审核前款规定的内容；审核不合格的，不得进口。

境外发生的食品安全事件可能对我国境内造成影响，或者在进口食品、食品添加剂、食品相关产品中发现严重食品安全问题的，国家出入境检验检疫部门应当及时采取风险预警或者控制措施，并向国务院食品安全监督管理、卫生行政、农业行政部门通报。接到通报的部门应当及时采取相应措施。

县级以上人民政府食品药品监督管理部门对国内市场上销售的进口食品、食品添加剂实施监督管理。发现存在严重食品安全问题的，国务院食品药品监督管理部门应当及时向国家出入境检验检疫部门通报。国家出入境检验检疫部门应当及时采取相应措施。

2. 出口食品要求

出口食品生产企业应当保证其出口食品符合进口国（地区）的标准或者合同要求。出口食品生产企业和出口食品原料种植、养殖场应当向国家出入境检验检疫部门备案。

3. 标签要求

进口的预包装食品、食品添加剂应当有中文标签；依法应当有说明书的，还应当有中文说明书。标签、说明书应当符合本法及我国其他有关法律（行政法的规定和食品安全国家标准的要求），并载明食品的原产地以及境内代理商的名称、地址、联系方式。预包装食品没有中文标签、中文说明书或者标签、说明书不符合本条规定的，不得进口。

五、食品安全事故处置

调查食品安全事故，应当坚持实事求是、尊重科学的原则，及时、准确查清事故性质和原因，认定事故责任，提出整改措施。调查食品安全事故，除了查明事故单位的责任，还应当查明有关监督管理部门、食品检验机构、认证机构及其工作人员的责任。

六、法律责任

1. 违反本法规定，未取得食品生产经营许可而从事食品生产经营活动，或者未取得食品添加剂生产许可而从事食品添加剂生产活动的，由县级以上人民政府食品药品监督管理部门没收违法所得和违法生产经营的食品、食品添加剂以及用于违法生产经营的工具、设备、原料等物品；违法生产经营的食品、食品添加剂货值金额不足一万元的，并处五万元以上十万元以下罚款；货值金额一万元以上的，并处货值金额十倍以上二十倍以下罚款。明知从事前款规定的违法行为，仍为其提供生产经营场所或者其他条件的，由县级以上人民政府食品药品监督管理部门责令停止违法行为，没收违法所得，并处五万元以上十万元以下罚款；使消费者的合法权益受到损害的，应当与食品、食品添加剂生产经营者承担连带责任。

2. 违反本法规定，有下列情形之一，尚不构成犯罪的，由县级以上人民政府食品药品监督管理部门没收违法所得和违法生产经营的食品，并可以没收用于违法生产经营的工具、设备、原料等物品；违法生产经营的食品货值金额不足一万元的，并处十万元以上十五万元以下罚款；货值金额一万元以上的，并处货值金额十五倍以上三十倍以下罚款；情节严重的，吊销许可证，并可以由公安机关对其直接负责的主管人员和其他直接责任人员处五日以上十五日以下拘留。

（1）用非食品原料生产食品、在食品中添加食品添加剂以外的化学物质和其他可能危害人体健康的物质，或者用回收食品作为原料生产食品，或者经营上述食品。

（2）生产经营营养成分不符合食品安全标准的专供婴幼儿和其他特定人群的主辅食品。

（3）经营病死、毒死或者死因不明的禽、畜、兽、水产动物肉类，或者生产经营其制品。

（4）经营未按规定进行检疫或者检疫不合格的肉类，或者生产经营未经检验或者检验不合格的肉类制品。

（5）生产经营国家为防病等特殊需要明令禁止生产经营的食品。

（6）生产经营添加药品的食品。

明知从事前款规定的违法行为，仍为其提供生产经营场所或者其他条件的，由县级以上人民政府食品药品监督管理部门责令停止违法行为，没收违法所得，并处十万元以上二十万元以下罚款；使消费者的合法权益受到损害的，应当与食品生产经营者承担连带责任。

3. 违反本法规定，有下列情形之一，尚不构成犯罪的，由县级以上人民政府食品药品监督管理部门没收违法所得和违法生产经营的食品、食品添加剂，并可以没收用于违法生产经营的工具、设备、原料等物品；违法生产经营的食品、食品添加剂货值金额不足一万元的，并处五万元以上十万元以下罚款；货值金额一万元以上的，并处货值金额十倍以上二十倍以下罚款；情节严重的，吊销许可证。

（1）生产经营致病性微生物，农药残留、兽药残留、生物毒素、重金属等污染物质以及其他危害人体健康的物质含量超过食品安全标准限量的食品、食品添加剂。

（2）用超过保质期的食品原料、食品添加剂生产食品、食品添加剂，或者经营上述食品、食品添加剂。

（3）生产经营超范围、超限量使用食品添加剂的食品。

（4）生产经营腐败变质、油脂酸败、霉变生虫、污秽不洁、混有异物、掺假掺杂或者感官性状异常的食品、食品添加剂。

（5）生产经营标注虚假生产日期、保质期或者超过保质期的食品、食品添加剂。

（6）生产经营未按规定注册的保健食品、特殊医学用途配方食品、婴幼儿配方乳粉，或者未按注册的产品配方、生产工艺等技术要求组织生产。

（7）以分装方式生产婴幼儿配方乳粉，或者同一企业以同一配方生产不同品牌的婴幼儿配方乳粉。

（8）利用新的食品原料生产食品，或者生产食品添加剂新品种，未通过安全性评估。

（9）食品生产经营者在食品药品监督管理部门责令其召回或者停止经营后，仍拒不召回或者停止经营。

4. 违反本法规定，有下列情形之一的，由县级以上人民政府食品药品监督管理部门没收违法所得和违法生产经营的食品、食品添加剂，并可以没收用于违法生产经营的工具、设备、原料等物品；违法生产经营的食品、食品添加剂货值金额不足一万元的，并处五千元以上五万元以下罚款；货值金额一万元以上的，并处货值金额五倍以上十倍以下罚款；情节严重的，责令停产停业，直至吊销许可证。

（1）生产经营被包装材料、容器、运输工具等污染的食品、食品添加剂。

（2）生产经营无标签的预包装食品、食品添加剂或者标签、说明书不符合本法规定的食品、食品添加剂。

（3）生产经营转基因食品未按规定进行标示。

（4）食品生产经营者采购或者使用不符合食品安全标准的食品原料、食品添加剂、食品相关产品。

5. 违反本法规定，有下列情形之一的，由县级以上人民政府食品药品监督管理部门责令改正，给予警告；拒不改正的，处五千元以上五万元以下罚款；情节严重的，责令停产停业，直至吊销许可证。

（1）食品、食品添加剂生产者未按规定对采购的食品原料和生产的食品、食品添加剂进行检验。

（2）食品生产经营企业未按规定建立食品安全管理制度，或者未按规定配备或者培训、考核食品安全管理人员。

（3）食品、食品添加剂生产经营者进货时未查验许可证和相关证明文件，或者未按规定建立并遵守进货查验记录、出厂检验记录和销售记录制度。

（4）食品生产经营企业未制定食品安全事故处置方案。

（5）餐具、饮具和盛放直接入口食品的容器，使用前未经洗净、消毒或者清洗消毒不合格，或者餐饮服务设施、设备未按规定定期维护、清洗、校验。

（6）食品生产经营者安排未取得健康证明或者患有国务院卫生行政部门规定的有碍食品安全疾病的人员从事接触直接入口食品的工作。

（7）食品经营者未按规定要求销售食品。

（8）保健食品生产企业未按规定向食品药品监督管理部门备案，或者未按备案的产品配方、生产工艺等技术要求组织生产。

（9）婴幼儿配方食品生产企业未将食品原料、食品添加剂、产品配方、标签等向食品药品监督管理部门备案。

（10）特殊食品生产企业未按规定建立生产质量管理体系并有效运行，或者未定期提交自查报告。

（11）食品生产经营者未定期对食品安全状况进行检查评价，或者生产经营条件发生变化，未按规定处理。

（12）学校、托幼机构、养老机构、建筑工地等集中用餐单位未按规定履行食品安全管理责任。

（13）食品生产企业、餐饮服务提供者未按规定制定、实施生产经营过程控制要求。

6. 对食品生产加工小作坊、食品摊贩等的违法行为的处罚，依照省、自治区、直辖市制定的具体管理办法执行。

7. 违反本法规定，事故单位在发生食品安全事故后未进行处置、报告的，由有关主管部门按照各自职责分工责令改正，给予警告；隐匿、伪造、毁灭有关证据的，责令停产停业，没收违法所得，并处十万元以上五十万元以下罚款；造成严重后果的，吊销许可证。

培训项目 3

《食品生产许可管理办法》相关知识

一、《食品生产许可管理办法》概述

为规范食品、食品添加剂生产许可活动，加强食品生产监督管理，保障食品安全，根据《中华人民共和国食品安全法》《中华人民共和国行政许可法》等法律法规，制定本办法。

1. 主要内容

《食品生产许可管理办法》共有 8 章，61 条。主要内容包括申请与受理，审查与决定，许可证管理，变更、延续与注销，监督检查，法律责任等。食品生产许可应当遵循依法、公开、公平、公正、便民、高效的原则。

食品生产许可实行一企一证原则。市场监督管理部门按照食品的风险程度，结合食品原料、生产工艺等因素，对食品生产实施分类许可。国家市场监督管理总局负责监督指导全国食品生产许可管理工作。县级以上地方市场监督管理部门负责本行政区域内的食品生产许可管理工作。省、自治区、直辖市市场监督管理部门可以根据食品类别和食品安全风险状况，确定市、县级市场监督管理部门的食品生产许可管理权限并负责保健食品、特殊医学用途配方食品、婴幼儿配方食品、婴幼儿辅助食品、食盐等食品的生产许可。国家市场监督管理总局负责制定食品生产许可审查通则和细则。

省、自治区、直辖市食品药品监督管理部门可以根据本行政区域食品生产许可审查工作的需要，对地方特色食品等食品制定食品生产许可审查细则，在本行政区域内实施，并向国家市场监督管理总局报告。国家市场监督管理总局制定公布相关食品生产许可审查细则后，地方特色食品生产许可审查细则自行废止。县级以上地方市场监督管理部门实施食品生产许可审查，应当遵守食品生产许可审查通则和细则。

2. 适用范围

在中华人民共和国境内，从事食品生产活动，应当依法取得食品生产许可。食品生产许可的申请、受理、审查、决定及其监督检查，适用本办法。

二、申请

1. 申请人

申请食品生产许可，应当先行取得营业执照等合法主体资格。企业法人、合伙企业、个人独资企业、个体工商户、农民专业合作组织等，以营业执照载明的主体作为申请人。

2. 申请类别

申请食品生产许可，应当按照以下食品类别提出：粮食加工品，食用油、油脂及其制品，调味品，肉制品，乳制品，饮料，方便食品，饼干，罐头，冷冻饮品，速冻食品，薯类和膨化食品，糖果制品，茶叶及相关制品，酒类，蔬菜制品，水果制品，炒货食品及坚果制品，蛋制品，可可及焙烤咖啡产品，食糖，水产制品，淀粉及淀粉制品，糕点，豆制品，蜂产品，保健食品，特殊医学用途配方食品，婴幼儿配方食品，特殊膳食食品，其他食品等。国家市场监督管理总局可以根据监督管理工作需要对食品类别进行调整。

3. 申请条件

申请食品生产许可，应当符合下列条件：

（1）具有与生产的食品品种、数量相适应的食品原料处理和食品加工、包装、储存等场所，保持该场所环境整洁，并与有毒、有害场所以及其他污染源保持规定的距离。

（2）具有与生产的食品品种、数量相适应的生产设备或者设施，有相应的消毒、更衣、盥洗、采光、照明、通风、防腐、防尘、防蝇、防鼠、防虫、洗涤以及处理废水、存放垃圾和废弃物的设备或者设施；保健食品生产工艺有原料提取、纯化等前处理工序的，需要具备与生产的品种、数量相适应的原料前处理设备或者设施。

（3）有专职或者兼职的食品安全专业技术人员、食品安全管理人员和保证食品安全的规章制度。

（4）具有合理的设备布局和工艺流程，防止待加工食品与直接入口食品、原料与成品交叉污染，避免食品接触有毒物、不洁物。

（5）法律、法规规定的其他条件。

4. 申请步骤

（1）申请食品生产许可，应当向申请人所在地县级以上地方市场监督管理部门提交下列材料：食品生产许可申请书；食品生产设备布局图和食品生产工艺流程图；食品生产主要设备、设施清单；专职或者兼职的食品安全专业技术人员、食品安全管理人员信息和食品安全管理制度。

（2）申请保健食品、特殊医学用途配方食品、婴幼儿配方食品等特殊食品的生产许可，还应当提交与所生产食品相适应的生产质量管理体系文件以及相关注册和备案文件。

（3）从事食品添加剂生产活动，应当依法取得食品添加剂生产许可。申请食品添加剂生产许可，应当具备与所生产食品添加剂品种相适应的场所、生产设备或者设施、食品安全管理人员、专业技术人员和管理制度。

（4）申请食品添加剂生产许可，应当向申请人所在地县级以上地方市场监督管理部门提交下列材料：食品添加剂生产许可申请书；食品添加剂生产设备布局图和生产工艺流程图；食品添加剂生产主要设备、设施清单；专职或者兼职的食品安全专业技术人员、食品安全管理人员信息和食品安全管理制度。申请人应当如实向市场监督管理部门提交有关材料和反映真实情况，对申请材料的真实性负责，并在申请书等材料上签名或者盖章。

三、许可证

1. 许可证办理

除可以当场作出行政许可决定的外，县级以上地方市场监督管理部门应当自受申请之日起 10 个工作日内作出是否准予行政许可的决定。因特殊原因需要延长期限的，经本行政机关负责人批准，可以延长 5 个工作日，并应当将延长期限的理由告知申请人。

县级以上地方市场监督管理部门应当根据申请材料审查和现场核查等情况，对符合条件的，作出准予生产许可的决定，并自作出决定之日起 5 个工作日内向申请人颁发食品生产许可证；对不符合条件的，应当及时作出不予许可的书面决定并说明理由，同时告知申请人依法享有申请行政复议或者提起行政诉讼的权利。食品添加剂生产许可申请符合条件的，由申请人所在地县级以上地方市场监督管理部门依法颁发食品生产许可证，并标注食品添加剂。

食品生产许可证发证日期为许可决定作出的日期，有效期为5年。县级以上地方市场监督管理部门认为食品生产许可申请涉及公共利益的重大事项，需要听证的，应当向社会公告并举行听证。食品生产许可直接涉及申请人与他人之间重大利益关系的，县级以上地方市场监督管理部门在作出行政许可决定前，应当告知申请人、利害关系人享有要求听证的权利。申请人、利害关系人在被告知听证权利之日起5个工作日内提出听证申请的，市场监督管理部门应当在20个工作日内组织听证。听证期限不计算在行政许可审查期限之内。

2. 许可证管理

食品生产许可证分为正本、副本。正本、副本具有同等法律效力。国家市场监督管理总局负责制定食品生产许可证式样。省、自治区、直辖市市场监督管理部门负责本行政区域食品生产许可证的印制、发放等管理工作。

3. 许可证变更、延续与注销

（1）变更

食品生产许可证有效期内，食品生产者名称、现有设备布局和工艺流程、主要生产设备设施、食品类别等事项发生变化，需要变更食品生产许可证载明的许可事项的，食品生产者应当在变化后10个工作日内向原发证的市场监督管理部门提出变更申请。食品生产者的生产场所迁址的，应当重新申请食品生产许可。食品生产许可证副本载明的同一食品类别内的事项发生变化的，食品生产者应当在变化后10个工作日内向原发证的市场监督管理部门报告。申请变更食品生产许可的，应当提交下列申请材料：食品生产许可变更申请书；与变更食品生产许可事项有关的其他材料。食品生产者需要延续依法取得的食品生产许可的有效期的，应当在该食品生产许可有效期届满30个工作日前，向原发证的市场监督管理部门提出申请。

（2）延续

食品生产者申请延续食品生产许可，应当提交下列材料：食品生产许可延续申请书；与延续食品生产许可事项有关的其他材料。保健食品、特殊医学用途配方食品、婴幼儿配方食品的生产企业申请延续食品生产许可的，还应当提供生产质量管理体系运行情况的自查报告。县级以上地方市场监督管理部门应当根据被许可人的延续申请，在该食品生产许可有效期届满前作出是否准予延续的决定。县级以上地方市场监督管理部门应当对变更或者延续食品生产许可的申请材料进行审查，并按规定实施现场核查。申请人声明生产条件未发生变化的，县级以上地方市场监督管理部门可以不再进行现场核查。申请人的生产条件及周边环境发生变化，可能影响食品安全的，市场监督管理部门应当就变化情况进行现场核查。保健食品、特殊医学用途配方食品、婴幼儿配方食品注册或者备案的生产工艺发生变化的，应当先办理注册或者备案变更手续。市场药品监督管理部门决定准予变更的，应当向申请人颁发新的食品生产许可证。食品生产许可证编号不变，发证日期为市场监督管理部门作出变更许可决定的日期，有效期与原证书一致。但是，对因迁址等原因而进行全面现场核查的，其换发的食品生产许可证有效期自发证之日起计算。因食品安全国家标准发生重大变化，国家和省级市场监督管理部门决定组织重新核查而换发的食品生产许可证，其发证日期以重新批准日期为准，有效期自重新发证之日起计算。市场监督管理部门决定准予延续的，应当向申请人颁发新的食品生产许可证，许可证编号不变，有效期自市场监督管理部门作出延续许可决定之日起计算。不符合许可条件的，市场监督管理部门应当作出不予延续食品生产许可的书面决定，并说明理由。

（3）注销

食品生产者终止食品生产，食品生产许可被撤回、撤销，应当在20个工作日内向原发证的市场监督管理部门申请办理注销手续。食品生产者申请注销食品生产许可的，应当向原发证的市场监督管理部门提交食品生产许可注销申请书。有下列情形之一，食品生产者未按规定申请办理注销手续的，原发证的市场监督管理部门应当依法办理食品生产许可注销手续，并在网站进行公示：食品生产许可有效期届满未申请延续的；食品生产者主体资格依法终止的；食品生产许可依法被撤回、撤销或者食品生产许可证依法被吊销的；因不可抗力导致食品生产许可事项无法实施的；法律法规规定的应当注销食品生产许可的其他情形。食品生产许可被注销的，许可证编号不得再次使用。

四、监督检查

县级以上地方市场监督管理部门应当依据法律法规规定的职责，对食品生产者的许可事项进行监督检查。县级以上地方市场监督管理部门应当建立食品许可管理信息平台，便于公民、法人和其他社会组织查询。

县级以上地方市场监督管理部门应当将食品生产许可颁发、许可事项检查、日常监督检查、许可违法行为查处等情况记入食品生产者食品安全信用档案，并通过国家企业信用信息公示系统向社会公布；对有不良信用记录的食品生产者应当增加监督检查频次。

县级以上地方市场监督管理部门及其工作人员履行食品生产许可管理职责，应当自觉接受食品生产者和社会监督。接到有关工作人员在食品生产许可管理过程中存在违法行为的举报，市场监督管理部门应当及时进行调查核实。情况属实的，应当立即纠正。

县级以上地方市场监督管理部门应当建立食品生产许可档案管理制度，将办理食品生产许可的有关材料、发证情况及时归档。国家市场监督管理总局可以定期或者不定期组织对全国食品生产许可工作进行监督检查；省、自治区、直辖市市场监督管理部门可以定期或者不定期组织对本行政区域内的食品生产许可工作进行监督检查。

五、法律责任

未取得食品生产许可从事食品生产活动的，由县级以上地方市场监督管理部门依照《中华人民共和国食品安全法》第一百二十二条的规定给予处罚。食品生产者生产的食品不属于食品生产许可证上载明的食品类别的，视为未取得食品生产许可从事食品生产活动。许可申请人隐瞒真实情况或者提供虚假材料申请食品生产许可的，由县级以上地方市场监督管理部门给予警告。申请人在1年内不得再次申请食品生产许可。

被许可人以欺骗、贿赂等不正当手段取得食品生产许可的，由原发证的市场监督管理部门撤销许可，并处1万元以上3万元以下罚款。被许可人在3年内不得再次申请食品生产许可。

食品生产者伪造、涂改、倒卖、出租、出借、转让食品生产许可证的，由县级以上地方市场监督管理部门责令改正，给予警告，并处1万元以下罚款；情节严重的，处1万元以上3万元以下罚款。

食品生产者未按规定在生产场所的显著位置悬挂或者摆放食品生产许可证的，由县级以上地方市场监督管理部门责令改正；拒不改正的，给予警告。

食品生产许可证有效期内，食品生产者名称、现有设备布局和工艺流程、主要生产设备设施等事项发生变化，需要变更食品生产许可证载明的许可事项，未按规定申请变更的，由原发证的市场监督管理部门责令改正，给予警告；拒不改正的，处1万元以上3万元以下罚款。

食品生产许可证副本载明的同一食品类别内的事项发生变化，食品生产者未按规定报告的，食品生产者终止食品生产，食品生产许可被撤回、撤销或者食品生产许可证被吊销，未按规定申请办理注销手续的，由原发证的市场监督管理部门责令改正；拒不改正的，给予警告，并处 5 000 元以下罚款。被吊销生产许可证的食品生产者及其法定代表人、直接负责的主管人员和其他直接责任人员自处罚决定作出之日起 5 年内不得申请食品生产经营许可，或者从事食品生产经营管理工作、担任食品生产经营企业食品安全管理人员。市场监督管理部门对不符合条件的申请人准予许可，或者超越法定职权准予许可的，依照《中华人民共和国食品安全法》第一百四十四条的规定给予处分。

六、注意事项

取得食品经营许可的餐饮服务提供者在其餐饮服务场所制作加工食品，不需要取得本办法规定的食品生产许可。食品添加剂的生产许可管理原则、程序、监督检查和法律责任，适用本办法有关食品生产许可的规定。对食品生产加工小作坊的监督管理，按照省、自治区、直辖市制定的具体管理办法执行。各省、自治区、直辖市市场监督管理部门可以根据本行政区域实际情况，制定有关食品生产许可管理的具体实施办法。市场监督管理部门制作的食品生产许可电子证书与印制的食品生产许可证书具有同等法律效力。

培训项目 4

《中华人民共和国环境保护法》相关知识

一、《中华人民共和国环境保护法》概述

为保护和改善环境，防治污染和其他公害，保障公众健康，推进生态文明建设，促进经济社会可持续发展，特制定《中华人民共和国环境保护法》。本法于1989年12月26日第七届全国人民代表大会常务委员会第十一次会议通过，2014年4月24日第十二届全国人民代表大会常务委员会完成第八次会议修订，自2015年1月1日起施行。

1. 主要内容

保护环境是国家的基本国策。国家采取有利于节约和循环利用资源、保护和改善环境、促进人与自然和谐的经济、技术政策和措施，使经济社会发展与环境保护相协调。

本法所称环境，是指影响人类生存和发展的各种天然的和经过人工改造的自然因素的总体，包括大气、水、海洋、土地、矿藏、森林、草原、湿地、野生生物、自然遗迹、人文遗迹、自然保护区、风景名胜区、城市和乡村等。

2. 适用范围

本法适用于中华人民共和国领域和中华人民共和国管辖的其他海域。

3. 原则与义务

环境保护坚持保护优先、预防为主、综合治理、公众参与、损害担责的原则。

一切单位和个人都有保护环境的义务。地方各级人民政府应当对本行政区域的环境质量负责。企业事业单位和其他生产经营者应当防止、减少环境污染和生态破坏，对所造成的损害依法承担责任。公民应当增强环境保护意识，采取低碳、节俭的生活方式，自觉履行环境保护义务。

4. 相关政策

各级人民政府应当加大保护和改善环境、防治污染和其他公害的财政投入，提高财政资金的使用效益。各级人民政府应当加强环境保护宣传和普及工作，鼓励基层群众性自治组织、社会组织、环境保护志愿者开展环境保护法律法规和环境保护知识的宣传，营造保护环境的良好风气。教育行政部门、学校应当将环境保护知识纳入学校教育内容，培养学生的环境保护意识。新闻媒体应当开展环境保护法律法规和环境保护知识的宣传，对环境违法行为进行舆论监督。国家支持环境保护科学技术研究、开发和应用，鼓励环境保护产业发展，促进环境保护信息化建设，提高环境保护科学技术水平。

国务院环境保护主管部门，对全国环境保护工作实施统一监督管理；县级以上地方人民政府环境保护主管部门，对本行政区域环境保护工作实施统一监督管理。县级以上人民政府有关部门和军队环境保护部门，依照有关法律的规定对资源保护和污染防治等环境保护工作实施监督管理。对保护和改善环境有显著成绩的单位和个人，由人民政府给予奖励。此外，国家将每年 6 月 5 日定为环境日。

二、环境监督管理

国家建立、健全环境监测制度。国务院环境保护主管部门制定监测规范，会同有关部门组织监测网络，统一规划国家环境质量监测站（点）的设置，建立监测数据共享机制，加强对环境监测的管理。有关行业、专业等各类环境质量监测站（点）的设置应当符合法律法规规定和监测规范的要求。监测机构应当使用符合国家标准的监测设备，遵守监测规范。监测机构及其负责人对监测数据的真实性和准确性负责。

国家建立跨行政区域的重点区域、流域环境污染和生态破坏联合防治协调机制，实行统一规划、统一标准、统一监测、统一的防治措施。

国家采取财政、税收、价格、政府采购等方面的政策和措施，鼓励和支持环境保护技术装备、资源综合利用和环境服务等环境保护产业的发展。

国务院环境保护主管部门制定国家环境质量标准。省、自治区、直辖市人民政府对国家环境质量标准中未作规定的项目，可以制定地方环境质量标准；对国家环境质量标准中已作规定的项目，可以制定严于国家环境质量标准的地方环质量标准。地方环境质量标准应当报国务院环境保护主管部门备案。国家鼓励开展环境基准研究。

国务院环境保护主管部门根据国家环境质量标准和国家经济、技术条件，制定国家污染物排放标准。省、自治区、直辖市人民政府对国家污染物排放标准中未作规定的项目，可以制定地方污染物排放标准。对国家污染物排放标准中已作规定的项目，可以制定严于国家污染物排放标准的地方污染物排放标准。地方污染物排放标准应当报国务院环境保护主管部门备案。

国务院有关部门和省、自治区、直辖市人民政府组织制定经济、技术政策，应当充分考虑对环境的影响，听取有关方面和专家的意见。

国家实行环境保护目标责任制和考核评价制度。县级以上人民政府应当将环境保护目标完成情况纳入对本级人民政府负有环境保护监督管理职责的部门及其负责人和下级人民政府及其负责人的考核内容，作为对其考核评价的重要依据。考核结果应当向社会公开。

省级以上人民政府应当组织有关部门或者委托专业机构，对环境状况进行调查、评价，建立环境资源承载能力监测预警机制。

编制有关开发利用规划，建设对环境有影响的项目，应当依法进行环境影响评价。未依法进行环境影响评价的开发利用规划，不得组织实施；未依法进行环境影响评价的建设项目，不得开工建设。

县级以上人民政府环境保护主管部门及其委托的环境监察机构和其他负有环境保护监督管理职责的部门，有权对排放污染物的企业事业单位和其他生产经营者进行现场检查。被检查者应当如实反映情况，提供必要的资料。实施现场检查的部门、机构及其工作人员应当为被检查者保守商业秘密。此外，县级以上人民政府应当每年向本级人民代表大会或者人民代表大会常务委员会报告环境状况和环境保护目标完成情况，对发生的重大环境事件应当及时向本级人民代表大会常务委员会报告，依法接受监督。

企业事业单位和其他生产经营者违反法律法规规定排放污染物，造成或者可能造成严重污染的，县级以上人民政府环境保护主管部门和其他负有环境保护监督管理职责的部门，可以查封、扣押造成污染物排放的设施、设备。企业事业单位和其他生产经营者，为改善环境，依照有关规定转产、搬迁、关闭的，人民政府应当予以支持。

三、环境保护与改善

1. 环境保护

（1）自然环境

国家在重点生态功能区、生态环境敏感区和脆弱区等区域划定生态保护红线，实行严格保护。各级人民政府对具有代表性的各种类型的自然生态系统区域，珍稀、濒危的野生动植物自然分布区域，重要的水源涵养区域，具有重大科学文化价值的地质构造、著名溶洞和化石分布区、冰川、火山、温泉等自然遗迹，以及人文遗迹、古树名木，应当采取措施予以保护，严禁破坏。城乡建设应当结合当地自然环境的特点，保护植被、水域和自然景观，加强城市园林、绿地和风景名胜区的建设与管理。

（2）自然资源

开发利用自然资源，应当合理开发，保护生物多样性，保障生态安全，依法制定有关生态保护和恢复治理方案并予以实施。引进外来物种以及研究、开发和利用生物技术，应当采取措施，防止对生物多样性的破坏。国家加强对大气、水、土壤等的保护，建立和完善相应的调查、监测、评估和修复制度。

（3）农业环境

各级人民政府应当加强对农业环境的保护，促进农业环境保护新技术的使用，加强对农业污染源的监测预警，统筹有关部门采取措施，防治土壤污染和土地沙化、盐渍化、贫瘠化、石漠化、地面沉降以及防治植被破坏、水土流失、水体富营养化、水源枯竭、种源灭绝等生态失调现象，推广植物病虫害的综合防治。县级、乡级人民政府应当提高农村环境保护公共服务水平，推动农村环境综合整治。

（4）海洋环境

国务院和沿海地方各级人民政府应当加强对海洋环境的保护。向海洋排放污染物、倾倒废弃物，进行海岸工程和海洋工程建设，应当符合法律法规规定和有关标准，防止或减少对海洋环境的污染损害。

2. 环境改善

国家鼓励和引导公民、法人和其他组织使用有利于保护环境的产品和再生产品，减少废弃物的产生。国家机关和使用财政资金的其他组织应当优先采购和使用节能、节水、节材等有利于保护环境的产品、设备和设施。地方各级人民政府应当采取措施，组织对生活废弃物的分类处置、回收利用。公民应当遵守环境保护法律法规，配合实施环境保护措施，按照规定对生活废弃物进行分类放置，减少日常生活对环境造成的损害。国家建立、健全环境与健康监测、调查和风险评估制度；鼓励和组织开展环境质量对公众健康影响的研究，采取措施预防和控制与环境污染有关的疾病。

四、污染防治

1. 化工污染

国家对严重污染环境的工艺、设备和产品实行淘汰制度。任何单位和个人不得生产、销售或者转移、使用严重污染环境的工艺、设备和产品。禁止引进不符合我国环境保护规定的技术、设备、材料和产品。生产、储存、运输、销售、使用、处置化学物品和含有放射性物质的物品，应当遵守国家有关规定，防止污染环境。

建设项目中防治污染的设施，应当与主体工程同时设计、同时施工、同时投产使用。防治污染的设施应当符合经批准的环境影响评价文件的要求，不得擅自拆除或者闲置。

2. 排污控制

国家实行重点污染物排放总量控制制度。重点污染物排放总量控制指标由国务院下达，省、自治区、直辖市人民政府分解落实。企业事业单位在执行国家和地方污染物排放标准的同时，应当遵守分解落实到本单位的重点污染物排放总量控制指标。对超过国家重点污染物排放总量控制指标或者未完成国家确定的环境质量目标的地区，省级以上人民政府环境保护主管部门应当暂停审批其新增重点污染物排放总量的建设项目环境影响评价文件。

排放污染物的企业事业单位和其他生产经营者，应当采取措施，防治在生产建设或者其他活动中产生的废气、废水、废渣、医疗废物、粉尘、恶臭气体、放射性物质以及噪声、振动、光辐射、电磁辐射等对环境的污染和危害。排放污染物的企业事业单位，应当建立环境保护责任制度，明确单位负责人和相关人员的责任。重点排污单位应当按照国家有关规定和监测规范安装使用监测设备，保证监测设备正常运行，保存原始监测记录。严禁通过暗管、渗井、渗坑、灌注或者篡改、伪造监测数据，或者不正常运行防治污染设施等逃避监管的方式违法排放污染物。

排放污染物的企业事业单位和其他生产经营者，应当按照国家有关规定缴纳排污费。排污费应当全部专项用于环境污染防治，任何单位和个人不得截留、挤占或者挪作他用。依照法律规定征收环境保护税的，不再征收排污费。国家依照法律规定实行排污许可管理制度。实行排污许可管理的企业事业单位和其他生产经营者应当按照排污许可证的要求排放污染物；未取得排污许可证的，不得排放污染物。

3. 农业污染防治

各级人民政府及其农业等有关部门和机构应当指导农业生产经营者科学种植和养殖，科学合理施用农药、化肥等农业投入品，科学处置农用薄膜、农作物秸秆等农业废弃物，防止农业面源污染。禁止将不符合农用标准和环境保护标准的固体废物、废水施入农田。施用农药、化肥等农业投入品及进行灌溉，应当采取措施，防止重金属和其他有毒有害物质污染环境。畜禽养殖场、养殖小区、定点屠宰企业等的选址、建设和管理应当符合有关法律法规规定。从事畜禽养殖和屠宰的单位和个人应当采取措施，对畜禽粪便、尸体和污水等废弃物进行科学处置，防止污染环境。

县级人民政府负责组织农村生活废弃物的处置工作。各级人民政府应当在财政预算中安排资金，支持农村饮用水水源地保护、生活污水和其他废弃物处理、畜禽养殖和屠宰污染防治、土壤污染防治和农村工矿污染治理等环境保护工作。各级人民政府应当统筹城乡建设污水处理设施及配套管网，固体废物的收集、运输和处置等环境卫生设施，危险废物集中处置设施、场所以及其他环境保护公共设施，并保障其正常运行。

五、环境信息与公众

1. 信息来源

国务院环境保护主管部门统一发布国家环境质量、重点污染源监测信息及其他重大环境信息。省级以上人民政府环境保护主管部门定期发布环境状况公报。县级以上人民政府环境保护主管部门和其他负有环境保护监督管理职责的部门，应当依法公开环境质量、环境监测、突发环境事件以及环境行政许可、行政处罚、排污费的征收和使用情况等信息。县级以上地方人民政府环境保护主管部门和其他负有环境保护监督管理职责的部门，应当将企业事业单位和其他生产经营者的环境违法信息记入社会诚信档案，及时向社会公布违法者名单。

2. 信息获取

公民、法人和其他组织依法享有获取环境信息、参与和监督环境保护的权利。

各级人民政府环境保护主管部门和其他负有环境保护监督管理职责的部门，应当依法公开环境信息、完善公众参与程序，为公民、法人和其他组织参与和监督环境保护提供便利。

3. 公众参与

公民、法人和其他组织发现任何单位和个人有污染环境和破坏生态行为的，有权向环境保护主管部门或者其他负有环境保护监督管理职责的部门举报。公民、法人和其他组织发现地方各级人民政府、县级以上人民政府环境保护主管部门和其他负有环境保护监督管理职责的部门不依法履行职责的，有权向其上级机关或者监察机关举报。接受举报的机关应当对举报人的相关信息予以保密，保护举报人的合法权益。

对污染环境、破坏生态，损害社会公共利益的行为，符合下列条件的社会组织可以向人民法院提起诉讼；依法在设区的市级以上人民政府民政部门登记；专门从事环境保护公益活动连续五年以上且无违法记录。

重点排污单位应当如实向社会公开其主要污染物的名称、排放方式、排放浓度和总量、超标排放情况，以及防治污染设施的建设和运行情况，接受社会监督。

对依法应当编制环境影响报告书的建设项目，建设单位应当在编制时向可能受影响的公众说明情况，充分征求意见。负责审批建设项目环境影响评价文件的部门在收到建设项目环境影响报告书后，除涉及国家秘密和商业秘密的事项外，应当全文公开；发现建设项目未充分征求公众意见的，应当责成建设单位征求公众意见。

培训项目 5

《餐饮服务食品安全操作规范》相关知识

一、《餐饮服务食品安全操作规范》概述

指导餐饮服务提供者按照食品安全法律、法规、规章、规范性文件要求，落实食品安全主体责任，规范餐饮经营行为，提升食品安全管理能力，保证餐饮食品安全，制定本规范。

1. 适用范围

本规范适用于餐饮服务提供者包括餐饮服务经营者和单位食堂等主体的餐饮服务经营活动。

2. 主要内容

（1）鼓励和支持餐饮服务提供者采用先进的食品安全管理方法，建立餐饮服务食品安全管理体系，提高食品安全管理水平。

（2）鼓励餐饮服务提供者明示餐食的主要原料信息、餐食的数量或质量，开展"减油、减盐、减糖"行动，为消费者提供健康营养的餐食。

（3）鼓励餐饮服务提供者降低一次性餐饮具的使用量。

（4）鼓励餐饮服务提供者引导消费者开展光盘行动、减少浪费。

二、术语与定义

常用术语与定义见表7-1。

表7-1　常用术语与定义

序号	术语	定义
1	原料	供加工制作食品所用的一切可食用或者饮用的物质
2	半成品	原料经初步或部分加工制作后，尚需进一步加工制作的食品，不包括储存的已加工制作成成品的食品

序号	术语	定义
3	成品	已制成的可直接食用或饮用的食品
4	餐饮服务场所	与食品加工制作、供应直接或间接相关的区域，包括食品处理区、就餐区和辅助区
5	食品处理区	储存、加工制作食品及清洗消毒保洁餐用具（包括餐饮具、容器、工具等）等的区域。根据清洁程度的不同，可分为清洁操作区、准清洁操作区、一般操作区
6	清洁操作区	为防止食品受到污染，清洁程度要求较高的加工制作区域，包括专间、专用操作区
7	专间	处理或短时间存放直接入口食品的专用加工制作间，包括冷食间、生食间、裱花间、中央厨房和集体用餐配送单位的分装或包装间等
8	专用操作区	处理或短时间存放直接入口食品的专用加工制作区域，包括现榨果蔬汁加工制作区、果蔬拼盘加工制作区、备餐区（指暂时放置、整理、分发成品的区域）等
9	准清洁操作区	清洁程度要求次于清洁操作区的加工制作区域，包括烹饪区、餐用具保洁区
10	烹饪区	对经过粗加工制作、切配的原料或半成品进行热加工制作的区域
11	餐用具保洁区	存放清洗消毒后的餐饮具和接触直接入口食品的容器、工具的区域
12	一般操作区	其他处理食品和餐用具的区域，包括粗加工制作区、切配区、餐用具清洗消毒区和食品库房等
13	粗加工制作区	对原料进行挑拣、整理、解冻、清洗、剔除不可食用部分等加工制作的区域
14	切配区	将粗加工制作后的原料，经过切割、称量、拼配等加工制作成为半成品的区域
15	餐用具清洗消毒区	清洗、消毒餐饮具和接触直接入口食品的容器、工具的区域
16	就餐区	供消费者就餐的区域
17	辅助区	办公室、更衣区、门厅、大堂休息厅、歌舞台、卫生间、非食品库房等非直接处理食品的区域
18	中心温度	块状食品或有容器存放的液态食品的中心部位的温度
19	冷藏	将原料、半成品、成品置于冰点以上较低温度下储存的过程，冷藏环境温度的范围应在 $0 \sim 8℃$
20	冷冻	将原料、半成品、成品置于冰点温度以下，以保持冰冻状态储存的过程，冷冻温度的范围宜低于 $-12℃$
21	交叉污染	食品、从业人员、工具、容器、设备、设施、环境之间生物性或化学性污染物的相互转移、扩散的过程

序号	术语	定义
22	分离	在物品、设施、区域之间留有一定空间，而非通过设置物理阻断的方式进行隔离
23	分隔	通过设置物理阻断如墙壁、屏障、遮罩等方式进行隔离
24	特定餐饮服务提供者	学校（含托幼机构）食堂、养老机构食堂、医疗机构食堂、中央厨房、集体用餐配送单位、连锁餐饮企业等
25	高危易腐食品	蛋白质或碳水化合物含量较高［通常酸碱度（pH）大于 4.6 且水分活度（Aw）大于 0.85］，常温下容易腐败变质的食品
26	现榨果蔬汁	以新鲜水果、蔬菜为原料，经压榨、粉碎等方法现场加工制作的供消费者直接饮用的果蔬汁饮品，不包括采用浓浆、浓缩汁、果蔬粉调配而成的饮料
27	现磨谷物类饮品	以谷类、豆类等谷物为原料，经粉碎、研磨、煮制等方法现场加工制作的供消费者直接饮用的谷物饮品

三、原料控制

制定并实施食品、食品添加剂及食品相关产品控制要求，不得采购不符合食品安全标准的食品、食品添加剂及食品相关产品。

四、加工要求

对原料采购至成品供应的全过程实施食品安全管理，并采取有效措施，避免交叉污染。从业人员具备食品安全和质量意识，加工制作行为符合食品安全法律法规要求。

五、建筑场所与布局

1. 食品处理区应设置在室内，并采取有效措施，防止食品在存放和加工制作过程中受到污染。

2. 按照原料进入、原料加工制作、半成品加工制作、成品供应的流程合理布局。

3. 分开设置原料通道及入口、成品通道及出口、使用后餐饮具的回收通道及入口。无法分设时，应在不同时段分别运送原料、成品、使用后的餐饮具，或者使用无污染的方式覆盖运送成品。

4. 设置独立隔间、区域或设施，存放清洁工具。专用于清洗清洁工具的区域或设施，其位置不会污染食品，并有明显的区分标识。

5. 食品处理区加工制作食品时，如使用燃煤或木炭等固体燃料，炉灶应为隔墙烧火的外扒灰式。

6. 饲养和宰杀畜禽等动物的区域，应位于餐饮服务场所外，并与餐饮服务场所保持适当距离。

六、照明设施

食品处理区应有充足的自然采光或人工照明设施，工作面的光照度不得低于 220 lx，光源不得改变食品的感官颜色。其他场所的光照度不宜低于 110 lx。

安装在暴露食品正上方的照明灯应有防护装置，避免照明灯爆裂后污染食品。

七、加工制作

加工制作的食品品种、数量与场所、设施、设备等条件相匹配。

1. 加工制作食品过程中，应采取下列措施，避免食品受到交叉污染：

（1）不同类型的食品原料、不同存在形式的食品（原料、半成品、成品，下同）分开存放，其盛放容器和加工制作工具分类管理、分开使用，定位存放。

（2）接触食品的容器和工具不得直接放置在地面上或者接触不洁物。

（3）食品处理区内不得从事可能污染食品的活动。

（4）不得在辅助区（如卫生间、更衣区等）内加工制作食品、清洗消毒餐饮具。

（5）餐饮服务场所内不得饲养和宰杀禽、畜等动物。

2. 加工制作食品过程中，不得存在下列行为：

（1）使用非食品原料加工制作食品。

（2）在食品中添加食品添加剂以外的化学物质和其他可能危害人体健康的物质。

（3）使用回收食品作为原料，再次加工制作食品。

（4）使用超过保质期的食品、食品添加剂。

（5）超范围、超限量使用食品添加剂。

（6）使用腐败变质、油脂酸败、霉变生虫、污秽不洁、混有异物、掺假掺杂或者感官性状异常的食品、食品添加剂。

（7）使用被包装材料、容器、运输工具等污染的食品、食品添加剂。

（8）使用无标签的预包装食品、食品添加剂。

（9）使用国家为防病等特殊需要明令禁止经营的食品（如织纹螺等）。

（10）在食品中添加药品（按照传统既是食品又是中药材的物质除外）。

（11）法律法规禁止的其他加工制作行为。

中央厨房和集体用餐配送单位的食品冷却、分装等应在专间内进行。

3. 下列食品的加工制作应在专间内进行：

（1）生食类食品。

（2）裱花蛋糕。

（3）冷食类食品。

4. 下列加工制作既可在专间也可在专用操作区内进行：

（1）备餐。

（2）现榨果蔬汁、果蔬拼盘等的加工制作。

（3）仅加工制作植物性冷食类食品（不含非发酵豆制品）；对预包装食品进行拆封、装盘、调味等简单加工制作后即供应的；调制供消费者直接食用的调味料。

学校（含托幼机构）食堂和养老机构食堂的备餐宜在专间内进行。各专间、专用操作区应有明显的标识，标明其用途。

八、粗加工制作与切配

1. 冷冻（藏）食品出库后，应及时加工制作。冷冻食品原料不宜反复解冻、冷冻。

2. 宜使用冷藏解冻或冷水解冻方法进行解冻，解冻时合理防护，避免受到污染。使用微波解冻方法的，解冻后的食品原料应被立即加工制作。

3. 应缩短解冻后的高危易腐食品原料在常温下的存放时间，食品原料的表面温度不宜超过 8 ℃。

4. 食品原料应洗净后使用。盛放或加工制作不同类型食品原料的工具和容器应分开使用。盛放或加工制作畜肉类原料、禽肉类原料及蛋类原料的工具和容器宜分开使用。

5. 使用禽蛋前，应清洗禽蛋的外壳，必要时消毒外壳。破蛋后应单独存放在暂存容器内，确认禽蛋未变质后再合并存放。

6. 应及时使用或冷冻（藏）储存切配好的半成品。

九、专间内加工制作

专间内温度不得高于 25 ℃。每餐（或每次）使用专间前，应对专间空气进行消毒。消毒方法应遵循消毒设施使用说明书要求。使用紫外线灯消毒的，应在无人加工制作时开启紫外线灯 30 min 以上并做好记录。由专人加工制作，非专间加工制作人员不得擅自进入专间。进入专间前，加工制作人员应更换专用的工作衣帽并佩戴口罩。加工制作人员在加工制作前应严格清洗消毒手部，加工制作过程中适时清洗消毒手部。

应使用专用的工具、容器、设备，使用前使用专用清洗消毒设施进行清洗消毒并保持清洁。及时关闭专间的门和食品传递窗口。

蔬菜、水果、生食的海产品等食品原料应清洗处理干净后，方可传递进专间。预包装食品和一次性餐饮具应去除外层包装并保持最小包装清洁后，方可传递进专间。

在专用冷冻或冷藏设备中存放食品时，宜将食品放置在密闭容器内或使用保鲜膜等进行无污染覆盖。加工制作生食海产品，应在专间外剔除海产品的非食用部分，并将其洗净后，方可传递进专间。加工制作时，应避免海产品可食用部分受到污染。加工制作后，应将海产品放置在密闭容器内冷藏保存，或放置在食用冰中保存并用保鲜膜分隔。放置在食用冰中保存的，加工制作后至食用前的间隔时间不得超过 1 h。

加工制作裱花蛋糕，裱浆和经清洗消毒的新鲜水果应当天加工制作、当天使用。蛋糕胚应存放在专用冷冻或冷藏设备中。打发好的奶油应尽快使用完毕。

加工制作好的成品宜当餐供应。不得在专间内从事非清洁操作区的加工制作活动。

十、烹饪区内加工制作

1. 一般要求

烹饪食品的温度和时间应能保证食品安全。

需要烧熟煮透的食品，加工制作时食品的中心温度应达到 70 ℃以上。对特殊加工制作工艺，中心温度低于 70 ℃的食品，餐饮服务提供者应严格控制原料质量安全状态，确保经过特殊加工工艺制成的食品的安全。鼓励餐饮服务提供者在售卖时按照本规范相关要求进行消费提示。

盛放调味料的容器应保持清洁，使用后加盖存放，宜标注预包装调味料标签上标注的生产日期、保质期等内容及开封日期。宜采用有效的设备或方法，避免或减少食品在烹饪过程中产生有害物质。

2. 油炸类食品

选择热稳定性好、适合油炸的食用油脂。

与炸油直接接触的设备、工具内表面应为耐腐蚀、耐高温的材质（如不锈钢等），易清洁、维护。

油炸食品前，应尽可能减少食品表面的多余水分。油炸食品时，油温不宜超过 190 ℃。油量不足时，应及时添加新油。定期过滤在用油，去除食物残渣。鼓励使用快速检测方法定时测试在用油的酸价、极性组分等指标。定期拆卸油炸设备，进行清洁维护。

3. 烧烤类食品

烧烤场所应具有良好的排烟系统。烤制食品的温度和时间应能使食品被烤熟。烤制食品时，应避免食品直接接触火焰或烤制温度过高，减少有害物质产生。

4. 火锅类食品

不得重复使用火锅底料。使用醇基燃料（如酒精等）时，应在没有明火的情况下添加燃料。使用炭火或煤气时，应通风良好，防止一氧化碳中毒。

5. 糕点类食品

使用烘焙包装用纸时，应考虑颜色可能对产品的迁移，并控制有害物质的迁移量，不应使用有荧光增白剂的烘烤纸。使用自制蛋液的，应冷藏保存蛋液，防止蛋液变质。

6. 自制饮品

加工制作现榨果蔬汁、食用冰等的用水，应为预包装饮用水、使用符合相关规定的水净化设备或设施处理后的直饮水、煮沸冷却后的生活饮用水。自制饮品所用的原料乳，宜为预包装乳制品。煮沸生豆浆时，应将上涌泡沫除净，煮沸后保持沸腾状态 5 min 以上。

7. 食品添加剂使用

使用食品添加剂的，应在技术上确有必要，并在达到预期效果的前提下尽可能降低使用量。

十一、高危易腐食品冷却

1. 需要冷冻（藏）的熟制半成品或成品，应在熟制后立即冷却。

2. 应在清洁操作区内进行熟制成品的冷却，并在盛放容器上标注加工制作时间等。

3. 冷却时，可采用将食品切成小块、搅拌、冷水浴等措施或者使用专用速冷设备，使食品的中心温度在 2 h 内从 60 ℃降至 21 ℃，再经 2 h 或更短时间降至 8 ℃。

十二、食品再加热

1. 高危易腐食品熟制后，在 8~60 ℃条件下存放 2 h 以上且未发生感官性状变化的，食用前应进行再加热。

2. 再加热时，食品的中心温度应达到 70 ℃以上。

十三、食品留样

1. 学校（含托幼机构）食堂、养老机构食堂、医疗机构食堂、中央厨房、集体用餐配送单位、建筑工地食堂（供餐人数超过 100 人）和餐饮服务提供者（集体聚餐人数超过 100 人或为重大活动供餐），每餐次的食品成品应留样。其他餐饮服务提供者宜根据供餐对象、供餐人数、食品品种、食品安全控制能力和有关规定，进行食品成品留样。

2. 应将留样食品按照品种分别盛放于清洗消毒后的专用密闭容器内，在专用冷藏设备中冷藏存放 48 h 以上。每个品种的留样量应能满足检验检测需要，且不少于 125 g。

3. 在盛放留样食品的容器上应标注留样食品名称、留样时间（月、日、时），或者标注与留样记录相对应的标识。

4. 应由专人管理留样食品、记录留样情况，记录内容包括留样食品名称、留样时间（月、日、时）、留样人员等。

十四、供餐与配送

1. 供餐

（1）分派菜肴、整理造型的工具使用前应清洗消毒。

（2）加工制作围边、盘花等的材料应符合食品安全要求，使用前应清洗消毒。

（3）在烹饪后至食用前需要较长时间（超过2h）存放的高危易腐食品，应在高于60℃或低于8℃的条件下存放。在8~60℃条件下存放超过2h，且未发生感官性状变化的，应按本规范要求再加热后方可供餐。

（4）宜按照标签标注的温度等条件，供应预包装食品。食品的温度不得超过标签标注的温度+3℃。

2. 配送

（1）中央厨房的食品配送

1）食品应有包装或使用密闭容器盛放。容器材料应符合食品安全国家标准或有关规定。

2）包装或容器上应标注中央厨房的名称、地址、许可证号、联系方式，以及食品名称、加工制作时间、保存条件、保存期限、加工制作要求等。

3）高危易腐食品应采用冷冻（藏）方式配送。

（2）集体用餐配送单位的食品配送

1）食品应使用密闭容器盛放。容器材料应符合食品安全国家标准或有关规定。

2）容器上应标注食用时限和食用方法。

3）从烧熟至食用的间隔时间（食用时限）应符合以下要求：

①烧熟后2h，食品的中心温度保持在60℃以上（热藏）的，其食用时限为烧熟后4h。

②烧熟后按照本规范高危易腐食品冷却要求，将食品的中心温度降至8℃并冷藏保存的，其食用时限为烧熟后24h。供餐前应按本规范要求对食品进行再加热。

十五、食品安全管理

1. 设立食品安全管理机构和配备人员

（1）餐饮服务企业应配备专职或兼职食品安全管理人员，宜设立食品安全管理机构。

（2）中央厨房、集体用餐配送单位、连锁餐饮企业总部、网络餐饮服务第三方平台提供者应设立食品安全管理机构，配备专职食品安全管理人员。

（3）其他特定餐饮服务提供者应配备专职食品安全管理人员，宜设立食品安全管理机构。

（4）食品安全管理人员应按规定参加食品安全培训。

2. 食品安全管理基本内容

（1）餐饮服务企业应建立健全食品安全管理制度，明确各岗位的食品安全责任，强化过程管理。

（2）根据《餐饮服务预防食物中毒注意事项》和经营实际，确定高风险的食品品种和加工制作环节，实施食品安全风险重点防控。特定餐饮服务提供者应制定加工操作规程，其他餐饮服务提供者宜制定加工操作规程。

（3）制订从业人员健康检查、食品安全培训考核及食品安全自查等计划。

（4）落实各项食品安全管理制度、加工操作规程。

（5）定期开展从业人员健康检查、食品安全培训考核及食品安全自查，及时消除食品安全隐患。

（6）依法处置不合格食品、食品添加剂、食品相关产品。

（7）依法报告、处置食品安全事故。

（8）建立健全食品安全管理档案。

（9）配合市场监督管理部门开展监督检查。

（10）食品安全法律、法规、规章、规范性文件和食品安全标准规定的其他要求。

培训项目 ⑥

《全国人民代表大会常务委员会关于全面禁止非法野生动物交易、革除滥食野生动物陋习、切实保障人民群众生命健康安全的决定》

《全国人民代表大会常务委员会关于全面禁止非法野生动物交易、革除滥食野生动物陋习、切实保障人民群众生命健康安全的决定》于 2020 年 2 月 24 日第十三届全国人民代表大会常务委员会第十六次会议通过。

为了全面禁止和惩治非法野生动物交易行为，革除滥食野生动物的陋习，维护生物安全和生态安全，有效防范重大公共卫生风险，切实保障人民群众生命健康安全，加强生态文明建设，促进人与自然和谐共生，全国人民代表大会常务委员会作出如下决定：

1. 凡《中华人民共和国野生动物保护法》和其他有关法律禁止猎捕、交易、运输、食用野生动物的，必须严格禁止。

对违反前款规定的行为，在现行法律规定基础上加重处罚。

2. 全面禁止食用国家保护的"有重要生态、科学、社会价值的陆生野生动物"以及其他陆生野生动物，包括人工繁育、人工饲养的陆生野生动物。

全面禁止以食用为目的猎捕、交易、运输在野外环境自然生长繁殖的陆生野生动物。

对违反前两款规定的行为，参照适用现行法律有关规定处罚。

3. 列入畜禽遗传资源目录的动物，属于家畜家禽，适用《中华人民共和国畜牧法》的规定。

国务院畜牧兽医行政主管部门依法制定并公布畜禽遗传资源目录。

4. 因科研、药用、展示等特殊情况，需要对野生动物进行非食用性利用的，应当按照国家有关规定实行严格审批和检疫检验。

国务院及其有关主管部门应当及时制定、完善野生动物非食用性利用的审批和检疫检验等规定，并严格执行。

5. 各级人民政府和人民团体、社会组织、学校、新闻媒体等社会各方面，都应当积极开展生态环境保护和公共卫生安全的宣传教育和引导，全社会成员要自觉增强生态保护和公共卫生安全意识，移风易俗，革除滥食野生动物陋习，养成科学健康文明的生活方式。

6. 各级人民政府及其有关部门应当健全执法管理体制，明确执法责任主体，落实执法管理责任，加强协调配合，加大监督检查和责任追究力度，严格查处违反本决定和有关法律法规的行为；对违法经营场所和违法经营者，依法予以取缔或者查封、关闭。

7. 国务院及其有关部门和省、自治区、直辖市应当依据本决定和有关法律，制定、调整相关名录和配套规定。

国务院和地方人民政府应当采取必要措施，为本决定的实施提供相应保障。有关地方人民政府应当支持、指导、帮助受影响的农户调整、转变生产经营活动，根据实际情况给予一定补偿。

附录　中国居民膳食指南科学研究报告（2021）

中国营养学会于 2021 年 2 月发布了《中国居民膳食指南科学研究报告（2021）》。该报告在 2016 年出版的《食物与健康——科学证据共识》等系列研究的基础上，系统分析了我国居民膳食与营养健康现状及问题，汇集了 5 年来国内外膳食与健康研究的新证据、新进展。报告由中国居民营养与健康状况研究、食物与健康科学证据研究、国外膳食指南研究等部分组成。

一、中国居民营养与健康状况研究

中国居民营养与健康状况研究部分重点分析了中国不同年龄段人群食物消费现状及变化趋势，营养状况及主要存在的问题，还包括身体活动状况、膳食相关慢性病的现况及变化趋势等。

1. 我国居民营养状况和体格明显改善

（1）居民消费结构变化，膳食质量普遍提高。我国居民膳食结构仍保持植物性为主，谷类食物仍是能量的主要来源，蔬菜供应品种更加丰富，居民蔬菜摄入量仍稳定在人均每日 270 g 左右，处于较好水平。居民动物性食物摄入量增加，优质蛋白摄入量增加。农村居民膳食结构得到较大改善，碳水化合物供能比降低明显，动物性食物提供的蛋白质明显增加，城乡差距进一步缩小。

（2）不同年龄段居民身高增加明显。近 30 年来，我国儿童青少年生长发育水平持续改善，6～17 岁男孩和女孩各年龄组身高均有增加。农村儿童身高增长幅度大于城市儿童身高增长幅度。成人平均身高继续增长。

（3）居民营养不足状况得到根本改善。营养不足发生率明显降低，特别是能量供应不足已得到根本改善。维生素 A 缺乏率、贫血率均有显著下降，营养状况得到明显改善。

2. 居民生活方式改变，身体活动水平显著下降

随着经济的快速发展和城市化水平的不断推进，我国居民总体身体活动量逐

年下降。成年居民职业性、家务性、交通性、休闲性身体活动总量逐年减少，身体活动总量下降的主要原因是职业性身体活动量的降低。成人缺乏规律自主运动，电视、手机使用时间较长，平均每天闲暇屏幕时间为 3 h 左右。

3. 超重肥胖及膳食相关慢性病问题日趋严重

《中国居民营养与慢性病状况报告（2020 年）》显示，6 岁以下和 6～17 岁儿童青少年超重肥胖率分别为 10.4% 和 19%，18 岁及以上居民超重率和肥胖率分别为 34.3% 和 16.4%，成年居民超重或肥胖已经超过一半（50.7%），农村人群超重和肥胖率的增幅高于城市人群。超重肥胖是心血管疾病、糖尿病、高血压、癌症等重要的危险因素。

4. 膳食不平衡是慢性病发生的主要危险因素

2017 年中国居民 310 万人的死亡可以归因于膳食不合理。相当一部分中国人的心脏疾病、脑卒中和 2 型糖尿病死亡率与膳食因素有关。2015 年调查显示，中国居民烹调用盐平均摄入量虽有所下降，但仍高于中国营养学会推荐水平。烹调用油的摄入量仍然较高，特别是农村居民烹调用油增幅较大。在外就餐已成为普遍的消费行为，调查发现长期以在外就餐和外卖餐食为主的人群，存在膳食结构不合理、油盐摄入量过高的问题。含糖饮料消费增幅明显，城市人群游离糖摄入量中 42.1% 来自含糖饮料和乳饮料，儿童青少年对饮料的消费率明显高于成人，应引起足够重视。我国居民膳食结构中，全谷物及杂粮摄入不足，80% 左右的成人未能达到日均 50 g 的推荐量。蔬菜中深色蔬菜摄入量约占蔬菜总量的 30%，未达到推荐量的 50% 以上标准。水果、奶类、鱼虾类、大豆类摄入量仍显不足。饮酒行为较为普遍，半数以上男性饮酒者为过量饮酒，应给予高度重视。

5. 城乡发展不平衡，农村地区膳食结构亟待改善

农村居民膳食质量明显提高，动物性食物摄入量明显增强，优质蛋白比例增加，城乡差距逐步缩小。但农村居民肉类消费以畜肉为主，鱼虾类食物的消费比例较低，奶类、水果、深色蔬菜等食物摄入量仍明显低于城市居民，农村居民食物多样化程度仍需进一步提高。

6. 孕妇、婴幼儿和老年人营养问题仍需特别关注

调查显示，我国 6 月龄内婴幼儿纯母乳喂养率不足 30%，6～23 月龄婴幼儿辅食喂养仍存在种类单一、频次不足的问题。孕妇贫血率仍较高，部分孕妇存在孕期体重增长过快的问题。老年人群营养与健康问题不容乐观。一方面，部分老年人存在能量、蛋白质摄入不足。另一方面，由于膳食不平衡造成的老年人肥胖及

营养相关慢性病问题依然严峻。

7. 食物浪费问题严重，营养素养有待提高

当前我国普遍存在食物损耗和浪费问题，一方面生产、储存、运输、加工等环节存在损耗现象，另一方面商业餐饮、公共食堂、家庭饮食三个领域存在消费环节浪费。我国居民普遍存在营养知识缺乏，科学选择食物、合理搭配膳食的能力不足等问题，居民营养素养有待提高。

二、食物与健康科学证据研究

膳食因素与机体免疫水平、慢性病的发生风险有着密切关系。

1. 增加摄入可降低慢性疾病风险的膳食因素

综合国内外大量研究证据显示，与主要健康结局风险降低相关联的膳食因素有：全谷物、蔬菜、水果、大豆及其制品、奶类及其制品、鱼肉、坚果、饮水（饮茶）等。

研究表明，增加全谷物摄入量可降低全因死亡的发生风险，可降低心血管疾病、2型糖尿病、结直肠癌的发病风险。

增加蔬菜摄入量可降低心血管疾病的发病率和死亡风险。增加蔬菜摄入量对食管鳞癌和食管腺癌均有保护作用。增加蔬菜摄入总量及十字花科蔬菜和绿叶蔬菜摄入量可降低肺癌的发病风险。增加十字花科蔬菜摄入量可降低乳腺癌的发病风险。增加绿叶蔬菜、黄色蔬菜摄入量可降低2型糖尿病的发病风险。

增加水果摄入量可降低心血管疾病、结直肠癌、食管癌、胃癌的发病风险。蔬菜和水果的联合摄入可降低心血管疾病的发病风险和死亡风险，降低肺癌的发病风险，降低乳腺癌和肥胖的发病风险。

适量摄入大豆及其制品可降低心血管疾病、乳腺癌、围绝经期女性骨质疏松的发病风险。适量增加坚果摄入量可降低全因死亡风险，并可改善成年人血脂。

增加奶类及其制品的摄入量，可能与儿童根骨密度增加有关，但与成年人骨密度或骨质疏松无关。

多摄入鱼肉可以降低成年人全因死亡的发病风险，可降低成年人脑卒中、中老年人痴呆及认知功能障碍的发病风险。

增加饮水可降低肾脏及泌尿系统感染的发生风险，增加饮水量和排尿量可能降低肾脏及泌尿系统结石的发生风险。常饮茶有助于降低心血管疾病和胃癌的发生风险。

2. 过量摄入可增加慢性疾病风险的膳食因素

研究表明，与主要健康结局风险提高相关联的膳食因素有畜肉、腌熏肉类、酒、盐、糖和油脂等。

过多摄入畜肉可增加 2 型糖尿病、肥胖、结直肠癌的发病风险。过多摄入烟熏食物可增加胃癌和食管癌的发病风险。

过多摄入盐（钠）能够增加高血压的发病风险，而降低盐（钠）的摄入量可降低血压水平。高盐（钠）的摄入可增加脑卒中、胃癌的发病风险。高盐（钠）的摄入可增加全因死亡率风险。

高脂肪摄入可增加肥胖风险，减少总脂肪摄入有助于减少体重。反式脂肪摄入过多可导致心血管疾病死亡风险升高。

过量摄入添加糖和含糖饮料可增加龋齿、2 型糖尿病、儿童及成年人肥胖或体重增加的发生风险。

酒精摄入能够增加肝损伤、胎儿酒精综合征、痛风、结直肠癌、乳腺癌的发病风险。酒精摄入与心血管疾病危险性呈 J 型关系。

研究未发现鸡蛋摄入与全因死亡、血清胆固醇水平升高及心血管疾病的发生风险存在显著关联，未发现禽肉摄入与心血管疾病及前列腺癌发病风险的关联。

3. 膳食模式与健康

膳食模式是一个地区居民长期形成的膳食结构、饮食习惯及消费频率，包括食物的种类、数量、比例或不同食物、饮料等的组合。

研究表明，适量的、比例恰当的能量和宏量营养素摄入，对维持机体健康、预防慢性疾病相当重要；能量摄入过多、三大供能营养素比例失调，则可增加全因死亡及超重、肥胖、心血管疾病等慢性病的发病风险。

食物多样、加工简单、营养素丰富的地中海饮食模式，能够有效降低心血管疾病、糖尿病等发病风险。摄取足够蔬菜、水果、低脂（或脱脂）奶，以维持足够钾、镁、钙等离子摄入，并尽量减少饮食中盐和油脂摄入量的 DASH 降血压饮食方案，除了对高血压效果显著，还可以预防癌症、心脏病、骨质疏松、脑卒中和糖尿病等。以米为主食，新鲜蔬菜、水果摄入充足，动物性食物中鱼虾类摄入相对较高，烹饪清淡、少油、少盐的东方健康膳食模式，发生超重肥胖、2 型糖尿病、代谢综合征和脑卒中等疾病的风险均较低。

4. 体重与健康

超重肥胖可增加冠心病、2 型糖尿病、绝经后女性乳腺癌、儿童高血压的发病风险。低体重和肥胖增加老年死亡风险。

5. 身体活动与健康

研究表明，身体活动不足可导致体重过度增加，足够量的身体活动不仅有利于维持健康体重，还能降低肥胖、2 型糖尿病、心血管疾病、某些癌症的发病风险和全因死亡风险。

三、国外膳食指南研究

本次研究从全球 96 个国家（地区）获得了可用的膳食指南，其中包含 46 个英文版本膳食指南全文、95 个指导准则和 91 个不同国家（地区）的膳食指南图形。通过对比研究发现，食物的推荐摄入量是各国膳食指南中最重要的部分。世界上绝大多数国家均推荐多摄入新鲜蔬菜、水果，适量摄入鱼、禽、蛋、肉等动物性食物，限制油脂、盐、糖和酒精等的摄入，并鼓励大量饮水。除了健康饮食外，各国膳食指南还推荐了每日运动时间，大多数国家推荐每日至少锻炼 30 min 或每周至少锻炼 150 min。

《中国居民膳食指南科学研究报告（2021）》引导人们建立科学的饮食观，维持健康的生活方式，努力做到食物多样、吃动平衡、平衡膳食、杜绝浪费。

参 考 文 献

［1］毛羽扬. 烹饪化学［M］. 3 版. 北京：中国轻工业出版社，2016.

［2］张培茵. 饮食营养与烹饪工艺卫生［M］. 北京：科学出版社，2019.

［3］卢红华. 饮食业基础知识［M］. 3 版. 北京：中国劳动社会保障出版社，2015.

［4］侯红漫. 食品安全学［M］. 北京：中国轻工业出版社，2014.

［5］蒋云升. 烹饪卫生与安全学［M］. 3 版. 北京：中国轻工业出版社，2008.

［6］人力资源社会保障部教材办公室. 中式烹饪师［M］. 北京：中国劳动社会保障出版社，2019.

［7］中国营养学会. 中国居民膳食指南［M］. 北京：人民卫生出版社，2016.

［8］潘文艳. 烹饪原料［M］. 长春：东北师范大学出版社，2014.

［9］陈福玉. 烹饪营养与卫生［M］. 北京：中国质检出版社，2012.

［10］人力资源社会保障部教材办公室. 饮食营养与卫生［M］. 4 版. 北京：中国劳动社会保障出版社，2015.

［11］王鹏. 烹饪营养与配餐［M］. 长春：东北师范大学出版社，2014.

［12］中国就业培训技术指导中心. 中式烹调师：基础知识［M］. 北京：中国劳动社会保障出版社，2007.